ifaa-Edition

Weitere Bände in dieser Reihe
http://www.springer.com/series/13343

Die ifaa-Taschenbuchreihe behandelt Themen der Arbeitswissenschaft und Betriebsorganisation mit hoher Aktualität und betrieblicher Relevanz. Sie präsentiert praxisgerechte Handlungshilfen, Tools sowie richtungsweisende Studien, gerade auch für kleine und mittelständische Unternehmen. Die ifaa-Bücher richten sich an Fach- und Führungskräfte in Unternehmen, Arbeitgeberverbände der Metall- und Elektroindustrie und Wissenschaftler.

Institut für angewandte Arbeitswissenschaft e. V. (ifaa)
(Hrsg.)

5S als Basis des kontinuierlichen Verbesserungsprozesses

 Springer Vieweg

Herausgeber
Institut für angewandte Arbeitswissenschaft e. V. (ifaa)
Düsseldorf
Deutschland

ISSN 2364-6896   ISSN 2364-690X (electronic)
ifaa-Edition
ISBN 978-3-662-48551-4   ISBN 978-3-662-48552-1 (eBook)
DOI 10.1007/978-3-662-48552-1

Die Deutsche Nationalbibliothek verzeichnet diese Publikation in der Deutschen Nationalbibliografie; detaillierte bibliografische Daten sind im Internet über http://dnb.d-nb.de abrufbar.

Springer Vieweg

Gedruckt auf säurefreiem und chlorfrei gebleichtem Papier

Springer-Verlag Berlin Heidelberg ist Teil der Fachverlagsgruppe Springer Science+Business Media
(www.springer.com)

Vorwort

Verschwendungsfreie, optimierte Prozesse und eine gelebte Verbesserungskultur sind Ziele vieler Unternehmen, um langfristig wettbewerbsfähig zu sein. Doch wie erreicht man diese? Ein Erfolg versprechender Weg ist die aus Japan stammende Methode 5S.

5S bietet weit mehr als die Gestaltung sauberer und ordentlicher Arbeitsplätze. Dieses Buch verdeutlicht, dass 5S eine wesentliche Grundlage der Prozessoptimierung ist und zum Aufbau einer Verbesserungskultur im Unternehmen beitragen kann.

Teil I des Buches stellt verschiedene Methoden zur Verbesserung von Prozessen vor, die oft auch Elemente betriebsspezifischer Ganzheitlicher Unternehmenssysteme sind und verdeutlicht deren Bezug zu 5S. Teil II veranschaulicht anhand zahlreicher betrieblicher Praxisbeispiele, die Bedeutung von 5S für die erfolgreiche Verbesserungsarbeit im Unternehmen und den positiven Einfluss von 5S auf die Einführung und Anwendung anderer Methoden.

Allen Autoren, die ihre wertvollen Erfahrungen mit uns teilen, danke ich sehr.

Ich wünsche Ihnen viel Spaß und Inspiration beim Lesen.

Ihr

Prof. Dr.-Ing. Sascha Stowasser
Direktor des Instituts für angewandte
Arbeitswissenschaft e. V.

Hinweise zum Aufbau des Buches

In Teil I des Buches werden in 11 Kapiteln verschiedene Methoden der Prozessverbesserung und das Vorgehen im Arbeitsschutz und der Bezug von 5S dazu erläutert. Teil II des Buches veranschaulicht in 18 Kapiteln anhand zahlreicher betrieblicher Praxisbeispiele, dass 5S eine wichtige Voraussetzung für die erfolgreiche Verbesserungsarbeit im Unternehmen ist und welchen positiven Einfluss das konsequente Umsetzen von 5S auf die Einführung und Anwendung anderer Methoden hat.

Die einzelnen Kapitel sind jeweils in sich geschlossen, weisen aber konkrete Bezüge zu den anderen Themen und Inhalten des Buches auf. Um dem Leser die Orientierung zu erleichtern und Verbindungen zwischen den Kapiteln in Teil I und II zu verdeutlichen, dient die nachfolgende Übersicht. Dabei ist Folgendes zu beachten: Wurde eine Methode einem Praxisbeispiel zugeordnet, bedeutet dies, dass die Umsetzung dieser Methode und ihre Bedeutung für den betrieblichen Veränderungsprozess im Kapitel auch ausführlicher beschrieben werden.

Wenn eine Methode nicht zugeordnet ist, bedeutet dies nicht automatisch, dass sie im jeweiligen betrieblichen Beispiel nicht zur Anwendung kam.

Die Methoden 5S und Standardisierung beispielsweise sind für alle Praxisbeispiele relevant, aber nicht überall beschrieben. Ihre betriebliche Umsetzung ist nur in den Praxisbeispielen ausführlicher dargestellt, denen die Methode in der Spalte 5S zugeordnet ist.

		5S	Teil 1 – Beschreibung der Methoden											Weitere Themen
			KAP. 2 7V	KAP. 3 Standardisierung	KAP. 4 Visuelles Management	KAP. 5 Arbeits- & Gesundheitsschutz	KAP. 6 TPM	KAP. 7 KVP/Kaizen	KAP. 8 SMED	KAP. 9 Schnittstellenmanagement	KAP. 10 Kanban	KAP. 11 Wertstrommanagement	KAP. 12 Räumliche Veränderung	
Teil 2 – Praxisbeispiele	KAP. 13 Heinrich Klar Schilder- und Etikettenfabrik	x	x	x	x									
	KAP. 14 GEA Tuchenhagen	x	x			x		x						
	KAP. 15 Manitowoc	x	x									x		Strategie, Synchronisation, Fließfertigung, Entgelt
	KAP. 16 Verbesserungspotentiale	x										x		
	KAP. 17 BITZER	x					x							
	KAP. 18 WILO	x					x							
	KAP. 19 WILO							x						
	KAP. 20 Dieffenbacher	x	x	x				x						
	KAP. 21 Max Steier	x							x		x			
	KAP. 22 Spindelfabrik	x						x						
	KAP. 23 August Brötje							x		x				
	KAP. 24 Wengeler & Kalthoff								x					
	KAP. 25 PROBAT	x								x				Teamarbeit, Kunden-Lieferanten-Beziehung
	KAP. 26 Wertstromanalyse	x								x		x		
	KAP. 27 myonic							x						Shopfloor Management, Strategie, Führung
	KAP. 28 KST Kraftwerks- und Spezialteile	x						x					x	
	KAP. 29 Subjektive Führungstheorien													Führung
	KAP. 30 5S – Putzen und Saubermachen oder mehr?	x												Führung

Ergänzende Informationen zum Buch, finden Sie unter http://www.arbeitswissenschaft. net/mediathek/material-und-literatur/ oder durch Scannen des nachstehenden QR-Codes:

Hinweis zur besseren Lesbarkeit

Zur besseren Lesbarkeit wird in der gesamten Publikation die männliche Form verwendet. Die Angaben beziehen sich auf beide Geschlechter, sofern nicht ausdrücklich auf ein Geschlecht Bezug genommen wird.

Inhaltsverzeichnis

Abkürzungsliste

5S	Sortiere aus, Stelle ordentlich hin, Säubere, Sauberkeit bewahren, Selbstdisziplin üben
5W	5 mal Warum?
7V	7 Arten der Verschwendung
8M	Mensch, Maschine, Methode, Material, Mitwelt, Moneten, Management und Messbarkeit
AWA	Armaturenwerk Altenburg GmbH
BIPROS	BITZER-Produktionssystem
BL	Betriebsleiter
BVW	Betriebliches Vorschlagswesen
e-KVP	Experten-KVP
FaSi	Fachkraft für Arbeitssicherheit
FIFO	First-In – First-Out
FMEA	Fehlermöglichkeits- und Einflussanalyse
GAE	Gesamtanlageneffektivität
GPS	Ganzheitliches Produktionssystem
ifaa	Institut für angewandte Arbeitswissenschaft e. V.
KST	Kraftwerks- und Spezialteile GmbH
KVP	Kontinuierlicher Verbesserungsprozess
m-KVP	Mitarbeiter-KVP
MTBF	Mean Time Between Failures
MTTR	Mean Time To Repair
NPCP	New Product Creation Process
OEE	Overall Equipment Effectiveness
OEE	Overall Equipment Efficiency
OpX	Operation Excellence Team
PDCA	Plan-Do-Check-Act
PPS	Produktionsplanungssystem
QKL	Qualität, Kosten, Lieferperformance
ROI	Return on Investment
SE	Societas Europaea

TOP	Technik, Organisation, Person
TPM	Total Productive Maintenance
TWI	Training Within Industry
VME	Verband der Metall-und Elektroindustrie in Berlin und Brandenburg e. V.
VSD	Value Stream Design
VSM	Value Stream Mapping
WPS	WILO-Produktionssystem

Autorenverzeichnis

Giuseppe Ausilio Köln, Deutschland

†**Norbert Baszenski** Institut für angewandte Arbeitswissenschaft e. V. (ifaa), Düsseldorf, Deutschland

Ralph W. Conrad Institut für angewandte Arbeitswissenschaft e. V. (ifaa), Düsseldorf, Deutschland

Heiko Dittmer KST Kraftwerks- und Spezialteile GmbH, Berlin, Deutschland

Jürgen Dörich Südwestmetall Verband der Metall- und Elektroindustrie Baden-Württemberg e. V., Stuttgart, Deutschland

Matthias Dreier Manitowoc Crane Group Germany GmbH, Wilhelmshaven, Deutschland

Linda Egert BITZER Kühlmaschinenbau GmbH, Werk Rottenburg-Ergenzingen, Rottenburg-Ergenzingen, Deutschland

Wolfgang Feldhoff Unternehmensverband Westfalen-Mitte, Hamm, Deutschland

Jochen Gassner myonic GmbH, Leutkirch, Deutschland

Holger Glüß GEA Tuchenhagen GmbH, Büchen, Deutschland

Albrecht Gulba GEA Tuchenhagen GmbH, Büchen, Deutschland

Sabine Hempen WILO SE, Dortmund, Deutschland

Christian Hentschel NiedersachsenMetall – Verband der Metallindustriellen Niedersachsens e. V., Hannover, Deutschland

Peter Klein-Boß Max Steier GmbH & Co. KG, Elmshorn, Deutschland

Winfried Kücke Heinrich Klar Schilder- und Etikettenfabrik GmbH & Co. KG, Wuppertal, Deutschland

Martin Kukuk BITZER Kühlmaschinenbau GmbH, Werk Rottenburg-Ergenzingen, Rottenburg-Ergenzingen, Deutschland

Frank Lennings Institut für angewandte Arbeitswissenschaft e. V., Düsseldorf, Deutschland

Achim Licht Spindelfabrik Suessen GmbH, Süßen, Deutschland

Rainer Liskamm Vereinigung Bergischer Unternehmerverbände e. V. (VBU®), Wuppertal, Deutschland

Dirk Mackau NORDMETALL Verband der Metall- und Elektroindustrie e. V., Bremen, Deutschland

Burkhard Maier August Brötje GmbH, Rastede, Deutschland

Timo Marks Institut für angewandte Arbeitswissenschaft e.V. (ifaa), Düsseldorf, Deutschland

Ralf Neuhaus Hochschule Fresenius, Düsseldorf, Deutschland

Jürgen Paschold Unternehmerverband – Die Gruppe, Duisburg, Deutschland

Anna Peck Institut für angewandte Arbeitswissenschaft e.V. (ifaa), Düsseldorf, Deutschland

Michael Pfeifer Verband der Metall- und Elektroindustrie des Saarlandes e. V. (ME Saar), Saarbrücken, Deutschland

Uwe Radloff Verband der Metall- und Elektroindustrie in Berlin und Brandenburg e. V. (VME), Berlin, Deutschland

Stephan Sandrock Institut für angewandte Arbeitswissenschaft e.V. (ifaa), Düsseldorf, Deutschland

Jan Schilling Kommunalen Hochschule für Verwaltung in Niedersachsen (HSVN), Hannover, Deutschland

Christoph Sträter WILO SE, Dortmund, Deutschland

Reinhard Tiemann PROBAT-Werke von Gimborn Maschinenfabrik GmbH, Emmerich am Rhein, Deutschland

Yavor Vichev Dieffenbacher GmbH Maschinen- und Anlagenbau, Eppingen, Deutschland

Sonja Zablowsky August Brötje GmbH, Rastede, Deutschland

Wilhelm Zink Südwestmetall Verband der Metall- und Elektroindustrie Baden-Württemberg e. V., Karlsruhe, Deutschland

Dirk Zündorff Arbeitgeberverband der Eisen- und Metallindustrie für Bochum und Umgebung e. V., Bochum, Deutschland

Einleitung

Ralf Neuhaus

5S als Basis (fast) aller Methoden und die Notwendigkeit dies zu akzeptieren
Es mag auf den ersten Blick verwundern, dass ein umfangreiches Buch zum Thema 5S herausgegeben wird, wo doch andere Themen viel bedeutsamer erscheinen. Die Methode 5S gilt im Allgemeinen als wenig anspruchsvoll sowie leicht zu erlernen und anzuwenden. Weltweit ist sie in der Regel die Einstiegsmethode bei den Themen Lean, Produktionssysteme usw. Viele Fachexperten, Wissenschaftler, Berater und auch Topführungskräfte glauben, dass die 5S-Methode schnell zu implementieren ist und man sich dann den vermeintlich wichtigeren, da anspruchsvolleren Themen und Methoden zuwenden kann. Doch diese Einschätzung ist zumeist ein Trugschluss, der in den USA und in Europa immer noch anzutreffen ist.

Auf der Basis von mehr als 16 Jahren Erfahrung des Autors in der Beratung, Begleitung und Umsetzung von Lean-, Produktionssystem- und „Toyota-Themen" in Unternehmen diverser Branchen und Größenordnungen, ergänzt um Vor-Ort-Besichtigungen von Unternehmen in Japan und China, lassen sich folgende andere Feststellungen treffen:

- Wer die 5S-Methode im täglichen betrieblichen Handeln nicht beherrscht, d. h. konsequent, diszipliniert und nachhaltig betreibt, wird an den Themen Lean, Produktionssystem usw. scheitern!
- Wer glaubt, dass diese Methode kurzfristig und ohne großen Aufwand implementiert werden kann, hat scheinbar weder das notwendige Fachwissen noch einen großen fachlichen Erfahrungsschatz!

R. Neuhaus (✉)
Hochschule Fresenius, Düsseldorf, Deutschland
E-Mail: neuhaus@hs-fresenius.de

© Springer-Verlag Berlin Heidelberg 2016
Institut für angewandte Arbeitswissenschaft e.V. (ifaa) (Hrsg.), *5S als Basis des kontinuierlichen Verbesserungsprozesses,* ifaa-Edition, DOI 10.1007/978-3-662-48552-1_1

- Wer die Meinung vertritt, dass die 5S-Methode keine elementare Führungsaufgabe auf allen Hierarchieebenen ist, da Führungskräfte allgemein wichtigere Themen zu verfolgen haben, sollte sich generell bzgl. des eigenen Führungsverständnisses in diesem Themenfeld hinterfragen!

Bevor nachfolgend auf die Bedeutung von 5S näher eingegangen wird, um die vorhergehenden Aussagen zu unterstützen, erfolgt zunächst ein Überblick über die Methode. Die vielfältigen Anwendungsmöglichkeiten der Methode werden in den nachfolgenden Kapiteln dieses Buchs verdeutlicht.

Die Methode 5S hat vornehmlich zum Ziel, Übersicht und Ordnung in allen Arbeitsbereichen, d. h. nicht nur in der Produktion oder Montage, eines Unternehmens zu erhöhen.

▶ **5S steht für die japanischen Begriffe**
   1. Seiri (Sortiere aus):
      Im ersten Schritt werden am Arbeitsplatz Arbeitsmittel, die nicht regelmäßig benötigt werden oder doppelt vorhanden sind, aussortiert.
   2. Seiton (Stelle ordentlich hin):
      Als nächstes werden die am Arbeitsplatz verbliebenen Arbeitsmittel sinnvoll angeordnet bzw. nach Häufigkeit der Benutzung.
   3. Seiso (Säubere):
      Anschließend wird der Arbeitsplatz gereinigt und ein Rhythmus, in dem die Reinigung wiederholt wird, bestimmt.
   4. Seiketsu (Sauberkeit bewahren):
      Um den Zustand von Ordnung und Sauberkeit dauerhaft aufrechterhalten zu können, sollten zur Orientierung entsprechende Standards festgelegt werden, wie z. B. durch Markierungen oder durch „shadowboards" („Schattenbretter").
   5. Shitsuke (Selbstdisziplin üben):
      Mit der Zeit schleichen sich gewöhnlich wieder alte Gewohnheiten ein, die dazu führen, dass Ordnung und Sauberkeit am Arbeitsplatz abnehmen. Aus diesem Grund ist es sinnvoll regelmäßig die Schritte eins bis vier zu durchlaufen und ggf. auch die bestehenden Standards weiterzuentwickeln bzw. zu optimieren.

Im deutschen Sprachraum ist neben der Bezeichnung 5S auch 5A gebräuchlich. Die 5A bedeuten hierbei in der Regel:

- Aussortieren,
- Aufräumen,
- Arbeitsplatz sauber halten,
- Anordnung zur Regel machen und
- Alle Schritte wiederholen.

Allerdings geht es bei dieser Methode um mehr als lediglich aufgeräumte und saubere Arbeitsplätze, wie fälschlicherweise manchmal angenommen wird. Bei erfolgreicher Anwendung der Methode kann 5S Verschwendung nicht nur erkennbar und offensichtlich machen, sondern quasi auch nebenbei sogar verringern, wie z. B. durch die Reduzierung von Such- und Wegezeiten, durch eine geringere Fehler- und Unfallhäufigkeit, geringere Materialbestände, die Reduzierung von Rüstzeiten, einen offensichtlicheren Materialfluss, eine Erhöhung der Anlageneffizienz usw. 5S schafft somit die wesentlichen Grundlagen für die Identifizierung und nachhaltige Eliminierung von Verschwendung in Unternehmen.

Nun wird die Rolle 5S als Basis vieler Themenkomplexe kurz beleuchtet. In den nachfolgenden Kapiteln werden die beschriebenen Verbindungen von 5S zu anderen Methoden und Fachthemen und die damit erzielbaren Erfolge ausführlicher verdeutlicht.

Ergonomie, Arbeitssicherheit und Arbeitsplatzgestaltung

Bei der Implementierung und Anwendung der Methode 5S sollte immer auch auf die bestehende und anzustrebende Arbeitsplatzgestaltung geachtet werden. Das bedeutet, dass Ergonomie- und Arbeitssicherheitsaspekte, wie z. B. Stolperfallen, Überkopfarbeit und Zwangshaltungen, zu vermeiden sind bzw. entsprechendes Gestaltungspotenzial beachtet werden muss. Dies bedeutet, dass 5S mit den Themen Ergonomie, Arbeitssicherheit und Arbeitsplatzgestaltung stark verwoben ist und bei der Anwendung durchaus Synergieeffekte zu erzielen sind.

Produktivität, Rüstvorgänge und vorbeugende Instandhaltung

Die durch 5S geschaffene Ordnung und Sauberkeit am Arbeitsplatz führt dazu, dass Werkzeuge, Informationen, Material, Mess- und Prüfmittel ergonomisch angeordnet und an der für die Prozesse richtigen bzw. sinnvollen Stelle vorzufinden sind. Hierdurch werden z. B. Greifwege verkürzt, Suchzeiten, lange und unnötige Wege vermieden, was in der Regel die Produktivität steigert und auch Rüst- und Einrichtezeiten reduziert.

Die erzielte Ordnung und Sauberkeit unterstützt darüber hinaus aufmerksame Beobachter bei der leichteren Entdeckung von Leckagen und anderen Problemen an technischen Arbeitsmitteln. Auf diese Weise werden vorbeugende Instandhaltungsaufgaben erleichtert und potenzielle unvorhergesehene Ausfallzeiten können reduziert werden, was wiederum mit den reduzierten Rüstzeiten einen großen Einfluss auf die Effizienz von Anlagen haben kann.

Materialfluss und Qualität

Für einen geordneten Materialfluss ist es unabdingbar, dass Stellflächen, Bahnhöfe, Kanbanregale und -bereiche sauber, ordentlich markiert und standardisiert sind. Darüber hinaus können so auch Bereiche für Ausschuss und Nacharbeit deutlich gekennzeichnet werden, um auf dieser Basis einen qualitätsbezogenen kontinuierlichen Verbesserungsprozess (KVP) anstoßen zu können. Die strukturierte Ablage von Werkzeugen, Mess- und Prüfmitteln erleichtert die Arbeit, unterstützt Audits und macht qualitätsbezogene Missstände an Werkzeugen sowie Mess- und Prüfmitteln deutlich.

Die vorhergehend aufgeführten Punkte können als Potenziale für Qualität, Kosten, Durchlaufzeit, Produktivität, Arbeitssicherheit usw. mittels Anwendung der 5S-Methode angeführt werden. Jedoch bedarf es zur dauerhaften Erschließung dieser Potenziale einer konsequenten und disziplinierten Führungsarbeit über alle Hierarchieebenen hinweg. Insbesondere wenn geschaffene Standards einzufordern und Abweichungen von Standards zu hinterfragen sind. Dies stellt sich in der betrieblichen Realität zumeist als die größte Herausforderung dar, weil die Arbeit mit Standardisierung mühsam ist und auch öfter zu unangenehmen Gesprächen führen kann, wenn Führungskräfte und Mitarbeiter/-innen sich nicht an Standards halten und diese sogar ablehnen. Allerdings sind Standards sowie deren disziplinierte Einhaltung und konsequente Weiterentwicklung ein Kernelement im Thema Lean, Produktionssysteme, TPS usw.

Das bedeutet, dass wer die „kleine" Methode 5S nicht beherrscht, auch die anspruchsvolleren im Methodenbaukasten vorhandenen Methoden nicht langfristig und zielführend wird betreiben können.

Immerhin fällt dies bei einer Lean-, Produktionssystem- oder TPS-Implementierung anhand der 5S-Umsetzungsqualität früh auf und kann kostspielige Irrwege vermeiden, wenn die eigene Umsetzungsschwäche deutlich wird.

Teil I
Methoden zur Prozessverbesserung

In Teil I des Buches werden verschiedene Methoden der Prozessverbesserung und das Vorgehen im Arbeitsschutz sowie der Bezug von 5S zu diesen Methoden und zum Arbeitsschutz erläutert. Am Ende eines jeweiligen Kapitels finden Sie einen Verweis auf thematisch relevante Praxisbeispiele in Teil II des Buches, die praktische Hinweise zur Anwendung und Umsetzung der in Teil I beschriebenen Methoden bieten.

7 Arten der Verschwendung (7V)

Ralph W. Conrad

2.1   Definition und Nutzen von 7V

Ein Kunde ist nur bereit für das richtige Produkt, welches am richtigen Ort, zur richtigen Zeit, zum richtigen Preis und in der richtigen Qualität vorliegt, zu zahlen. Der Kunde ist aber nicht bereit, für Verschwendung zu zahlen, wenn z. B. Nacharbeit erforderlich ist, weil die Qualität nicht stimmt oder auch für Liege- und Wartezeiten. Daher muss die Verschwendung aus dem Arbeitsprozess (bestenfalls gänzlich) entfernt werden. Der Weg hierzu führt über das Bewusstmachen des sorgfältigen Umganges mit Ressourcen, um die als „Verschwendung" deklarierten Zeit- und Materialaufwände zu erkennen und zu reduzieren.

Tabelle 2.1 zeigt die 7 Arten der Verschwendung, Beispiele hierzu sowie die entsprechenden Maßnahmen zu deren Vermeidung.

Die geschilderten Verschwendungsarten bedingen zum großen Teil einander, d. h. eine Verschwendungsart kann wiederum eine andere verursachen. So ist bspw. Überproduktion die Ursache von zu hohen Lagerbeständen und diese verursachen überflüssige Bewegung (Transporte) bei Produktion und Abruf der überproduzierten Güter.

Auch vermeintlich geringfügige Verschwendungen im Prozess können kumuliert große Auswirkungen auf das Betriebsergebnis haben. Zwei Beispiele: Wenn ein Mitarbeiter ein Werkzeug oder eine Information nur dreimal am Tag eine Minute suchen muss, so summiert sich diese Verschwendung auf einen ganzen Arbeitstag pro Jahr. Dreißig unnötige Schritte 20-mal am Tag gegangen à 15 Sekunden summieren sich auf 2 Arbeitstage pro Jahr. Die Eliminierung von 5 Arbeitstagen Mikroverschwendung pro Jahr und Mitarbeiter

R. W. Conrad (✉)
Institut für angewandte Arbeitswissenschaft e. V. (ifaa), Düsseldorf, Deutschland
E-Mail: r.conrad@ifaa-mail.de

© Springer-Verlag Berlin Heidelberg 2016
Institut für angewandte Arbeitswissenschaft e.V. (ifaa) (Hrsg.), *5S als Basis des kontinuierlichen Verbesserungsprozesses,* ifaa-Edition, DOI 10.1007/978-3-662-48552-1_2

Tab. 2.1 Die 7 Arten der Verschwendung und deren Beseitigung. (Quelle: eigene Darstellung)

1. Überproduktion	Produziere, erstelle, schreibe und drucke
	- Was benötigt wird
	- Wenn es benötigt wird
	- Nicht mehr, nicht weniger
2. Bestände	Reduziere
	- Die Materialbestände in der Produktion
	- Die Büromaterialbestände
3. Transport	Vermeide
	- Unnötiges Tragen, das Umschichten und das Transportieren von Teilen
	- Unnötiges Überbringen einzelner Dokumente
4. Wartezeiten	Vermeide Zeitverschwendung
	- Durch Warten, Laufen oder Suchen
5. Herstellungsprozess	Vermeide
	- Unnötigen Stillstand
	- Zu langes Rüsten
	- Umständliche Techniken
	- Das Unterbrechen einer angefangenen Tätigkeit
6. Bewegungen	Vermeide
	- Unnötige Bewegung im Arbeitsprozess
7. Fehler/Reparaturen	Vermeide
	- Die Verwendung von Teilen, Papieren und Dokumenten, die nicht in Ordnung sind
	- Bedenke den Aufwand für die Herstellung eines verworfenen Teiles

entspricht einer Produktivitätssteigerung von ca. 2,5 %. Eine Produktivitätssteigerung von 10 bis 20 % – nach konsequenter Einführung von 7V – ist daher keine Seltenheit.

Bei der Einführung von 7V sollten auch die Regeln von 5S konsequent angewendet werden, um Verschwendung in all ihren Ausprägungen zu vermeiden.

2.2 Vorgehensweise zur Anwendung von 7V

Verschwendungen werden durch eine Analyse des Arbeitssystems festgestellt und durch Einführung geeigneter Prinzipien und Methoden (z. B. just in time, Kanban) minimiert. Die Methode kann in Arbeitsgruppen oder durch Einzelanwender genutzt werden.

1. Analyse des Ist-Zustands
Die Analyse des bestehenden Zustands sollte sich an den oben skizzierten Verschwendungsarten orientieren:

- Überproduktion
  (Wann, wo und in welcher Menge wird das Produzierte gebraucht?)
- Bestände
  (Welche Lager- und Interimsbestände werden aufgebaut und warum?)
- Transport
  (Wie oft ist Tragen, Umschichten sowie Transportieren von Teilen nötig?)
- Wartezeiten
  (Worauf wird gewartet, wie häufig, wie lang und warum?)
- Herstellungsprozess
  (aufwendige Verfahren, Rüsten, Mehrfachprüfungen, unnötige Prozessschritte etc.)
- Bewegungen
  (Rückstellbewegungen, Handhabung von Teilen, Justieren oder ähnlichem im eigenen Arbeitsbereich)
- Fehler/Reparaturen
  (Was wird nachgearbeitet und was sind die Ursachen?)

Bereits bei der Analyse des Zustands lassen sich Verschwendungspotenziale erkennen und eliminieren, d. h. hinderliche Objekte entfernen bzw. aussortieren und erste Reinigungsmaßnahmen durchführen. Verschwendungsanalyse kann sowohl arbeitsplatzbezogen als auch prozessbezogen umgesetzt werden. Welche Arbeitsschritte eines Produktionsprozesses als wertschöpfend und nichtwertschöpfend zu bezeichnen sind, verdeutlicht exemplarisch Abb. 2.1.

2. Bewertung der Verschwendung
Die ermittelten Verschwendungen werden anhand festgelegter Parameter bewertet. So können beispielsweise überflüssige Laufwege mit einem Zeitwert für den Weg, multipliziert mit der Häufigkeit und den Lohnkosten finanziell bewertet werden, Ausschuss mit dem Materialwert und dem Aufwand bis zum jeweiligen Bearbeitungsstand. Wichtig hierbei ist die einheitliche Bezugsbasis der Bewertung bspw. bezogen auf eine Schicht oder das angestrebte Jahresprogramm.

3. Auswahl der Methoden/Gestaltungsgrundsätze
Unterschiedliche Arten der Verschwendung erfordern ebenso unterschiedliche Maßnahmen und Methoden zu deren Beseitigung. Die geeigneten Gestaltungsansätze können hierbei variieren und sollten nach einer Bewertung festgelegt werden. Als Beispiel sei hier die Verschwendung durch hohes Transportaufkommen aufgrund von Überproduktion genannt.

Maßnahmen zur Vermeidung sind zunächst die Beseitigung oder Reduzierung der Überproduktion. Dies kann zum Beispiel durch die Einführung eines Routenverkehrs mit Kanban-Unterstützung erreicht werden.

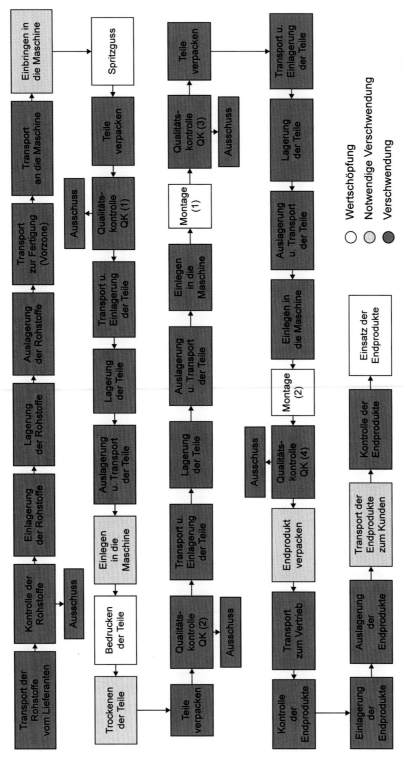

Abb. 2.1 Einteilung der Arbeitsschritte in wertschöpfende bzw. nicht wertschöpfende Tätigkeiten im Produktionsprozess. (Quelle: Baszenski [1])

4. Maßnahmen und Bildung einer Umsetzungsrangfolge

Zur Umsetzung der Maßnahmen erfolgt zunächst eine priorisierende Bewertung der Lösungsansätze in kurzfristig, mittelfristig und langfristig umzusetzende Lösungen und deren Auswirkungen auf das Ergebnis. Anschließend werden die Maßnahmen festgelegt und mit Aktionsplänen unter Festlegung von Zieltermin, Umsetzungskontrollmechanismus und Verantwortlichkeit hinterlegt.

Zu Beginn der Umsetzung stehen Sofortmaßnahmen oder Maßnahmen, die im eigenen Arbeitsbereich kurzfristig durchführbar sind. Nach der Auseinandersetzung mit dieser Verschwendung rücken erfahrungsgemäß weitere in den Fokus, deren Ursachen in anderen Bereichen liegen. Diese Verschwendungen können nur in interdisziplinären Teams beseitigt werden, die beispielsweise im Rahmen einer Analyse der internen Kunden-Lieferanten-Beziehungen Anforderungen und Standards vereinbaren.

Hilfsmittel und Werkzeuge

- 7V-Methodenkarte für alle Mitarbeiter (s. Abb. 2.2)
- Erfassungstabelle (s. Abb. 2.3)
- Standardarbeitsblatt
- Maßnahmenplan
- Rote Karte („Red Tag")
- 5S-Methode
- ABC-Analyse
- KVP
- MTM-System
- PDCA-Zyklus
- Pareto-Analyse
- Schnelles Rüsten
- Selbstaufschreibung

2.3 Unterstützung von 7V durch 5S

Die Methode 5S ist der Einstieg in die Optimierung von Prozessen und Abläufen sowie Grundlage für die Auseinandersetzung mit weiteren Methoden (s. Abb. 2.3). Die 5S-Methode bildet auch bei der Vermeidung der 7 Arten der Verschwendungsarten eine hilfreiche Grundlage. Hinter dieser Methode steckt weit mehr als Ordnung und Sauberkeit am Arbeitsplatz – sie verbessert die Qualität, reduziert Verluste und Ausschuss und hat zudem positive Auswirkungen auf die Arbeitssicherheit.

Methodenkarte – 7 Arten der Verschwendung	**ifaa**
Überproduktion	Produziere /Erstelle/Schreibe/Drucke: • was benötigt wird • wenn es benötigt wird • nicht mehr, nicht weniger
Überflüssige Zeit	Vermeide Zeitverschwendung: • durch Warten, Laufen oder Suchen

Transport,
Handhabung
	Vermeide:
	• unnötiges Tragen, das
	  Umschichten und das
	  Transportieren von Teilen
	• unnötiges Überbringen einzelner
	  Dokumente

Arbeitsprozess	Vermeide: • unnötigen Stillstand • zu lange Rüstzeiten • umständliche Techniken • das Unterbrechen angefangener Tätigkeiten
Lager, Puffer	Reduziere: • die Materialbestände • die Büromaterialbestände
Bewegung	Vermeide: • unnötige Bewegungen im Arbeitsprozess

„Nicht in Ordnung"-Teile
(N.I.O.-Teile)
	Vermeide:
	• die Verschwendung von Teilen,
	  Papieren und Dokumenten, die
	  benötigt werden.
	Bedenke den Aufwand für die
	Herstellung eines verworfenen Teiles.

Abb. 2.2 7V-Methodenkarte. (Quelle: eigene Darstellung)

1. Sortiere aus

Bereits beim Aussortieren nicht benötigter Materialien (Hilfsmittel, Transportbehälter, Lagerbestände etc.) können erste Erfolge hinsichtlich einer Vermeidung von Verschwendung generiert werden. So können Bestände und Vorräte im direkten und indirekten Bereich gesenkt und Suchzeiten an Arbeitsstationen verkürzt werden. Hierbei kann man sich des Hilfsmittels „Rote Karte" oder auch „Red Tag" bedienen. Wenn Uneinigkeit darüber besteht, ob Gegenstände erforderlich sind oder nicht, werden sie mit der „Roten Karte" gekennzeichnet und vor der Entscheidung zunächst für einen bestimmten Zeitraum beobachtet.

Formblatt für die Verschwendungssuche

Bereich:	Vorgehensweise:	Verschwendungsarten:			
		1. Überproduktion:	Was produzieren wir für wen in welcher Menge?		
		2. Bestände:	Wofür wird es wann benötigt?		
		3. Transport:	Woher kommen Materialien/Informationen?		
		4. Wartezeiten:	Wie häufig bzw. wann fehlen Materialien/Infos?		
		5. Herstellungsprozess:	Sind alle Tätigkeiten sinnvoll/notwendig?		
		6. Bewegungen:	Ist mein Arbeitsbereich optimal gestaltet?		
		7. Fehler/Reparaturen:	Wo muss nachgearbeitet werden?		
Beschreibung:		Art:		Ort:	Wert:

Abb. 2.3 Beispiel für das Hilfsmittel (Erfassungstabelle) „Formblatt für die Verschwendungssuche". (Quelle: Baszenki [1])

2. Stelle ordentlich hin und 3. Säubere
Um Verschwendung gut erkennen zu können, sollten die Arbeitsbereiche aufgeräumt und sauber sein. Außerdem sind Verbesserungen dann schneller und einfacher zu planen und umzusetzen.

4. Sauberkeit bewahren
Entwickelte Prozessverbesserungen zur dauerhaften Vermeidung von Verschwendung müssen von den involvierten Mitarbeitern trainiert und eingeübt werden. Hierzu sind Standards zu definieren, deren Einhaltung und Weiterentwicklung das Ziel der Arbeit der Prozessbeteiligten ist.

5. Selbstdisziplin üben
Bei der Umsetzung der Verbesserungsmaßnahmen zur Vermeidung von Verschwendung ist jeder am Prozess Beteiligte dazu aufgefordert, den angestoßenen Prozess diszipliniert und aktiv mitzugestalten, damit sich auf lange Sicht die gewünschten Erfolge und Ziele einstellen. Großes Potenzial steckt oft auch in scheinbar weniger bedeutenden Maßnahmen, die konsequent umgesetzt und beobachtet werden müssen. Die Disziplin bei der Einhaltung entwickelter neuer Standards ist selbstkritisch regelmäßig zu prüfen.

2.4   Abgrenzung zu anderen Methoden

An dieser Stelle soll keine Abgrenzung zu anderen Methoden erfolgen, jedoch erwähnt werden, dass 7V bzw. das Erkennen und Beseitigen von Verschwendung die zentrale Grundidee aller Methoden und Konzepte der Lean Production ist.

**Praktische Hinweise zur Anwendung und Umsetzung der Methode 7V finden Sie
in *Teil II – Betriebliche Praxisbeispiele* des Buches in folgenden Kapiteln:**

- Kapitel 13: Verbesserung der Liefertreue und Fehlerquote durch die Einführung von
  betrieblichen Standards – Praxisbeispiel Heinrich Klar Schilder- und Etikettenfabrik
  GmbH & Co. KG
- Kapitel 14: Integration von Arbeitssicherheit und Gesundheitsschutz in eine „KVP Kultur" – Praxisbeispiel GEA Tuchenhagen GmbH
- Kapitel 15: 7 Arten der Verschwendung als Ausganspunkt auf dem Weg zum Manitowoc Produktionssystem – Praxisbeispiel Manitowoc Crane Group Germany GmbH
- Kapitel 20: Kontinuierlicher Verbesserungsprozess (KVP) – Praxisbeispiel Dieffenbacher GmbH Maschinen- und Anlagenbau

Literatur

1. Baszenski N, Institut für angewandte Arbeitswissenschaft (Hrsg) (2012) Methodensammlung
   zur Unternehmensprozessoptimierung. Dr. Curt Haefner-Verlag, Heidelberg

Literaturempfehlungen, Links

2. Imai M (1997) Gemba Kaizen – Permanente Qualitätsverbesserung Zeitersparnis und Kostensenkung am Arbeitsplatz. Langen-Müller/Herbig, München
3. Lennings F, Institut für angewandte Arbeitswissenschaft (Hrsg) (2008) Abläufe verbessern - Be-
   triebserfolge garantieren. Wirtschaftsverlag Bachem, Köln
4. Ohno T (1993) Das Toyota-Produktionssystem. Campus, Frankfurt/New York
5. Rother M, Shook J (2004) Sehen lernen: mit Wertstromdesign die Wertschöpfung erhöhen und
   Verschwendung beseitigen. Lean Management Institut, Aachen

Standardisierung

3

Frank Lennings und †Norbert Baszenski

3.1 Definition und Nutzen von Standardisierung

Die Bedeutung des Begriffs „Standard" hat nach einem Blick in den Duden mehrere Aspekte:

a. *Normalmaß:*
   Ein Standard gibt demnach Auskunft darüber, was üblicherweise als ein Durchschnitts-, Richt- oder Bezugswert angesehen werden kann. Beispiele sind der Standardbrief, der über die Abmessungen und das Gewicht definiert wird, oder die Europalette (s. Abb. 3.1), die ebenfalls durch die Größe, das Gewicht und den Aufbau bestimmt ist.
b. *Richtschnur:*
   Für Prozesse und Abläufe bedeutet ein Standard eine mehr oder minder detailliert beschriebene Vorgehensweise. Damit verbunden sind dann meist vergleichbare Ergebnisse. Beispiele sind die Abwicklung einer Standardbestellung im Unternehmen oder die Verpackung von Erzeugnissen für den Versand.
c. *Qualitätsmuster:*
   Vor allem in der Produktion werden oft Musterteile als Standard verwendet, um eine Beurteilung der gefertigten Produkte hinsichtlich Abmessungen, Oberflächenqualitäten oder Funktionssicherheit zu ermöglichen.

F. Lennings (✉) · †N. Baszenski
Institut für angewandte Arbeitswissenschaft e. V. (ifaa), Düsseldorf, Deutschland
E-Mail: f.lennings@ifaa-mail.de

© Springer-Verlag Berlin Heidelberg 2016
Institut für angewandte Arbeitswissenschaft e.V. (ifaa) (Hrsg.), *5S als Basis des kontinuierlichen Verbesserungsprozesses,* ifaa-Edition, DOI 10.1007/978-3-662-48552-1_3

Abb. 3.1 Die standardisierte Europalette. (Quelle: „EUR Palette Stapel" von Kalus Mueller [VanGore] – Eigenes Werk)

d. *Leistungs- und Qualitätsniveau:*

Es wird ein Ergebnis beschrieben, dass unter definiertem Aufwand und Ablauf sowie Rahmenbedingungen erreicht werden kann. Beispielsweise wird für einen Antriebsmotor eine Standardleistung vom Hersteller angegeben, die auf Dauer von dem Aggregat ohne Zerstörung abgegeben werden kann.

e. *Normen:*

Im Sinne der zuvor erläuterten Bedeutungen werden Standardmaße und Standardvorgehensweisen oft auch durch Normen und Richtlinien festgelegt. So legt z. B. die DIN EN 13861 „Sicherheit von Maschinen" als Leitfaden fest, wie andere einzelne Normen zur ergonomischen Gestaltung von Maschinen unter Berücksichtigung der vorgesehenen Verwendung und des erwarteten Gebrauchs sowie der vorhersehbaren Fehlanwendung der Maschine beachtet werden können.

Die Arbeitsstandardisierung wurde von Hinrichsen [3] als ein Prinzip (von acht) der Arbeitswirtschaft beschrieben. Danach werden Standards für die Arbeitsinhalte und benötigten Zeiten in Arbeitssystemen gesetzt. Sie sollen für Transparenz und gleichbleibende Qualität der Arbeitsergebnisse sorgen. Wie genau die Standards bestimmt werden, hängt von der Art der Aufgabe, dem Ziel des Arbeitsprozesses und der Wiederholhäufigkeit der Tätigkeit ab.

Bereits früher hat Mintzberg [4] die Standardisierung als eine Dimension zur Strukturierung von Prozessen dargestellt. Sie sorgt für eine Koordination von Tätigkeiten, ohne dass Vorgesetzte oder Kollegen direkt eingreifen müssen. Sie ist somit ein Prinzip zur Vereinfachung und Rationalisierung von Abläufen. Bei neuen Aufgaben- und Fragestellungen, die im Unternehmensalltag häufig auftreten, können festgelegte Standards allerdings eher hinderlich sein, wenn sie nicht alternative Vorgehensweisen antizipieren.

Größere Bekanntheit und Bedeutung hat das Prinzip der Standardsetzung allerdings im Zusammenhang mit der Diskussion um Ganzheitliche Produktionssysteme erlangt. Ausgehend von der Studie „Die zweite Revolution in der Automobilindustrie" von Womack et al. [7] u. a. wurde in der anschließenden Diskussion versucht, die Erfolgsfaktoren der japanischen Automobilhersteller zu identifizieren. Beim Vergleich der in den 1990er-Jahren in der deutschen Industrie realisierten Produktionssysteme [2] wurde die Standardisierung als ein solcher Erfolgsfaktor entdeckt. Weitere, auch empirische Untersuchungen bestätigten den Befund [5]. Der Standardisierung wurde bei einer Befragung von 37 Unternehmen die zweitwichtigste Rolle für den Erfolg des Produktionssystems zugemessen. Auch die Richtlinie VDI 2870 „Ganzheitliche Produktionssysteme" greift die Standardisierung als ein elementares Gestaltungsprinzip auf und verweist im zugehörigen Blatt 2 auf die zugeordneten Methoden 5S und die Prozessstandardisierung.

Die Standardisierung in der Arbeits- und Betriebsorganisation ist kein Selbstzweck, sondern dient dem wirtschaftlichen Einsatz der Ressourcen. Ein gewünschtes Ergebnis soll mit möglichst geringem Aufwand erreicht und die Effizienz soll gesteigert werden. Dieses wird im Wesentlichen durch vier Wirkungen erreicht:

a. *Vereinfachung:*
Bei der Standardisierung von Abläufen und Zuständen entfällt die Einzelfallentscheidung über das Vorgehen und die Beurteilung von Ergebnissen ist eindeutig: Standard erfüllt oder nicht!

b. *Verzicht auf Anweisung und Abstimmung:*
Sind z. B. Funktionsbeschreibungen vorhanden, entfällt die Überlegung und Klärung, in wessen Aufgabengebiet eine Aufgabe fällt und eine ausdrückliche Arbeitszuteilung ist nicht notwendig. Sind Abläufe als Standard beschrieben, sind damit auch die Schnittstellen in einem Prozess und die Zuständigkeiten festgelegt. Eine Abstimmung zwischen den beteiligten Personen kann so im Regelfall entfallen.

c. *Wiederholbarkeit:*
Ein standardisiertes Vorgehen erlaubt es, einen Ablauf erneut und ohne große Überlegung der Vorgehensweise abzuarbeiten. Voraussetzung dafür ist allerdings eine gute Dokumentation des Standards.

d. *Berechenbarkeit:*
Auf der Grundlage von Standardabläufen und -zeiten werden Vorgänge kalkulierbar im Hinblick auf Durchlaufzeiten und Ressourceneinsatz wie Material und Personal. Im Zusammenhang mit einer kontinuierlichen Verbesserung können diese Daten im Sinne eines Lerneffekts verbessert werden.

In der Gestaltung von Arbeit und Prozessen gibt es viele sinnvolle Ansätze für Standards. Es können folgende Formen unterschieden werden:

a. *Standardisierung der Arbeitsprozesse:*
In den Unternehmen gibt es unabhängig von der Branche und der Fertigungsstruktur immer eine Vielzahl von Prozessen: Kernprozesse wie z. B. Produktentwicklung, Vertrieb, Logistik, Produktionsvorbereitung, Fertigung und Montage. Daneben werden Unterstützungsprozesse wie Instandhaltung, Qualitätsmanagement, Controlling und Personalmanagement unterschieden. Schließlich sind Führungsprozesse wie Unternehmensentwicklung und -organisation zu benennen. Sie unterscheiden sich vor allem in ihrer Komplexität und Wiederholhäufigkeit. Sobald sie mit einer gewissen Regelmäßigkeit abgearbeitet werden, ist es sinnvoll eine Standardisierung vorzunehmen. Insbesondere bei den Fertigungs- und Montageprozessen ist dieses in vielen Unternehmen üblich und wird praktiziert. Das Ergebnis ist dann beispielsweise ein Standardarbeits-

Arbeitsfolgekarte

Firma Z	Arbeitssystem:						erst.:
							geänd.:
	Station:						erst.:
							geänd.:
Beschreibung:	Code:		Zeit pro Min.	ZT: TH	A:		Zeit pro Min.

Hilfsmittel:		Stehplatz
Werkzeug:		Podest
Vorrichung:		Sitzplatz

Arbeitsplatzdarstellung:

Abbildung

Montageinhalte:

Nr.	Satz-Nr.					Tätigkeit	Zeiten in Minuten:		
							Hand.	Maschine	Wege
1	0	1	2	3	5	Rückwand oben verschrauben			
2	2	2	5	4	0	Tür verschrauben			
3	3	5	8	5	0	...			
4	2	6	5	9	0				
5	4	4	4	6	0				
6	7	8	6	2	0				
7	5	7	9	1	0				
8	5	9	7	1	0				
9	7	3	2	0	0				
10	4	6	1	0	2				
11	1	6	6	2	0				
12	6	5	5	3	0				
13	7	4	8	0	0				
14	5	1	2	1	1				
15	4	2	2	5	0				
16	9	1	3		0				
17	3	5	5	4	0				
18	0	8	4	7	0				
19	7	8	5	8	0				
20	5	5	9	5	1				

| Abteilung | Datum | erstellt | geprüft | Gültigkeit |

Abb. 3.2 Standardarbeitsblatt. (Quelle: eigene Darstellung)

blatt für einen Montagevorgang entsprechend Abb. 2.2. Aber auch bei wiederkehrenden Prozessen wie Strategieentwicklung, Personalbeschaffung o. ä. lassen sich die Vorgänge standardisieren und dokumentieren (Abb. 3.2).

b. *Standardisierung der Arbeitsplatzorganisation*:

Neben der Prozessstandardisierung ist die Standardisierung der Arbeitsplatzanordnung und -ausstattung in vielen Unternehmen im Rahmen der Einführung von Produktionssystemen umgesetzt worden. Sie dient vor allem in der Produktion der Verringerung

Abb. 3.3 a, b Standardisierte Arbeitsplatzorganisation in Produktion und Büro. (Quelle: Dörich et al. [1])

von Suchzeiten für Werkzeuge und Materialien und ist ein Element der Methode 5S (s. Abb. 3.3a, b).

c. *Standardisierung der Arbeitsergebnisse*:

Unabhängig davon, ob die Arbeitsprozesse standardisiert sind, gibt es die Möglichkeit für (gewünschte) Arbeitsergebnisse nur oder zusätzlich zum Standardprozess die Form oder Qualität vorzugeben. In der Teilefertigung ist das z. B. ein Gut-Muster mit der Kennzeichnung der qualitätsrelevanten Merkmale. In Unterstützungsprozessen sind das z. B. Vorgaben oder Vorlagen für Projektanträge, Projektberichte oder Protokolle. Ein standardisiertes Ergebnis einer Produktentwicklung ist beispielweise ein Pflichtenheft.

d. *Standardisierung von Kompetenzprofilen*:

Zur anforderungsadäquaten Besetzung von Arbeitsplätzen kann es sinnvoll sein, die für die Tätigkeit notwendigen Fähigkeiten und Kompetenzen zu ermitteln und festzulegen. So wird einerseits eine Überforderung von unpassend qualifizierten Beschäftigten, andererseits die Verschwendung von Qualifikationen und eine Unterforderung der Mitarbeiter vermieden.

e. *Standardisierung von Stellenbeschreibungen*:

Nicht nur bei Stellen bzw. Funktionen im Unternehmen, die mehrfach vorhanden sind, ist eine Standardisierung der Beschreibung der organisatorischen Einbindung, der Ausstattung und der Aufgaben sinnvoll. Sie ist auch im Sinne der zuvor beschriebenen Ziele eine Vereinfachung der Abstimmungen. Zugleich kann sie als Anforderungsprofil die Grundlage für notwendige Stellenneubesetzungen sein.

f. *Standardisierung von Methoden und Vorgehensweisen*:

Viele Unternehmen haben als ein Element von Ganzheitlichen Produktionssystemen vorgegeben, welche Methoden zur Arbeits- und Prozessoptimierung angewendet werden sollen. Die Anzahl ist sehr unterschiedlich und betrug zu Beginn der Diskussion über Produktionssysteme (ca. 1990) im Einzelfall an die 100 Methoden. Zwischenzeitlich hat sich mehrheitlich die Erkenntnis durchgesetzt, dass einerseits eine deutlich geringere Zahl ausreichend ist, aber vor allem der Zweck der Methoden ausschlaggebend ist. Einen Vorschlag, welche Standardmethoden sinnvoll erscheinen, hat REFA herausgegeben [6].

g. *Standardisierung von Verfahrensrichtlinien und Handbüchern:*
   Im Einzelfall kann es für eine reibungslose Zusammenarbeit von Lieferanten und Auftraggebern sinnvoll sein, sich auf standardmäßig zum Einsatz kommende Richtlinien und Handbücher für Lasten- und Pflichtenhefte, Reklamationen oder Fragen der Qualitätssicherung zu verständigen.

3.2   Vorgehensweise zur Anwendung von Standardisierung

Unabhängig davon, in welchem der zuvor beschriebenen Bereiche Standardisierung betrieben wird, ist die generelle Vorgehensweise hierzu ähnlich. Sie wird im Folgenden am Beispiel der Standardisierung eines Arbeitsprozesses verdeutlicht. Zunächst ist der Ist-Zustand zu erfassen. Hierzu wird ermittelt und dokumentiert, wie verschiedene Mitarbeiter oder Unternehmensstandorte die Arbeitsaufgabe erfüllen. In welche Teilschritte wird die Aufgabe zerlegt? In welcher Reihenfolge und wie werden diese bearbeitet? Anschließend werden die unterschiedlichen Praktiken hinterfragt. Welche Unterschiede gibt es und warum? Ist eine Vorgehensweise besonders vorteilhaft, z. B. fehlerarm, schnell und/oder belastungsarm? Ist diese Vorgehensweise sinnvoll auf andere Mitarbeiter oder Unternehmenseinheiten übertragbar? Falls ja, wie kann dies erreicht werden? Auf Basis dieser Informationen lässt sich ein Vorteil bringender Standard erstellen, der anschließend kommuniziert und etabliert werden muss. Wichtig ist dabei, möglichst alle Betroffenen von dessen Vorteilen – auch für die eigene Person – zu überzeugen, damit der Standard breite Akzeptanz und Anwendung findet. Anwender sollten dazu möglichst in die Definition des Standards eingebunden sein.

Mit der Einführung von Standards ist nicht automatisch sichergestellt, dass sie zur Anwendung kommen und eingehalten werden. Um festzustellen, ob das der Fall ist, oder ob sich in der Praxis andere Vorgehensweisen etabliert haben, die unter Umständen sogar sinnvoller sind, wird die Überprüfung der Einhaltung im Rahmen einer Auditierung ermittelt und dokumentiert. Die auditierenden Personen können sowohl die unmittelbar betroffenen Beschäftigten in Form einer Selbstauditierung sein, aber auch betriebliche Führungskräfte oder externe Experten.

Ein häufig eingewendeter Kritikpunkt an dem Prinzip der Standardisierung ist die fehlende Flexibilität. Standards setzen gleichbleibende Verhältnisse und Abläufe voraus oder zumindest die Möglichkeit der Verzweigung bei alternativen Situationen. Oft sind diese Voraussetzungen nicht gegeben. Ein Ansatz um dennoch nicht auf die Vorteile der Standardisierung verzichten zu müssen, ist die Idee der „flexiblen Standardisierung". Sie beruht auf der Vorstellung, dass Standards nur „vorübergehend" definiert werden, um den Status quo zu „halten", vergleichbar mit dem „Standardisierungskeil" (s. Abb. 3.4). Verändern sich Randbedingungen oder wird durch Verbesserungen, bspw. mit einem PDCA-

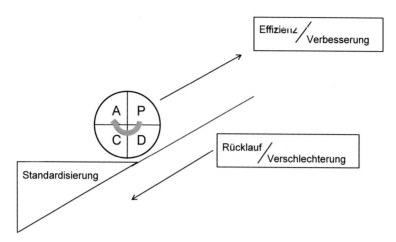

Abb. 3.4 Das Prinzip der flexiblen Standardisierung. (Quelle: nach Neuhaus [5])

Zyklus (Plan, Do, Check, Act), ein höheres Effizienzniveau erzielt, wird dieses durch flexibles Verschieben des Keils gesichert.Im Sinne einer kontinuierlichen Verbesserung (s. Kap. 7) werden die Standards von den Beschäftigten selbstständig untersucht und optimiert. Auch für diesen Anpassungs- und Weiterentwicklungsprozess sollte ein Standardvorgehen definiert werden. Darin muss geregelt werden, wer über die Festsetzung neuer Standards entscheidet und wie Anpassungen den Beteiligten bekannt gemacht werden. Der Dokumentation der verschiedenen Versionen kommt dabei eine große Rolle zu.

3.3 Unterstützung der Standardisierung durch 5S

Die Standardisierung ist Bestandteil verschiedener Schritte von 5S. Die Auswahl sowie die einheitliche Anordnung und Ausrichtung benötigter Gegenstände im Arbeitsbereich in den Schritten 1 und 2 der 5S-Methode sind eine Form der Standardisierung. Der Schritt 4 „Standardisierung" umfasst Maßnahmen, die erzielten Ergebnisse und Verbesserungen dauerhaft aufrecht zu erhalten. Unter anderem werden dazu in der Regel die Schritte der Methode mit Selbstdisziplin regelmäßig immer wieder durchlaufen und so Standards aktualisiert und aufrecht erhalten.

Mithilfe der Methode 5S werden Arbeitsplätze oder Arbeitsbereiche zweckgerichtet – auch im Sinne der Mitarbeiter – standardisiert und die Ordnung aufrechterhalten. Dabei verändert die Methode nicht nur die Umgebung sondern auch das Denken und Verhalten von Menschen im Unternehmen. Sie gewöhnen sich daran, Regeln zu setzen aber auch daran, diese einzuhalten. Somit ist die 5S-Methode auch „Wegbereiter" für Standardisierungen im Unternehmen, die über den Arbeitsplatz und die direkte Arbeitsumgebung hinausgehen, wie sie in Teil I und II dieses Kapitels beschrieben oder für den Aufbau Ganzheitlicher Produktions- und Unternehmenssysteme erforderlich sind.

Praktische Hinweise zur Anwendung und Umsetzung der Methode Standardisierung finden Sie in *Teil II – Betriebliche Praxisbeispiele* des Buches in folgenden Kapiteln:

- Kapitel 13: Verbesserung der Liefertreue und Fehlerquote durch die Einführung von betrieblichen Standards – Praxisbeispiel Heinrich Klar Schilder- und Etikettenfabrik GmbH & Co. KG
- Kapitel 20: Kontinuierlicher Verbesserungsprozess (KVP) – Praxisbeispiel Dieffenbacher GmbH Maschinen- und Anlagenbau

Literatur

1. Dörich J, Lennings F, Classen HJ (2014) Von Japan lernen – Immer noch? Ein Reisebericht, Betriebspraxis & Arbeitsforschung (221): 20–28
2. Feggeler A, Neuhaus R (2002) Was ist neu an Ganzheitlichen Produktionssystemen? In: Institut für angewandte Arbeitswissenschaft (Hrsg) Ganzheitliche Produktionssysteme. Gestaltungsprinzipien und deren Verknüpfung. Wirtschaftsverlag Bachem, Köln: S 18–23
3. Hinrichsen S (2007) Arbeitsrationalisierung mittels Methoden des Industrial Engineering in Dienstleistungsbetrieben. Shaker Verlag, Aachen, S 18–23
4. Mintzberg H (1992) Die Mintzberg-Struktur. Mi-Wirtschaftsbuch, Landsberg/Lech
5. Neuhaus R, Institut für angewandte Arbeitswissenschaft (Hrsg) (2008) Produktionssysteme: Aufbau – Umsetzung – betriebliche Lösungen. Wirtschaftsverlag Bachem, Köln
6. REFA (Hrsg) (2011) Industrial Engineering – Standardmethoden zur Produktivitätssteigerung und Prozessoptimierung. Carl Hanser Verlag. KG, München
7. Womack JP, Jones DT, Roos D (1991) Die zweite Revolution in der Autoindustrie. Konsequenzen aus der weltweiten Studie aus dem Massachusetts Institute of Technology. Campus, Frankfurt/New York

Literaturempfehlungen, Links

8. Baszenski N, Institut für angewandte Arbeitswissenschaft (Hrsg) (2012) Methodensammlung zur Unternehmensprozessoptimierung. Dr. Curt Haefner-Verlag, Heidelberg
9. Schlick C, Bruder R, Luczak H (2009) Arbeitswissenschaft. 3., vollständig überarbeitete und erweiterte Auflage. Springer, Berlin

Visuelles Management

Timo Marks

4.1 Definition und Nutzen von visuellem Management

Visuelle Hilfsmittel (bspw. Markierungen und Signale) und deren Nutzung unterstützen die Abläufe in vielen Situationen im Leben [3].

Visualisierungen in Unternehmen sind meist „bildliche" Darstellungen von Informationen über Arbeitsabläufe und -ergebnisse. Visuelle Darstellungen von Sachverhalten sollten in modernen, flexiblen Arbeitssystemen für alle Beteiligten schnell verständlich und damit anwendbar sein. Eine für die Unternehmensabläufe optimale Visualisierung von Prozessen und Ergebnissen ist ein in der Praxis bewährtes Instrument. Durch das Visualisieren, z. B. von Arbeitsabläufen, Beständen, Materialflüssen und Standards an Arbeitsplätzen, soll die Transparenz in den Prozessen gesteigert werden, um Abweichungen vom Standard frühzeitig sichtbar zu machen. Diese Transparenz bietet den Führungskräften die Möglichkeit vor Ort bei Abweichungen einzugreifen [1].

Visuelles Management stellt eine Basis für die Weiterentwicklung von 5S dar und es ist ein Instrument für den Verbesserungsprozess (KVP, s. Kap. 7). Ansätze für Verbesserungen werden durch das Sichtbarmachen von Prozessabweichungen und Problemen verfolgt [2]. Diese Informationen gilt es für den KVP zu nutzen.

T. Marks (✉)
Institut für angewandte Arbeitswissenschaft e.V. (ifaa), Düsseldorf, Deutschland
E-Mail: t.marks@ifaa-mail.de

© Springer-Verlag Berlin Heidelberg 2016
Institut für angewandte Arbeitswissenschaft e.V. (ifaa) (Hrsg.), *5S als Basis des kontinuierlichen Verbesserungsprozesses,* ifaa-Edition, DOI 10.1007/978-3-662-48552-1_4

4.2 Vorgehensweise zur Anwendung von visuellem Management

Visuelles Management ist ein grundlegendes Instrument für ein schlankes Produktions-
bzw. Unternehmenssystem. Des Weiteren kann es bei der Flexibilisierung von Prozessen
unterstützen.

Häufig besteht wenig Transparenz über den Status quo des Unternehmens (bspw. Erfüllung von Tagesaufträgen) und es bieten sich keine Chancen, schnell und einfach Abweichungen vor Ort wahrzunehmen und zu erkennen. Dies verhindert wiederum die
Möglichkeit, auf Abweichungen schnell reagieren und vor Ort entsprechend zeitnah über
Handlungen entscheiden zu können. Ungeplante Störungen oder Schwächen können ggf.
erst kurz vor der Auslieferung oder beim Kunden auftreten. Es besteht vielfach noch kein
klarer Handlungsrahmen für die Belegschaft und die Führung mit definierten visuellen
Instrumenten und zugehörigen Regeln.

Visuelles Management bietet die Möglichkeit, Abweichungen von Standards und definierten Prozessen zu erkennen. Es ist ein Instrument, das Verbesserungen, Zusammenarbeit und Führung fördert. Die visuellen Kennzeichnungen sollen den Prozess unterstützen und nicht das Unternehmen dekorieren. Visuelles Management unterstützt u. a. das
Verkürzen von Durchlaufzeiten, das Verbessern des Informationsflusses und das Verringern von Suchzeiten (s. Abb. 4.1). Zusätzlich ermöglicht ein visualisierter Arbeitsplatz das
zügige Einarbeiten von Mitarbeitern.

Herangehensweise
Folgend werden die Schritte und Punkte, die bei der Einführung betrachtet werden sollten,
beschrieben:

1. Was ist das Ziel von visuellem Management und mit welchen Elementen kann das
   Ziel erreicht werden? Das Klären dieser Frage ist der erste Schritt. Beispielsweise
   sollte ein Unternehmen, das laufend sehr unterschiedlich große Produkte herstellt und
   bei dem Flexibilität eine entscheidende Voraussetzung ist, keine starren (z. B. mithilfe von Farbe) Markierungen installieren. Demgegenüber kann ein Serienfertiger
   mit wenigen Produktvarianten fixierte Standards schaffen.

Abb. 4.1 Schaffung fester
Plätze für Material, Werkzeuge; insb. für Mehrper-
sonenarbeitsplätze wichtig.
(Quelle: http://www.foto-
search.de/ULY276/u37472119/
[Fotosearch, Bildnummer:
u37472119])

Abb. 4.2 Kennzeichnung von
Beständen und Füllmengen
anhand von Ampelfarben (im
Lager, Büro)

2. Die Markierungen sollen im Prozess helfen und daher gilt es, diese mit den Mitarbeitern vor Ort zu diskutieren (mit dem Ziel einer akzeptierten Lösung). Beispiele s. Abb. 4.2.

3. Im besten Fall können Vorschläge von Mitarbeitern genutzt und dabei gemeinsam erste visuelle Darstellungen getestet werden.

4. Es muss nicht die perfekte Lösung zu Beginn geschaffen werden. Experimentieren ist elementar wichtig (Experimentierphase).

5. Wenn die Phase des Experimentierens erfolgreich ist, gilt es, die provisorischen Elemente zu professionalisieren und zu standardisieren.

6. Alle Mitarbeiter, insbesondere die, die nicht bei der Entwicklung beteiligt waren, aber in dem Bereich der geschaffenen Standards arbeiten, sollten durch die Kollegen oder den Vorgesetzten in der Anwendung geschult werden.

7. Die Standards müssen gelebt werden. Als Führungskraft gilt es, dies von den Mitarbeitern beim Erkennen von Abweichungen der Standards einzufordern, aber auch gleichzeitig zu hinterfragen, warum es zu Abweichungen kam. Idealerweise werden die Standards auch von anderen Bereichen genutzt und es ergeben sich daraus unternehmensweite Standards.

8. Die Standards müssen solange gelebt werden bis gemeinsam neue Standards definiert werden. Das immer wiederkehrende „Warum-Fragen" oder die Analyse der Prozesse kann als Basis dienen, neue Ideen für Standards umzusetzen.

9. Es wird sich ein tägliches Training der Nutzung der Standards ergeben und idealerweise werden Abweichungen vom Idealprozess sehr schnell erkannt. Hierbei gilt es, darauf zu achten, dass es Verantwortlichkeiten und Regeln gibt, wie mit diesen Abweichungen umgegangen wird und wer sich bis wann darum kümmert. Mitarbeiter beschreiben in Form von Problemen, Arbeitsergebnissen und Nutzung bzw. Nichtnutzung der Standards Ansätze für Verbesserungspotenziale. Führungskräfte suchen Informationen durch Präsenz vor Ort und unterstützen bei der Problemlösung.

10. Erst die Nutzung und die Einhaltung dieser Standards schaffen die Möglichkeit, bereichsübergreifende Themen, wie interne Logistikflüsse oder auch Kanban, einzuführen.

Wer ist involviert?

Mitarbeiter als auch Führungskräfte sind involviert. Wenn es sich um unternehmens-weite Standards der visuellen Darstellung handelt, sind alle Mitarbeiter beteiligt. Die Füh-rungskräfte sind dafür verantwortlich, Sorge zu tragen, dass die Standards von den Mit-arbeitern verstanden und korrekt angewendet werden.

4.3   Unterstützung von visuellem Management durch 5S

Im Rahmen der Anwendung der 5S-Methode treten folgende Berührungspunkte zum The-ma visuelles Management auf:

1. Sortiere aus
Vermutlich hat jedes Unternehmen, geplant oder zufällig, visuelle Elemente. Diese kön-nen Ergebnisse anderer Verbesserungsprojekte (bspw. nicht genutzte Bodenmarkierun-gen) oder auch gesetzlich vorgeschriebene Markierungen sein (bspw. Schilder für Feuer-löscher). Überflüssige Visualisierungen gilt es auszusortieren und verbleibende nach Wichtigkeit zu sortieren. Selbstverständlich sind gesetzlich vorgeschriebene Elemente davon ausgenommen.

2. Stelle ordentlich hin
Visuelle Hilfsmittel, die selten oder nie genutzt werden und nicht gesetzlich vorgeschrie-ben sind, gilt es zu entfernen. Dies wird anhand von Gesprächen über dieses Hilfsmittel erkannt.

3. Säubere
Die visuellen Hilfsmittel sollten im Rahmen des 5S Workshops und danach regelmäßig gesäubert und gegebenenfalls ersetzt werden.

4. Sauberkeit bewahren
Insbesondere während des Implementierens der u. a. im Rahmen des 5S-Workshops ent-wickelten Standards werden verschiedene visuelle Hilfsmittel genutzt, um den Prozess zu optimieren. Hierbei gilt es, in den Diskussionen festzustellen, welches visuelle Hilfsmittel den Prozess unterstützt. Es kann sich hier um Elemente handeln, die bspw. optische Hilfen bieten bei:

- zu geringen Beständen und damit die Möglichkeit eröffnen, sich auf wesentliche Tätig-keiten zu konzentrieren;
- der Vermeidung von Verschwendung an einem einzelnen Arbeitsplatz (bspw. feste Position für Werkzeuge);

- der Zusammenarbeit in einem Bereich (bei Nutzung eines Arbeitsplatzes durch mehrere Mitarbeiter – klare Definition der Zuständkeiten) oder mehrerer Bereiche (bspw. interne Logistik und Produktion – klare Definition der Anlieferungs- und Abholflächen sowie der Nutzung der Flächen).

5. Selbstdisziplin üben

Es bietet sich hier an, zu experimentieren, aber es gilt, die definierten Standards einzuhalten bis diese gemeinschaftlich geändert werden. Selbstdisziplin bedeutet, immer wieder kritisch zu durchleuchten, ob die visuellen Elemente noch genutzt werden oder ob sie nur eine „Dekoration" des Unternehmens darstellen. Dabei besteht für Führungskräfte die Chance, durch aktives Beobachten über den Prozess zu sprechen.

Praktische Hinweise zur Anwendung und Umsetzung der Methode visuelles Management finden Sie in *Teil II – Betriebliche Praxisbeispiele* des Buches in folgendem Kapitel:

- Kapitel 13: Verbesserung der Liefertreue und Fehlerquote durch die Einführung von betrieblichen Standards – Praxisbeispiel Heinrich Klar Schilder- und Etikettenfabrik GmbH & Co. KG

Literatur

1. Baszenski N, Institut für angewandte Arbeitswissenschaft (Hrsg) (2012) Methodensammlung zur Unternehmensprozessoptimierung. Dr. Curt Haefner-Verlag, Heidelberg
2. Gorecki P, Pautsch P (2014) Praxisbuch Lean Management: Der Weg zur operativen Excellence. Carl Hanser Verlag, München
3. Reitz A (2008) Lean TPM: In 12 Schritten zum schlanken Managementsystem – Effektive Prozesse für alle Unternehmensbereiche – Gesteigerte Wettbewerbsfähigkeit durch KVP – Erfolge messen mit der Lean-TPM-Scorecard. mi-Fachverlag, Finanzbuchverlag, München

Arbeits- und Gesundheitsschutz

5

Stephan Sandrock und Anna Peck

5.1 Definition und Nutzen von Arbeits- und Gesundheitsschutz

Die nationale Gesetzgebung setzt europäische Richtlinien in Gesetze, z. B. die Richtlinie 89/391/EWG des Rates über die Durchführung von Maßnahmen zur Verbesserung der Sicherheit und des Gesundheitsschutzes der Arbeitnehmer bei der Arbeit in das Arbeitsschutzgesetz [3], bzw. in Verordnungen wie die Arbeitsstätten- oder die Lastenhandhabungsverordnung um. Durch Verordnungen oder durch das Regelwerk der Unfallversicherungsträger können Gesetze konkretisiert werden (s. Abb. 5.1).

Aufgrund dieser Bestimmungen im Arbeitsschutz hat der Arbeitgeber verschiedene Aspekte zu berücksichtigen. Ein zentrales Element im Arbeitsschutz ist die Gefährdungsbeurteilung, die in §§ 5 und 6 Arbeitsschutzgesetz festgelegt ist. Sie verpflichtet den Arbeitgeber, eine Beurteilung der für die Beschäftigten mit ihrer Arbeit verbundenen Gefährdungen vorzunehmen. Aus den ermittelten Gefährdungen hat der Arbeitgeber Maßnahmen des Arbeitsschutzes abzuleiten und die Ergebnisse der Beurteilungen sowie die ggf. erforderlichen Maßnahmen zu dokumentieren. Zielsetzung des Arbeitsschutzes ist es, die Sicherheit und den Gesundheitsschutz der Beschäftigten bei der Arbeit durch entsprechende Maßnahmen zu gewährleisten und zu verbessern (ArbSchG § 1). „Maßnahmen des Arbeitsschutzes im Sinne dieses Gesetzes sind Maßnahmen zur Verhütung von Unfällen bei der Arbeit und arbeitsbedingten Gesundheitsgefahren einschließlich Maßnahmen der menschengerechten Gestaltung der Arbeit" (ArbSchG § 2). Neben der Erfüllung der rechtlichen Anforderungen sind betriebliche Maßnahmen zum Arbeits- und Gesundheitsschutz ein wichtiger Beitrag zur Erhöhung der Wettbewerbsfähigkeit – auch wenn sie zunächst

S. Sandrock (✉) · A. Peck
Institut für angewandte Arbeitswissenschaft e.V. (ifaa), Düsseldorf, Deutschland
E-Mail: s.sandrock@ifaa-mail.de

© Springer-Verlag Berlin Heidelberg 2016
Institut für angewandte Arbeitswissenschaft e.V. (ifaa) (Hrsg.), *5S als Basis des kontinuierlichen Verbesserungsprozesses,* ifaa-Edition, DOI 10.1007/978-3-662-48552-1_5

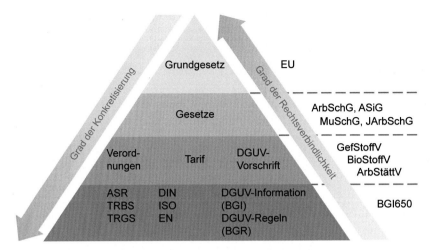

Abb. 5.1 Gesetzliche Grundlagen des Arbeitsschutzes. (Quelle: eigene Darstellung)

initiale Kosten verursachen können. Die Vermeidung von Unfällen und Erkrankungen sind allerdings klare Wettbewerbsvorteile, die sich allerdings nicht immer in konkreten Zahlen ausdrücken lassen. Sinnvolle Präventionsmaßnahmen können zur Verhütung von Unfällen, zur Senkung von Fehlzeiten und zur Verbesserung des Gesundheitszustandes führen. Damit tragen die Maßnahmen zum Erhalt der Leistungsfähigkeit der Beschäftigten bei. Langfristig kann Prävention zu Kostensenkungen bei der Lohnfortzahlung führen und Kosten für den Ersatz von erkrankten Mitarbeiten reduzieren. Somit ist Arbeitsschutz auch betriebswirtschaftlich relevant. In 2012 kam es dem Bericht „Sicherheit und Gesundheit bei der Arbeit 2012" [2] zufolge zu 969.860 meldepflichtigen Arbeitsunfällen. Obwohl die Unfallzahlen insgesamt rückläufig sind, entsteht bei konservativer Schätzung von drei entstehenden Arbeitsunfähigkeitstagen pro Jahr und Person und einem Verlust der Arbeitsproduktivität von 200 € pro Tag ein jährlicher wirtschaftlicher Schaden von ca. 582 Mio. €. Zusätzlich ist zu berücksichtigen, dass auch die Beiträge für die Unfallversicherungsträger vom Unfallaufkommen in den Betrieben beeinflusst werden.

5.2 Vorgehensweise zur Anwendung von Arbeits- und Gesundheitsschutz

Als zentrale Aufgabenbereiche des Arbeitsschutzes lassen sich drei Aufgabenkomplexe ausmachen [6], aus denen sich Handlungsfelder und entsprechende Maßnahmen ableiten lassen. Die Aufgabenkomplexe sind:

- Arbeitsbedingte Unfall- und Gesundheitsgefährdungen ermitteln und beurteilen (mittels Gefährdungsbeurteilung),
- Arbeitssysteme vorbereiten, gestalten und aufrechterhalten sowie
- Arbeits- und Gesundheitsschutz in Führungs- und Managementprozessen verankern und integrieren.

Um diesen diversen Aufgabenkomplexen gerecht zu werden, ist es sinnvoll und notwendig, dass alle Ebenen des Unternehmens ihren Beitrag zum Arbeitsschutz leisten. Arbeitsschutz kann nicht nur verordnet, er muss organisiert und gelebt werden. Wesentlich ist es, die Verantwortlichkeiten im gesamten Unternehmen, beginnend bei der Geschäftsleitung, klar zu benennen. Die Verantwortung für den Arbeits- und Gesundheitsschutz sowie die damit verbundenen Aufwendungen liegen grundsätzlich beim Unternehmer oder dessen Beauftragten.

Folgendes sollte der Arbeitgeber sicherstellen. Den Mitarbeitern sollte die Bedeutung des Arbeits- und Gesundheitsschutzes deutlich sein. Dies beinhaltet u. a., dass die Arbeitsschutzziele vermittelt und verstanden werden, z. B. durch fortlaufende Unterweisung und Integration des Themas bei Teambesprechungen und dass die Verpflichtung zur Erfüllung dieser Maßnahmen sowie zur Verbesserung der Maßnahmen besteht, z. B. Schließen der Türen eines lärmbehafteten Prüfplatzes, Tragen persönlicher Schutzausrüstung etc. Eine Arbeitsschutzkonzeption sollte festgelegt und Arbeitsschutzziele definiert sein, z. B. Senkung von Beinaheunfällen um X % oder Senkung des Gefährdungspotenzials einer gekapselten Drehmaschine. Es müssen notwendige Ressourcen (finanziell, zeitlich und organisatorisch) bereitgestellt werden und die Maßnahmen des Arbeitsschutzes bewertet werden. Das heißt, es ist zu prüfen, ob die Maßnahmen des Arbeitsschutzes für die mit der Arbeit verbundenen Gefährdungen angemessen sind. Dies bedeutet, dass sich aus den Ergebnissen der Gefährdungsbeurteilung die nötigen Maßnahmen zur Verbesserung der Sicherheit und des Gesundheitsschutzes entsprechend den jeweiligen Vorschriften ergeben. Maßnahmen sind in der Reihenfolge Technik, Organisation, Person (TOP-Prinzip) anzustreben (s. Abb. 5.2). Dabei ist ebenfalls die fortdauernde Angemessenheit der Arbeitsschutzmaßnahmen zu bewerten, z. B. durch Überprüfung des Stands der Technik und neuerer, auch gesetzlicher Entwicklungen.

Die Abb. 5.3a und b zeigen ein Beispiel für eine technische Lösung zur Optimierung von Belastung an einem Montagearbeitsplatz bei der Firma WILO SE. Am Ende eines Montagevorgangs werden Pumpen verschiedener Größe für den Versand verpackt. Um

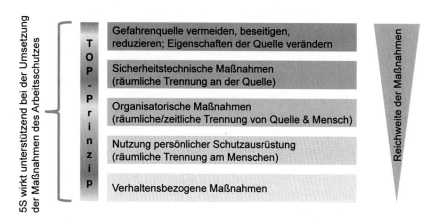

Abb. 5.2 5S als Unterstützung bei der Umsetzung der Maßnahmenhierarchie des Arbeitsschutzes [7]

Abb. 5.3 a und b Pneumatischer Hubtisch zur Belastungsreduktion bei der Firma WILO SE [5]

die Kartons auf den Umwicklungsautomaten zu bekommen, muss durch die Beschäftigten eine Höhe von 30 cm per Hand überwunden werden. Durch den Einsatz eines pneumatischen Hubtisches, der mit einem Fußhebel zu bedienen ist, kann die Höhe des Arbeitssystems bei Bedarf angepasst und die Kartons können belastungs- und reibungsarm weitertransportiert werden [5].

Als förderlich hat sich erwiesen, wenn der Arbeits- und Gesundheitsschutz in der Firmenphilosophie und im Betrieb einen angemessenen Stellenwert hat, und in die Abläufe des Betriebs integriert wird. Weiterhin sollten aktuelle Schutzziele in Bezug auf konkrete betriebliche Gegebenheiten und Anforderungen formuliert werden, damit neben anderen betrieblichen Prozessen auch der Arbeitsschutz kontinuierlich verbessert werden kann. Wichtig ist ferner, dass es für alle Mitarbeiter, Kooperationspartner und Zeitarbeitnehmer verpflichtend ist, die gegebenen Ziele, Maßnahmen und Verhaltensweisen, Vorschriften und Gesetze zum Arbeits- und Gesundheitsschutz einzuhalten. Um die volle Wirksamkeit des Arbeits- und Gesundheitsschutzes zu entfalten, ist es daneben von Bedeutung, dass die Beschäftigten verstehen, worum es geht, und sich aktiv einbringen.

5.3 Unterstützung von Arbeits- und Gesundheitsschutz durch 5S

Um den Arbeits- und Gesundheitsschutz für alle Beteiligten bei der täglichen Arbeit erlebbar zu machen, kann es sinnvoll sein, diesen in handhabbare Methoden der Prozessverbesserung zu integrieren bzw. darin zu berücksichtigen. Dazu bietet sich die 5S-Methode an, da die Aufgabenkomplexe des Arbeitsschutzes in ihren Anforderungen vielfältig sind und sich oftmals nicht kurzfristig im Betrieb umsetzen lassen. In der Regel erfordern die Aufgabenkomplexe eine schrittweise Entwicklung hin zu einem verankerten und integrierten Arbeits- und Gesundheitsschutz. Für den Einstieg in den Arbeits- und Gesundheitsschutz ist die 5S-Methode ein guter Ansatz, da sie einfach umzusetzen ist und keine großen Investitionen erfordert. Der Arbeitsplatz wird nach den 5S „Sortiere aus, Stelle ordentlich hin, Säubere, Sauberkeit bewahren und Selbstdisziplin üben" organisiert mit dem Ziel, langfristig die Unternehmensleistung zu steigern [1]. Die Vorteile liegen auf der Hand: Ein Arbeitsplatz, der aufgeräumt und ordentlich ist, an dem durch ein Team gemeinsam festgelegte Regeln und Visualisierungen existieren [4], trägt auch zur Sicherheit bei, z. B. durch das Eliminieren von Stolperfallen wie Kabel, Kisten etc. Ordnungsgemäß beschriftete Flaschen und Kanister verhindern das Verwechseln von gesundheitsgefährdenden Flüssigkeiten. Ordnung und Sauberkeit tragen also direkt dazu bei, Unfälle und Gefahren zu verhindern und die Ergonomie des Arbeitsplatzes zu verbessern. Da jeder Beschäftigte für die Umsetzung in seinem Arbeitsbereich zuständig ist, steigt das Verantwortungsbewusstsein der Mitarbeiter für den Arbeitsprozess und der damit verbundenen Arbeitssicherheit.

Für das nachhaltige Gelingen der Methode 5S sind insbesondere die Schritte vier und fünf, nämlich Sauberkeit bewahren und Selbstdisziplin üben zu beherrschen. Gelingt vor allem der fünfte Schritt, befindet sich ein Unternehmen im kontinuierlichen Verbesserungsprozess bezogen auf 5S. Dies bedeutet, die Mitarbeiter ermitteln regelmäßig Verbesserungspotenziale und setzen diese auch um. Das erlernte Verständnis dieses kontinuierlichen Verbesserungsprozesses wird Unternehmen bei der Gestaltung des Arbeitsschutzes zugutekommen. Denn auch beim Arbeitsschutz geht es darum, den erreichten Stand zu sichern und kontinuierlich weiterzuentwickeln, um so besser bzw. sicherer zu werden. Demnach hat die Methode 5S einen positiven Einfluss auf den Erfolg des Arbeitsschutzes.

Um ein Bild des Ist-Zustands eines Arbeitsplatzes zu erlangen, bietet ein internes Audit, durchgeführt von einem Mitarbeiter des eigenen Unternehmens, eine gute Möglichkeit. Ein Mitarbeiter bewertet einen anderen Arbeitsbereich nach vorgegebenen Kriterien, z. B. QM-Handbuch, Checklisten etc. Ziel eines solches internen Audits ist es, im Bereich Arbeitsschutz und Arbeitsprozessablauf Verbesserungspotenziale auszumachen. Durch die Bewertung eines Arbeitsbereiches außerhalb des eigenen Arbeitsumfeldes wird dem Vorbeugen der Betriebsblindheit Rechnung getragen.

Praktische Hinweise zur Anwendung und Umsetzung vom Arbeits- und Gesundheitsschutz finden Sie in *Teil II – Betriebliche Praxisbeispiele* des Buches in folgendem Kapitel:

- Kapitel 14: Integration von Arbeitssicherheit und Gesundheitsschutz in eine „KVP Kultur" – Praxisbeispiel GEA Tuchenhagen GmbH

Literatur

1. Baszenski N, Institut für angewandte Arbeitswissenschaft (Hrsg) (2012) Methodensammlung zur Unternehmensprozessoptimierung. Dr. Curt Haefner-Verlag, Heidelberg
2. Bundesministerium für Arbeit und Soziales (Hrsg) (2014) Sicherheit und Gesundheit bei der Arbeit 2012. Unfallverhütungsbericht Arbeit. BAuA, Dortmund
3. Bundesministerium der Justiz und für Verbraucherschutz: Gesetz über die Durchführung von Maßnahmen des Arbeitsschutzes zur Verbesserung der Sicherheit und des Gesundheitsschutzes der Beschäftigten bei der Arbeit (Arbeitsschutzgesetz – ArbSchG). http://www.gesetze-im-internet.de/arbschg/BJNR124610996.html#BJNR124610996BJNG000200000. Zugegriffen: 23. Oktober 2014
4. Gißler D (2014) Kombination mit Mehrwert: Lean & Arbeitsschutz. Sicherheitsingenieur. (12):24–27
5. Institut für angewandte Arbeitswissenschaft (2015) (Hrsg) Leistungsfähigkeit im Betrieb. Kompendium für den Betriebspraktiker zur Bewältigung des demografischen Wandels. Springer, Berlin
6. Kern P, Schmauder M (2005) Einführung in den Arbeitsschutz: für Studium und Betriebspraxis. Carl Hanser Verlag, München
7. Schmauder M, Spanner-Ulmer B (2014) Ergonomie – Grundlagen zur Interaktion von Mensch, Technik und Organisation. Carl Hanser Verlag, München, S 470

Literaturempfehlungen, Links

8. Bundesanstalt für Arbeitsschutz und Arbeitsmedizin: Kosten durch Arbeitsunfähigkeit. http://www.baua.de/de/Informationen-fuer-die-Praxis/Statistiken/Arbeitsunfaehigkeit/Kosten.html. Zugegriffen 23. Oktober 2014
9. Deutsche Gesetzliche Unfallversicherung e. V. (DGUV) Wirtschaftlichkeit und Arbeitsschutz. http://www.dguv.de/de/Pr%C3%A4vention/Pr%C3%A4vention-lohnt-sich/Wirtschaftlichkeit-und-Arbeitsschutz/index.jsp. Zugegriffen: 9. Jan. 2015
10. Keller KJ et al. Institut für angewandte Arbeitswissenschaft (Hrsg) (2007) Arbeits- und Gesundheitsschutz in Klein- und Mittelunternehmen. Wirtschaftsverlag Bachem, Köln
11. Kommission Arbeitsschutz und Normung (KAN) KAN Praxis – Module: Ergonomie lernen. http://ergonomie.kan-praxis.de/. Zugegriffen: 3. Februar 2015
12. Teeuwen B, Schaller C (2011) 5S. Die Erfolgsmethode zur Arbeitsorganisation. CETPM Publishing, Ansbach

Total Productive Maintenance (TPM)

Ralph W. Conrad

6.1 Definition und Nutzen von TPM

Insbesondere im Hochlohnland Deutschland kann wirtschaftliches Produzieren oftmals nur mit einem hohen Automatisierungsgrad in der Produktion erreicht werden. So können (Lohn-)Kostennachteile durch Produktivität egalisiert werden und Wettbewerbsfähigkeit im Vergleich zu Niedriglohn-Ländern hergestellt werden. Eine hohe Automatisierung birgt aber auch die Gefahr von Störungen, die diese Vorteile wieder zunichtemachen können. Ziel muss es daher sein, die Anlagenverfügbarkeit so hoch wie möglich zu halten und Verluste durch Ausfälle, Geschwindigkeitsverluste und Fehler zu minimieren (s. Abb. 6.1).

Das Total Productive Maintenance (TPM) ermöglicht es, durch die Übertragung der Verantwortung bei Instandhaltungsmaßnahmen an das Produktionspersonal eine effektive Nutzung der Produktionsanlagen zu unterstützen.

Mit TPM wird die Effektivität der Betriebsanlagen unter aktiver Beteiligung aller Mitarbeiter verbessert. Dabei umfasst TPM die folgenden fünf Kernelemente:

- Maximierung der Anlageneffektivität
- Instandhaltung über die gesamte Lebensdauer der Anlagen
- Einbeziehen aller Unternehmensabteilungen
- Beteiligung aller Mitarbeiter (unabhängig von ihrer hierarchischen Stellung)
- Motivierendes Management von Kleingruppenaktivitäten

R. W. Conrad (✉)
Institut für angewandte Arbeitswissenschaft e. V. (ifaa), Düsseldorf, Deutschland
E-Mail: r.conrad@ifaa-mail.de

© Springer-Verlag Berlin Heidelberg 2016
Institut für angewandte Arbeitswissenschaft e.V. (ifaa) (Hrsg.), *5S als Basis des kontinuierlichen Verbesserungsprozesses,* ifaa-Edition, DOI 10.1007/978-3-662-48552-1_6

Demonstrationsbeispiel: Verlustquellen der Gesamtanlageneffektivität

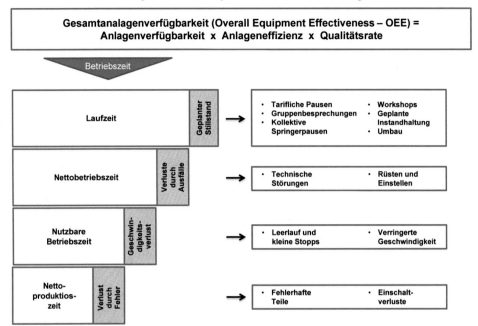

Abb. 6.1 Zusammenhang zwischen Verlustquellen und Gesamtanlagenverfügbarkeit. (Quelle: eigene Darstelllung nach Appold und Stahl [1])

6.2   Vorgehensweise zur Anwendung von TPM

Beim TPM wird mithilfe einer ganzheitlichen Anlagenbetreuung und -pflege sowie einer effektiven Instandhaltung und eines Anlagenmanagements eine Minimierung von Stillständen bzw. eine Erhöhung der Gesamtanlageneffektivität (GAE) oder englisch Overall Equipment Effectiveness (OEE) erreicht. Durch eine Übertragung von Aufgaben der Anlagenpflege auf die Mitarbeiter wird eine autonome Instandhaltung gewährleistet.

Nicht die Wartung der Anlagen durch Externe, sondern die Einbeziehung derjenigen in die Verbesserungsaktivitäten, die tagtäglich an und mit den Maschinen arbeiten, bildet die Philosophie von TPM. Auf diese Weise werden im Rahmen von Wartung, Pflege und Reparatur der Maschinen und Anlagen Schwachstellen und Ausfallursachen ausgemacht.

Voraussetzungen und Rahmenbedingungen
TPM kann als Ansatz zur Bewältigung von Schnittstellenproblemen zwischen Instandhaltung und Produktion verstanden werden. Die Mitarbeiter der Produktion und der Instandhaltung müssen bei der Implementierung und Anwendung von TPM gleichermaßen in den Prozess der Erhöhung der Maschinen- und Anlagenverfügbarkeit einbezogen werden. Hierzu werden unter anderem den Mitarbeitern der Produktion Instandhaltungsfunktionen

übertragen, da diese spontane oder schleichende Veränderungen am ehesten unmittelbar wahrnehmen können.

Wesentlich hierfür ist das gemeinsame Verständnis von proaktiver Herangehensweise in einer Kultur der Teamarbeit. Die Teams sind zusammengesetzt aus Vertretern der Produktion (vornehmlich Bediener der Maschinen) und Mitarbeitern, die mit dem Einrichten und Instandhalten beschäftigt sind.

Die Erhöhung der Kompetenz und der Verantwortung der Mitarbeiter für die Produktionsmittel muss sich auch in den Anforderungen hinsichtlich der Qualifikation widerspiegeln. Bereits bei der Anstellung der Mitarbeiter ist auf ein entsprechendes Potenzial zu achten. Anschließend müssen die Mitarbeiter mit den notwendigen Informationen ausgestattet werden.

Schwachstellen und Ausfallursachen an Maschinen sollen strukturiert aufgespürt und analysiert werden, um diese dauerhaft zu entfernen. Hilfreich sind in diesem Zusammenhang Checklisten, die in standardisierter Form den Soll-Zustand einer Anlage skizzieren.

Im Umfeld von Maschinen und Anlagen müssen Ordnung und Sauberkeit Pflicht sein, damit nicht durch verschmutzte Hilfsmittel, Werkzeuge oder ein unsauberes Umfeld langfristig Schaden angerichtet wird. Das Arbeitsumfeld der Maschinen und Anlagen sollte zudem frei von überflüssigen Verbrauchsmaterialien und Werkzeugen sein, die den schnellen und reibungslosen Ablauf von Wartung und Instandhaltung behindern.

Prinzip
Durch die Ermittlung von Schwachstellen und Ausfallursachen soll ein Maßnahmenplan zur Verbesserung erarbeitet werden, der wiederum die systematische Verbesserung der Anlagenflexibilität und -verfügbarkeit gewährleistet. Hierzu ist, neben dem rechtzeitigen und regelmäßigen Auswechseln von Verschleißteilen, die Übernahme von Pflege-, Wartungs- und Reparaturaufgaben durch die Anlagenbediener elementar zur Erreichung einer autonomen Instandhaltung, die schnell, nachhaltig und bereits bei sich anbahnenden Störungen reagieren kann.

Wer ist involviert?
Sämtliche Mitarbeiter der Anlagenbedienung (Anlagenführer), Mitarbeiter der Instandhaltungsabteilung und der internen Logistik sind bei der Implementierung von TPM einzubeziehen. Im Laufe der Implementierung des TPM eignen sich Mitarbeiter schrittweise die eigenverantwortliche Wartung der Anlage an, die sie ohne übergeordnete Stellen umsetzen.

Vorgehensweise
1. Zunächst wird für einen Pilotbereich ein TPM-Programm mit den entsprechenden Zielstellungen, Meilensteinen, Verantwortlichkeiten und Hilfsmitteln erarbeitet.
2. In einem zweiten Schritt werden die Ist-Zustände der Anlagen und Maschinen sowie deren Defekte mitsamt Ursachen und den sich daraus ergebenden Konsequenzen erfasst.

3. Bei Festlegung des Pilotbereichs werden Tätigkeiten zugeordnet. Zudem werden die Anlagenbediener geschult und unterwiesen, sodass diese schrittweise die Aufgaben der Wartung und Pflege übernehmen können
4. Die Auswertung der Piloterfahrungen soll die Aufnahme weiterer Verbesserungsmaßnahmen im Pilotbereich unterstützen. Bis zum Stadium der autonomen Instandhaltung gilt es, die Mitarbeiterkompetenz weiter auszubauen.
5. Die gewonnenen Erfahrungen sind Grundlage für die Übertragung dieses Vorgehens und der Erfahrungen auf andere Bereiche.
6. Schlussendlich sind die Erfahrungen aus den Pilotbereichen auch in Lastenheften zu verarbeiten und können so in Beschaffungskonzepte für Neuanlagen einfließen.

Abbildung 6.2 zeigt die Abfolge der einzelnen Schritte bis hin zur autonomen Instandhaltung.

Positive Effekte einer erfolgreichen TPM-Implementierung sind:

• Systematische Reduzierung von Maschinenstillständen, Ausschuss/Nacharbeit und damit Verbesserung der Anlageneffektivität sowie höhere Anlagenverfügbarkeit
• Rechtzeitiges Erkennen von Schwachstellen, systematische Ausfallursachenanalyse und Dokumentation
• Planmäßig vorbeugende Instandhaltung
• Aktive Einbindung aller Mitarbeiter und Erweiterung der Mitarbeiteraufgaben
• Qualifizierung der Anlagenbediener
• Grundlagen für Audits
• Leistungs- und Ergebnisverbesserung
• Energieeinsparung

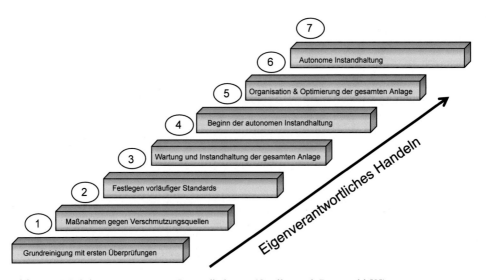

Abb. 6.2 7 Schritte zur autonomen Instandhaltung. (Quelle: nach Baszenski [2])

Hilfsmittel und Werkzeuge

- Anlagendokumentation (Handbücher, Wartungspläne)
- Betriebsdatenerfassung
- Lebensdauerdaten
- Berichte, Fehlerberichtsblätter, Störlisten
- Instandhaltungssysteme
- Softwaretools
- Normen, wie z. B. DIN 31051

6.3 Unterstützung von TPM durch 5S

1. Sortiere aus und 2. Stelle ordentlich hin

Oftmals befinden sich um die Maschinen und Anlagen gelagerte und für die Instandsetzung und Wartung nicht benötigte Materialien und Hilfsmittel, die den Zugang auch in ergonomischer Hinsicht erschweren. Diese sind in einem ersten Schritt auszusortieren und zu entfernen. Verbesserte Zugangsmöglichkeiten beseitigen bereits erste Verschwendungen.

3. Säubere

Produktionsanlagen und -maschinen sind zumeist sensibel. Mangelhafte Sauberkeit und Verschmutzungen können Fehler und fehlerhafte Teile hervorrufen. Des Weiteren können sie die Ablesbarkeit von Füllstandsanzeigen (Öl, Wasser, Druckluft) einschränken. Unzulässige Betriebszustände werden nicht erkannt und Instandhaltungsarbeiten der Anlage eventuell nicht bedarfs- und zeitgerecht durchgeführt.

Ein weiterer wichtiger Punkt ist die Unfallvermeidung. Ein Ölfilm auf dem Boden in unmittelbarer Nähe von und an den Maschinen und Anlagen birgt Gefahrenpotenziale und kann im Allgemeinen sowie bei Wartungsarbeitern zu Arbeitsunfällen führen. Zudem erschwert eine schmutzige Umgebung das Erkennen von Leckagen und Fehlern an Anlagen und Maschinen.

Eine erste ausführliche und dokumentierte Grundreinigung, die auch erste Überprüfungen und Maßnahmen gegen Verschmutzungsquellen beinhaltet, kann zu sichtbaren Erfolgen führen und bessere Informationen über den Zustand von Bauteilen geben.

4. Sauberkeit bewahren

Neben dem turnusmäßigen Erneuern von Verschleißteilen sind an Maschinen und Anlagen auch Wartungs- und Reinigungsarbeiten durchzuführen, die in standardisierter Form im Wartungsplan/Standardarbeitsblatt hinterlegt worden sind. Diese festgelegten Standards müssen visualisiert und zugänglich gemacht werden für das fachübergreifende Team zur Wartung, Instandhaltung und Reparatur. Das Wissen über den Zustand der Maschinenbauteile und der Anlagen sollte so bei allen am Wartungs- und Instandhaltungsprozess Mitwirkenden vorhanden sein.

5. Selbstdisziplin üben

Das Ziel von TPM ist die autonome Instandhaltung der Anlagen durch alle Mitarbeiter, die am jeweiligen Prozess beteiligt sind. Daher sollte die Organisation und Optimierung der Anlagen auch von eben diesen Mitarbeitern vorangetrieben werden. Hilfreich sind hierbei die eingeführten Standards. Diese müssen eingehalten und dem kontinuierlichen Verbesserungsprozess unterliegen. Gegebenenfalls unterstützt der Produktionsverantwortliche bei der Kontrolle der Prozesse.

Praktische Hinweise zur Anwendung und Umsetzung der Methode TPM finden Sie in *Teil II– Betriebliche Praxisbeispiele* des Buches in folgenden Kapiteln:

- Kapitel 17: Total Productive Maintenance (TPM) – Praxisbeispiel BITZER Kühlmaschinenbau GmbH
- Kapitel 18: Total Productive Maintenance (TPM) – Praxisbeispiel WILO SE

Literatur

1. Appold W, Stahl J (2001) Verlustkostenreduzierung. FB/IE Zeitschrift für Unternehmensentwicklung 50(5):201–204
2. Baszenski N, Institut für angewandte Arbeitswissenschaft (Hrsg) (2012) Methodensammlung zur Unternehmensprozessoptimierung. Dr. Curt Haefner-Verlag, Heidelberg

Kontinuierlicher Verbesserungsprozess (KVP)/Kaizen

Timo Marks

7.1 Definition und Nutzen von KVP/Kaizen

Die Begriffe Kaizen und KVP werden häufig synonym verwendet. Das japanische Managementkonzept Kaizen unterstützt Organisationen auf dem Weg (Kai) zum Guten (Zen) durch laufende Produkt- und Prozessverbesserungen z. B. ständige Kostensenkungen zu realisieren. Im deutschen Sprachgebrauch hat sich die Abkürzung KVP (kontinuierlicher Verbesserungsprozess) mittlerweile zumeist durchgesetzt [3].

Die Einbindung der Kreativität der Mitarbeiter zur Sicherung des Unternehmenserfolgs ist die Intention des KVP. Dies kann beinhalten, den Anteil der Wertschöpfung in allen Prozessen zu erhöhen und Verschwendungen zu minimieren, aber auch die Motivation und Leistungsfähigkeit der Mitarbeiter zu steigern. Eine konsequente Präsenz der Führungskräfte vor Ort an den Arbeitsplätzen zur Aktivierung, Koordination, Stabilisierung und Schaffung von Nachhaltigkeit des Verbesserungsprozesses wird benötigt. Folgende Aspekte werden im Rahmen von KVP betrachtet [2]:

- Einhaltung und Verbesserung von Standards,
- Mitarbeiterorientierung,
- Qualitätsorientierung,
- Prozess- und Ergebnisorientierung,
- Kunden-Lieferanten-Beziehungen und
- Verbesserungsaktivitäten auf Basis von Zahlen, Daten und Fakten.

T. Marks (✉)
Institut für angewandte Arbeitswissenschaft e. V. (ifaa), Düsseldorf, Deutschland
E-Mail: t.marks@ifaa-mail.de

© Springer-Verlag Berlin Heidelberg 2016
Institut für angewandte Arbeitswissenschaft e.V. (ifaa) (Hrsg.), *5S als Basis des kontinuierlichen Verbesserungsprozesses,* ifaa-Edition, DOI 10.1007/978-3-662-48552-1_7

7.2   Vorgehensweise zur Anwendung von KVP/Kaizen

Im Idealfall sind alle Mitarbeiter des Unternehmens involviert, da alle Mitarbeiter ein Interesse an der positiven Weiterentwicklung des Unternehmens haben sollten. Des Weiteren ist KVP oft ein Bestandteil der Tätigkeit und damit des Arbeitsvertrages [1].

Es gilt im Rahmen der Diskussion über die Beteiligung am kontinuierlichen Verbesserungsprozess folgende Unterschiede festzuhalten:

Führungskräfte-KVP
Der KVP wird durch die Führungskräfte initiiert und die Mitarbeiter sind an der Ausgestaltung und Umsetzung beteiligt.

Mitarbeiter-KVP
Mitarbeiter entwickeln Ideen und Vorschläge und diskutieren diese mit den Führungskräften. Verbesserungen werden gemeinsam umgesetzt und neue Standards geschaffen. Die Führungskräfte kümmern sich im Rahmen ihrer Führungstätigkeit vor Ort um die Einhaltung dieser Standards.

Experten-KVP
Fachexperten entwickeln neue Standards und setzen diese um. Die Mitarbeiter und Führungskräfte nutzen die umgesetzten Verbesserungen im Tagesgeschäft.

Dieses Kapitel konzentriert sich auf den Mitarbeiter-KVP, um Mitarbeiter stärker zu involvieren und für die Mitarbeiter unter anderem folgende Vorteile zu erzielen:

- Erkennen von Verschwendung
- Transfer von Mitarbeiterwissen aus verschiedenen Abteilungen in die Konstruktions- und Planungsabteilung
- Verbesserung der Wertschöpfung
- Belastungsreduzierung (Gewichte, Zwangshaltungen, einseitige Belastung)
- Steigerung des Engagements
- Erfolgserlebnisse

Herangehensweise Mitarbeiter-KVP

1. Entscheidung über die involvierten Personen treffen.
2. Den anwesenden Mitarbeitern den Sinn und die Vorgehensweise erklären. Ausdrücklich darauf hinweisen, dass kleine und eigenverantwortlich zu klärende Verbesserungspotenziale („kleine Schritte") gesucht werden. Im Idealfall kennen die Mitarbeiter die Vorgehensweise aus 5S-Workshops.
3. Klärung vorhandener Fragen. Auffordern der Mitarbeiter zum Sammeln von Ideen und Problemen im Prozess.

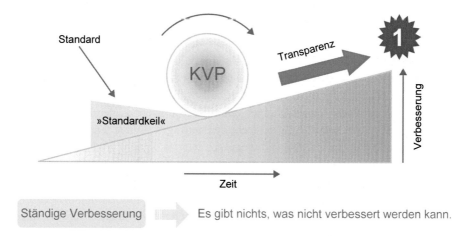

Abb. 7.1 Kontinuierliche Verbesserung. (Quelle: eigene Darstellung)

4. Darstellung der Wichtigkeit von Standards, z. B. im Sinne einer strukturierten Zusammenarbeit oder auch einer erfolgreichen Umsetzung des Gesamtprozesses. Abbildung 7.1 stellt den Zusammenhang zwischen Standards und der Weiterentwicklung im Sinne von KVP dar.

5. Es gilt, das Schaffen einer passenden Aufbauorganisation für das Thema KVP zu initiieren. Die Zeit für die Entwicklung, Besprechung und Diskussion von Ideen ist einzuplanen. Die gemeinsame Arbeit an Arbeitstafeln zur Diskussion der Ideen und Probleme hat sich in vielen Unternehmen etabliert (Exkurs: Mitarbeiter und obere Führungsebenen finden sich in regelmäßigen, kurzen Treffen an Arbeitstafeln zusammen, um zu informieren, Arbeitsprozesse zu organisieren, Probleme schnell zu erkennen sowie zu lösen und die Fehlerquote zu reduzieren.). Viele Unternehmen geben den Mitarbeitern die Möglichkeit, mithilfe von Verbesserungskarten die Ideen und Probleme im Prozess festzuhalten. Budgets sollten für kleinere Investitionen (Umbauten oder Hilfsmittel) und gegebenenfalls Kapazität von internen Unterstützern (bspw. Instandhaltung) zur Verfügung gestellt werden. Bei der Organisation gilt es darauf zu achten, Formalisierungen zu vermeiden und Ideen zügig umzusetzen.

6. Die Mitarbeiter und Führungskräfte müssen zumeist geschult werden. Zu den Schulungen für Mitarbeiter und Führungskräfte zählen die Nutzung der Instrumente (Verbesserungskarten, Arbeitstafeln, Problemfindung und hierbei insbesondere das Festhalten von kleinen Problemen; auch die Moderation von Workshops zu trainieren ist sinnvoll). Bei den Führungskräften ist es entscheidend, das Beobachten vor Ort (s. Kap. 2) und auch die Diskussion mit den Mitarbeitern über genannte Ideen und Probleme zu trainieren.

7. Es lohnt sich, bei jedem KVP-Termin (idealerweise täglich) vor Ort die Diskussionsmöglichkeiten zeitlich (bspw. nur 15 min), thematisch (bspw. Qualität, Durchlaufzeit) und auch räumlich (bspw. nur einen Arbeitsplatz) zu begrenzen. Diese Eingrenzung sollte immer eingehalten werden. Damit stellt KVP eine Trainingsmöglichkeit für so

genannte „Soft Skills" und Disziplin dar. Das Ergebnis eines jeden Termins sind klar definierte realistische Maßnahmen inklusive der dafür verantwortlichen Personen und entsprechenden Fertigstellungsterminen. Ein „wirklicher" kontinuierlicher Verbesserungsprozess entfaltet sich jedoch erst durch die Wiederholung der Aktivitäten (KVP-Workshops), die typischerweise gezielt initiiert werden müssen. Dazu ist es erforderlich, erreichte Verbesserungen durch Standards abzusichern und nach Möglichkeit auf weitere Anwendungsbereiche zu übertragen. Einige sehr kleine Maßnahmen können vermutlich umgehend umgesetzt werden, andere größere müssen ggfs. noch weiterdiskutiert bzw. andere Personen oder Bereiche müssen hinzugezogen werden.

8. Es bietet sich die Gelegenheit, bei jeglichen Diskussionen größere und bereichsübergreifende Probleme aufzunehmen. Aber es gilt, sich auf die kleinen Verbesserungen zu fokussieren und die Erfolge im Unternehmen zu präsentieren. Um die Fokussierung zu steigern, haben einige Unternehmen die Herausforderung ausgesprochen, dass das Budget für die Umsetzung von Verbesserungsideen 0 € beträgt. Das Thema KVP sollte Bestandteil in allen Bereichen des Unternehmens werden. Wiederholte, mitarbeitergetragene Ermittlung und Umsetzung von Verbesserungspotenzialen sollten Standard in allen Bereichen werden.

9. Es gilt, als Unternehmenslenker Zeit einzuplanen und Geduld zu beweisen, aber kontinuierlich am Verbesserungsprozess zu arbeiten und regelmäßig persönliche Wertschätzung für das Vorgehen zu zeigen. Es ist ein langer Weg bis zum Beispiel die Mitarbeiter während eines ungeplanten Produktionsstillstands intuitiv Verbesserungen durchführen.

10. Die Anfangserfolge gilt es, dauerhaft fortzusetzen, indem KVP Bestandteil des ablauforganisatorischen Aufbaus wird. Es besteht die Möglichkeit, wie Abb. 7.2 zeigt, dass mit dem KVP und den Arbeitstafeln ein unternehmensweites Instrument etabliert wird. Es setzt voraus, dass jeder in der Organisation sich die Zeit einplant, an einer Arbeitstafel über Probleme und Verbesserungen zu sprechen. Diese übergreifenden Arbeitstafeln bieten den Mitarbeitern die Möglichkeit, Probleme oder Verbesserungspotenziale strukturiert an die Geschäftsleitung zu melden. Alle Mitarbeiter sind dazu aufgefordert, Probleme oder Verbesserungspotenziale zu sammeln, Lösungen zu entwickeln oder mitzuentwickeln und, falls nicht eigenständig lösbar die Probleme an eine Führungskraft durch Festhalten an der Arbeitstafeln oder im Gespräch zu melden. Ab diesem Zeitpunkt ist es die Aufgabe der Führungskraft das Problem zu lösen bzw. das Verbesserungspotenzial umzusetzen. Falls diese das Problem (bspw. Schnittstellenproblem) nicht lösen kann, ist es die Aufgabe der Führungskraft das Potential bzw. das Problem an die Geschäftsleitung weiterzugeben. Hierbei hat sich in erfolgreichen Unternehmen etabliert, dass jede Ebene max. 100 Tage zum Lösen der Probleme erhält, bevor diese an die nächste Führungsebene weitergereicht werden. Des Weiteren sollte sich jede Ebene eine eigene Form der Arbeitstafel schaffen. Final entscheidet die Geschäftsleitung, wie mit Problemen umgegangen werden soll. Es kann eine Absage erteilt werden bzw. ein Projekt gestartet werden etc.

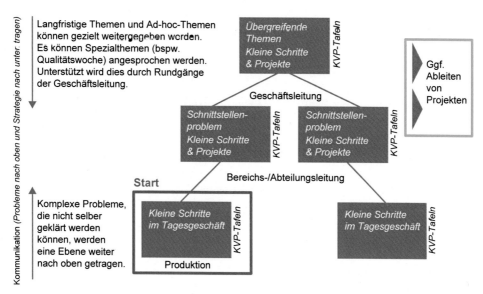

Abb. 7.2 Beispielhafte KVP-Organisation. (Quelle: eigene Darstellung)

Wenn die Arbeitstafel in der gesamten Organisation etabliert und zum gelebten Verbesserungsinstrument geworden ist, kann sie sogar als Managementinstrument genutzt werden. Das Management erhält die Möglichkeit, ein Thema gezielt durch die Mitarbeiter diskutieren zu lassen, indem es als aktuelles Thema (bspw. Qualitätsprobleme und deren Ursachen) an der Arbeitstafel benannt wird. Somit bietet diese vereinfachte Darstellung einer Organisation mit Arbeitstafeln die Möglichkeit top-down und bottom-up zu informieren.

Es ist wichtig, noch einmal explizit darauf hinzuweisen, dass KVP nicht nur die Produktion betrifft, sondern ein Thema des gesamten Unternehmens ist und damit auch in der Administration entscheidend für Verbesserungen ist. Insbesondere, wie Abb. 7.3 grob darstellt, kann ein Unternehmen nur dann erfolgreich sein, wenn jegliche Prozesse ineinandergreifen.

Abb. 7.3 Gemeinsame Optimierung in indirekten und direkten Bereichen. (Quelle: eigene Darstellung)

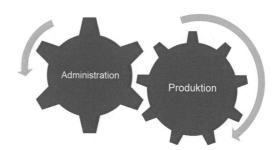

Einige Beispiele von Potenzialen in der Administration sind:

1. Mehrfache Genehmigungsschleifen
2. Informationsfluss (insb. zu viele E-Mails), nicht zielgruppenorientierte Berichte
3. Doppelarbeiten in unterschiedlichen Funktionsbereichen innerhalb der Prozesskette
4. Ablage von Informationen, die nicht benötigt werden
5. Suche nach digitalen oder physischen Dokumenten
6. Warten auf Entscheidungen, Verspätungen bei Meetings, schlechte Delegation von Aufgaben
7. Bestände in Form von Arbeitsmaterialien, die nicht oder selten benötigt werden
8. Fehlerhafte und nicht lesbare Dokumente
9. Unnötige und nicht vorbereitete Meetings
10. Komplizierte oder veraltete Abläufe

Insbesondere Prozesse in indirekten Bereichen, die einen hohen Wiederholungsgrad aufweisen (bspw. Erstellung von Angeboten), gilt es zu standardisieren. Gemeinsam mit den Mitarbeitern sollten die Verbesserungsideen entwickelt und umgesetzt werden. Einige Prozesse können komplett eliminiert werden. Insbesondere die internen Kunden werden sehr zügig die Vorteile der Optimierung merken. Viele dieser Optimierungen sind mithilfe von 5S zu erreichen.

7.3   Unterstützung von KVP/Kaizen durch 5S

5S stellt als Herangehensweise einen strukturierten Verbesserungsprozess dar und bietet die Möglichkeit, alle Mitarbeiter bei kleinen Verbesserungen einzubinden. Mit der Einführung von 5S wird ein Unternehmen automatisch einen Verbesserungsprozess durchführen. Insbesondere mit dem vierten „S" Standards schaffen und mit dem fünften „S" diese Standards leben. Wenn das vierte und fünfte „S" zum Ritual bzw. auch zum Standardvorgehen in einzelnen Bereichen des Unternehmens oder im besten Fall im gesamten Unternehmen werden, kann man dies als kontinuierlichen Verbesserungsprozess bezeichnen. Die ersten drei „S" sind meistens noch Aktionen bzw. Projekte während die kontinuierliche Ausführung der letzten beiden „S" eine Einstellung oder sogar ein Kulturbestandteil des Unternehmens werden kann. Vergleichbar mit 5S werden beim KVP kontinuierlich Probleme des Unternehmens (insb. in den Prozessen) entdeckt und es gilt dabei im Anschluss passende Methoden auszuwählen. Entscheidend sind hierbei die umsetzbaren Maßnahmen im Tagesgeschäft („kleinen Schritten") und nicht große Projekte (Restrukturierungen, Turnarounds, Investitionen etc.).

Da KVP nicht nur ein produktionsbezogenes Thema ist, sondern das gesamte Unternehmen betrifft, wird in diesem Kapitel auf die Produktion, den administrativen Bereich und die Organisation eingegangen.

Die 5 Stufen von 5S im Zusammenhang von KVP/Kaizen

1. Sortiere aus

Während des ersten Schrittes der 5S – dem Aussortieren – findet eine Bestandsaufnahme der Situation vor Ort statt. Im Zusammenhang mit KVP schafft Transparenz in Form von Analysen einen Mehrwert, da nur ein bekannter Ist-Zustand die Möglichkeit bietet, über Fakten und mögliche Verbesserungen zu sprechen.

2. Stelle ordentlich hin und 3. Säubere

Aufräumen und Säubern stellen schon kleine Verbesserungen an dem jeweiligen Ort dar. Gleichzeitig besteht hierbei die Möglichkeit, Strukturen zu schaffen und Ideen für Prozessverbesserungen zu entwickeln. Diese Phase zeichnet sich dadurch aus, dass die Mitarbeiter Verbesserungen in kleinen Schritten umsetzen. Für einige Mitarbeiter kann die aktive Einbindung in Verbesserungsprozesse dabei eine neue Erfahrung sein.

4. Sauberkeit bewahren

Es gilt, das Experimentieren mit kleinen Änderungen an den Prozessen bzw. Standards (mit dem Ziel der Prozessverbesserungen) zu trainieren und als ständige Erwartung zu benennen. Den perfekten Standard wird man nicht beim ersten Versuch und in der gegebenen Zeit schaffen, daher gilt es, im ersten Schritt einen gemeinsamen Standard zu definieren und die Mitarbeiter aufzufordern, die Entwicklung durch neue Ideen fortzusetzen. Sobald ein gemeinsamer Standard definiert wurde, müssen alle diesen einhalten. Abbildung 7.4 zeigt beispielhaft den Verbesserungsprozess im Zusammenhang mit 5S. Abbildung 7.4 stellt dar, dass auch 5S ein KVP-Prozess ist, da nicht beim ersten 5S-Workshop die Ideallösung entstehen kann. Hier wurde im Rahmen von vier Workshops eine Werkzeugbank umstrukturiert. Im ersten Workshop wurde doppeltes, veraltetes und nicht benötigtes Werkzeug aussortiert. Im zweiten Workshop hat man begonnen erste Standards zu schaffen. Im dritten wurden die gewonnen Standards diskutiert und weiterentwickelt. Der vierte sowie weitere Workshops ähneln dem dritten Workshop. Auf den Bildern sind verschiedene Entwicklungsstadien zu sehen.

5. Selbstdisziplin üben

Jeder Mitarbeiter ist dazu aufgefordert, die definierten Standards einzuhalten und sich selber regelmäßig daran zu erinnern bzw. zu ermahnen. Des Weiteren ist jeder dazu aufgefordert, Ideen zu sammeln, wie die Prozesse noch weiter verbessert werden können. Hierbei gilt es, vergleichbar mit dem Vorgehen von 5S kleine Schritte zu präferieren. Führungskräfte haben die Aufgabe, die Standards einzufordern und die Ideen der Mitarbeiter zu besprechen und bei der Umsetzung zu unterstützen.

Das folgende Rechenbeispiel verdeutlicht den Zusammenhang und Nutzen von 5S und KVP bezogen auf ein Jahr. Durch kontinuierliche Vebesserungsprozesse und 5S-Workshops können im Tagesgeschäft folgende beispielhafte Verschwendungen in wertschöpfende Zeiten gewandelt werden:

Abb. 7.4 (Weiter-)Entwicklung von Standards. (Quelle: eigene Darstellung)

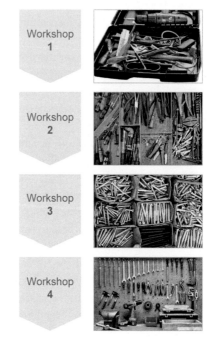

- Werkzeug suchen: 3-mal am Tag à 1 Minute: 1 Arbeitstag
- Schraube eindrehen: 50-mal am Tag 10 Umdrehungen à 5 Sekunden: 2 Arbeitstage
- 30 Schritte gehen: 20-mal am Tag à 27 Sekunden: 4 Arbeitstage

Somit kann die Eliminierung von 7 Arbeitstagen durch Mikroverschwendung pro Jahr und Mitarbeiter durch einfache Mittel und Methoden durchgeführt werden. Konsequente und umfassende Anwendung von 5S und kontinuierlicher Verbesserung bringen nicht selten Produktivitätsgewinne von 5 bis 15 %. Ständige, mitarbeitergetragene Verbesserung von Produkten und Dienstleistungen sowie insbesondere der Prozesse zeichnen KVP aus. KVP unterstützt mit kleinen Schritten den Erhalt der Wettbewerbsposition bzw. des Standorts.

Praktische Hinweise zur Anwendung und Umsetzung der Methode KVP/Kaizen finden Sie in *Teil II – Betriebliche Praxisbeispiele* des Buches in folgenden Kapiteln:

- Kapitel 14: Integration von Arbeitssicherheit und Gesundheitsschutz in eine „KVP Kultur" – Praxisbeispiel GEA Tuchenhagen GmbH
- Kapitel 19: Wirkzusammenhänge zwischen der 5S-Methode und dem kontinuierlichen Verbesserungsprozess (KVP) – Praxisbeispiel WILO SE
- Kapitel 20: Kontinuierlicher Verbesserungsprozess (KVP) – Praxisbeispiel Dieffenbacher GmbH Maschinen- und Anlagenbau

Literatur

1. Eyer E (2004) Praxishandbuch Entgeltsysteme für produzierende Unternehmen: durch differenzierte Vergütung die Wettbewerbsfähigkeit steigern. Symposion Publishing, Düsseldorf
2. Kostka C, Kostka S (2002) Der Kontinuierliche Verbesserungsprozess. Methoden des KVP. 5. Auflage, Carl Hanser Verlag, München
3. Neuhaus R (2010) Evaluation und Benchmarking der Umsetzung von Produktionssystemen in Deutschland. Habilitationsschrift. Books on Demand, Norderstedt

Literaturempfehlungen, Links

4. Imai M (1992) KAIZEN. Langen-Mueller/Herbig, München

Single Minute Exchange of Die (SMED)

8

Ralph W. Conrad

8.1 Definition und Nutzen von SMED

Bei „SMED" (Single Minute Exchange of Die) – oder auch Rüstzeitminimierung bzw. Schnellrüsten genannt – handelt es sich um eine Methode zur Verringerung der Stillstandszeit einer Anlage bei Werkzeugwechsel. Es gilt, die Zeit zwischen dem letzten guten Teil des alten Auftrages und dem ersten guten Teil des folgenden Auftrages zu minimieren. Die Verkürzung der Rüstvorgänge beinhaltet auch die Zeiten für die Prüfung der produzierten Teile, deren Qualitätsüberwachung sowie die Dokumentation.

Anliegen von SMED ist es, die Stillstandszeiten in der Produktion durch schnelle Maschinenumrüstungen zu minimieren und so die Bestände zu senken, die entstehen können, wenn aufgrund kosten- und zeitintensivem Rüsten die Maschinen „auf Halde" produzieren. Das (eher theoretische) Endziel ist erreicht, wenn eine Maschine in der Fertigung innerhalb eines Fertigungstaktes umgerüstet werden kann und somit ein One-Piece-Flow bei hoher Variantenvielfalt möglich ist. Abbildung 8.1 zeigt exemplarisch die möglichen Rüstzeiteinsparungen in den verschiedenen Phasen der Optimierung. Beim Rüsten unterscheidet man externes Rüsten, d. h. Tätigkeiten, deren Durchführung bei laufender Anlage möglich ist (offline), und internes Rüsten, welches nur bei stillstehender Anlage erfolgen kann (online). Zur Verkürzung der Rüstzeit eignen sich sowohl technische als auch organisatorische Maßnahmen.

Ursprünglich wurde das SMED-Verfahren im Rahmen des Toyota-Produktionssystems entwickelt, wobei insbesondere organisatorische und weniger technische Maßnahmen betrachtet werden. Dies erspart in der Regel größere Investitionen.

R. W. Conrad (✉)
Institut für angewandte Arbeitswissenschaft e. V. (ifaa), Düsseldorf, Deutschland
E-Mail: r.conrad@ifaa-mail.de

© Springer-Verlag Berlin Heidelberg 2016
Institut für angewandte Arbeitswissenschaft e.V. (ifaa) (Hrsg.), *5S als Basis des kontinuierlichen Verbesserungsprozesses,* ifaa-Edition, DOI 10.1007/978-3-662-48552-1_8

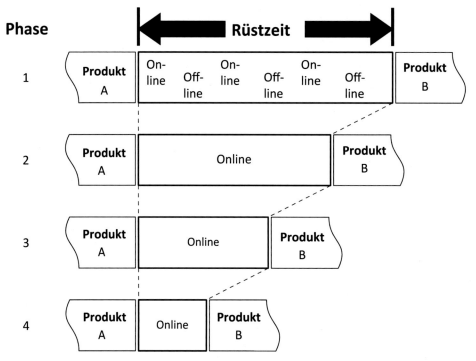

Abb. 8.1 Rüstzeitreduzierung mit SMED-Methode. (Quelle: nach Baszenski [1])

8.2 Vorgehensweise zur Anwendung von SMED

Voraussetzungen und Rahmenbedingungen

Maßnahmen zur Optimierung von Rüstzeiten sind dann sinnvoll und angebracht, wenn das Rüsten einen erheblichen Anteil der verfügbaren Maschinenlaufzeit ausmacht und/ oder eine Reduzierung der Losgrößen angestrebt wird. Des Weiteren sollten betriebliche Standards vorhanden sein, die optimierte Arbeitsabläufe gewährleisten (Kanban, Poka Yoke etc.), die ihrerseits wiederum einem kontinuierlichen Verbesserungsprozess unterzogen werden.

Ganz elementar ist ein bereits im Vorfeld durchgeführtes 5S-Programm und die Einhaltung der daraus resultierenden Standards.

Prinzip

Das Prinzip der Rüstzeitminimierung umfasst die Strukturierung, Systematisierung und Standardisierung der Abläufe und Bedingungen beim Rüsten, wobei nicht notwendige Vorgänge eliminiert werden. Eine Rüstzeitminimierung erfolgt entweder strategisch orientiert (bspw. durch entsprechende Produktgestaltung, Plattformkonzepte, Wiederholteile, Werkzeuggestaltung, Standardvorrichtungen oder Auftragsfolge) oder mittels unmittelbarer Einflussnahme auf Rüstvorgänge (z. B. schneller Werkzeugwechsel).

Wer ist involviert?

Bei der Implementierung von SMED sind Mitarbeiter aus der Produktion, der Logistik, der Lagerhaltung und aus dem Werkzeugbau beteiligt. Idealerweise werden entsprechende Lösungen und Standardisierungen unter Beteiligung von Mitarbeitern aller erwähnten Bereiche entwickelt. Koordiniert werden sollen diese Maßnahmen von der Produktions- bzw. Linienleitung.

Herangehensweise

1. Auswahl eines Rüstprozesses:
   Zunächst sollte eine Auswahl von Anlagen und Rüstvorgängen mit VerbesserungsPotenzial getroffen werden. Indikatoren sind hierbei bspw. die Höhe des Aufwandes sowie die Häufigkeit und Dauer des Rüstens. An dem ausgewählten Rüstprozess werden die bisherigen Abläufe aufgenommen, mittels Spaghetti-Diagramm, Report, Filmaufnahmen usw.
2. Trennung von internen und externen Rüstvorgängen:
   Anschließend erfolgt eine Einteilung in oben erwähnte externe und interne Rüstvorgänge sowie deren Dokumentation. Bereits in diesem Stadium können verschmutzte Bereiche und unnötiges Material im Rüstprozess identifiziert werden.
3. Überführung von internen in externe Rüstvorgänge:
   Anschließend wird geprüft, welche internen Rüstprozesse auch extern durchführbar sind und welche Maßnahmen zur Verbesserung der Abläufe beitragen könnten. Weiterhin gilt zu prüfen, auf welche internen Vorgänge verzichtet werden kann.
4. Optimierung und Standardisierung von internen und externen Rüstvorgängen:
   Es sollte immer darauf geachtet werden, dass die Stillstandszeiten der Maschinen so gering wie möglich sind, d. h., dass vorrangig die internen Rüstvorgänge optimiert werden. Die für den Rüstprozess benötigten Hilfsmittel kommen auf den Prüfstand, um diese zu vereinfachen und zu standardisieren (bspw. Werkzeuge, Befestigungen, Schnellspannvorrichtungen, Einsatz von Klemmen statt Schrauben, Anordnung der Hilfsmittel).
5. Optimierung der externen Rüstvorgänge:
   Nach den internen sind auch die externen Rüstaktivitäten zu verbessern und zu standardisieren, um die Kosten des Rüstvorgangs zu minimieren (bspw. separates Vorheizen von Spritzwerkzeugen, Standardisieren von Werkzeugabmessungen, paralleles Vorrüsten, Verwendung von Schiebetischen mit erforderlichen Hilfsmitteln, Eliminierung von aufwendigen Justierungen).
6. Optimierung des Umfeldes:
   Abschließend sollte die Reihenfolge der verschiedenen Rüstvorgänge einer Produktionslinie koordiniert und der hierfür notwendige Personaleinsatz optimiert werden.

Abbildung 8.2 veranschaulicht das methodische Vorgehen mit SMED.

Ist SMED erfolgreich umgesetzt, so können sich folgende positive Ergebnisse einstellen:

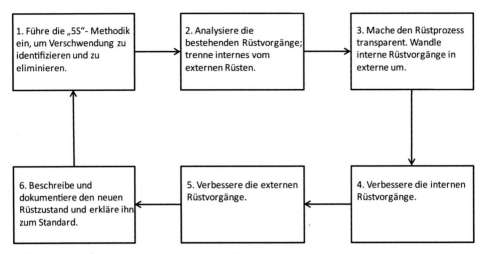

Abb. 8.2 Regelkreis der Rüstzeitoptimierung [2]

- kürzere Rüstzeiten,
- Leistungs- und Ergebnisverbesserung,
- Bestandssenkung,
- höhere Anlagennutzung (OEE),
- bessere Transparenz in Planung und Fertigung,
- kleinere Lose möglich,
- bessere Ordnung und
- Kostensenkung.

Hilfsmittel und Werkzeuge

- Umrüstpläne, Aktivitäten-Diagramm,
- Erfassungstabelle (s. Abb. 8.3),
- Videoaufnahme Aktivitäten,
- Prüflisten und
- Symbole sowie Farbkennzeichnungen.

8.3 Unterstützung von SMED durch 5S

Die 5 Stufen von 5S im Zusammenhang von SMED
1. Sortiere aus
Sehr wichtig ist die gute Erreichbarkeit benötigter Werkzeuge. Befinden sich nicht (mehr) benötigte Werkzeuge zwischen den aktuell benötigten, so sind erstere auszusortieren und einzulagern oder ggf. zu entsorgen. Ebenfalls ist der Wegebereich des Werkzeuges, d. h.

Analyseblatt Rüstprozess					**ifaa**						
Maschine:		Name:		Datum:							
Prozess:				Seitenanzahl:	von						
Nr.	Prozessschritt:	Beginn:	Ende:	Dauer:	intern	extern	Entfallen	Parallelisieren	Reduzieren	Vereinfachen	Verbesserungspotenzial
1											
2											
3											
4											
5											
6											
7											
8											
9											
10											
11											
12											
13											
14											
15											
16											

Abb. 8.3 Beispiel einer Erfassungstabelle. (Quelle: eigene Darstellung)

der Weg von der Lagerfläche zur Anlage und zurück sowie das Umfeld der Maschinen von überflüssigen Gegenständen freizuräumen. Hierbei kann man sich des Hilfsmittels „Rote Karte" oder auch „Red Tag" bedienen. Diese werden auf die Gegenstände aufgebracht, bei denen der Nutzen für den Prozess des Rüstens unsicher ist. Wird auf diesen gekennzeichneten Gegenständen in einer vorgegebenen Zeit (bspw. eine Woche) nicht zurückgegriffen, so können diese als überflüssig aussortiert oder gelagert werden. Auch Hilfsmittel wie Schraubendreher, Zangen, Bolzen und Ähnliches können sich an dieser Maschine als überflüssig erweisen, wenn diese mehrfach vorhanden oder für den ausgeübten Rüstprozess unbrauchbar sind.

2. Stelle ordentlich hin

Bevor ein Rüstvorgang beginnt, ist die Sicherung einer Grundordnung im Arbeitsbereich unabdingbar. Nur die für diese Maschine bzw. die daran auszuführenden Rüstvorgänge notwendigen Werkzeuge und Hilfsmittel stehen im Maschinenumfeld zur Verfügung. Alle für das Rüsten nicht benötigten Gegenstände sind zu entfernen.

3. Säubere

Wichtig für einen reibungslosen und schnellen Werkzeugwechsel sind saubere Arbeitsbereiche und Wege, um:

- schnelle Transportwege ohne Hindernisse zu ermöglichen,
- Unfälle zu vermeiden,
- Schäden an Werkzeugen und Maschinen zu vermeiden.

Hierzu sollte im Arbeitsbereich des Werkzeugs (Lager, Wege und Maschinenumfeld) eine Grundreinigung durchgeführt werden. Zudem ist für eine entsprechende Nachhaltigkeit der Reinigung durch Festlegung von festen Reinigungszyklen und deren Dokumentation (Checkliste) zu sorgen.

4. Sauberkeit bewahren

Nach Durchführung der ersten drei Schritte von 5S im Rüstbereich, muss der entwickelte Prozess dokumentiert (z. B. mittels Foto/Skizze als Bestandteil des Standardarbeitsblattes bzw. Stationsblattes, s. Kap. 3: Standardisierung) und in eine standardisierte Form gebracht werden. Bei der Rüstzeitoptimierung gilt dies auch für einen Reinigungsplan sowie die eindeutige Kennzeichnung von Lager-, Abhol- und Anlieferflächen der Werkzeuge. Hinzu kommen ein standardisierter dem einzelnen Werkszeug fest zugeordneter Ein- und Ausbauplan sowie ein Hilfsmittelplan und bspw. ein dem Werkzeug oder der Maschine zugeordneter Werkzeugkoffer.

5. Selbstdisziplin üben

Die am Rüstprozess beteiligten Mitarbeiter müssen die erarbeiteten Standards einhalten und permanent pflegen. Die Vorgesetzten müssen dies unterstützen, fördern und einfordern.

Praktische Hinweise zur Anwendung und Umsetzung der Methode SMED finden Sie in *Teil II – Betriebliche Praxisbeispiele* des Buches in folgenden Kapiteln:

- Kapitel 21: StePS – Die Stufen zum Steier-Produktionssystem – Praxisbeispiel Max Steier GmbH & Co. KG
- Kapitel 24: Rüstzeitminimierung – Praxisbeispiel Wengeler & Kalthoff Hammerwerke GmbH & Co. KG

Literatur

1. Baszenski N, Institut für angewandte Arbeitswissenschaft (Hrsg) (2012) Methodensammlung zur Unternehmensprozessoptimierung. Dr. Curt Haefner-Verlag, Heidelberg
2. REFA (Hrsg) (2012) Der REFA-Ordner – punktgenau und umfassend. REFA-Grundausbildung 2.0. REFA, Darmstadt

Literaturempfehlungen, Links

3. Productivity Development Team (Hrsg), Shigeo S, Productivity Press (1996) Quick Changeover for Operators: The Smed System (Shopfloor Series). Productivity Press, Cambridge
4. Shingo S (1985) A Revolution in Manufacturing: The SMED System. Productivity Press, Cambridge
5. Teeuwen B, Grombach A (2012) SMED: Die Erfolgsmethode für schnelles Rüsten und Umstellen. CETPM Publishing, Ansbach

Schnittstellenmanagement

Timo Marks

9

9.1 Definition und Nutzen von Schnittstellenmanagement

Die Unabhängigkeit der Organisationseinheiten und die damit verbundenen unterschiedlichen Zielsetzungen erschweren die Zusammenarbeit verschiedener Bereiche. Mehr Personen und Bereiche führen zu vielen Durchlaufstationen, hohen Gesamtdurchlaufzeiten und mehr Verschwendung. Es entsteht ein erhöhter Aufwand für Material- und Informationstransport. Zudem können Disharmonien zwischen den Bereichen aufgrund von Abteilungsegoismen, fehlendem Verständnis und damit einhergehenden Störungen der Kommunikation, Missverständnisse aufgrund von nicht geklärten Zuständigkeiten, fehlenden Informationen und erhöhter Komplexität (bspw. Sonderprozesse) bereichsübergreifende Abläufe stören oder verhindern. Um dies zu umgehen, versuchen Unternehmen die Koordination zu verbessern, beispielsweise führen sie interne Projektleiter und Systeme für eine transparente interne Kostenrechnung ein. Dieser erhöhte Koordinationsaufwand führt zu Transaktionskosten, die häufig nicht kaufmännisch festgehalten werden, aber die Wettbewerbssituation des Unternehmens verschlechtern. Transaktionskosten sind Anbahnungs-, Informations-, Zurechnungs-, Verhandlungs-, Entscheidungs-, Vereinbarungs-, Abwicklungs-, Absicherungs-, Durchsetzungs-, Kontroll-, Anpassungs- und Beendigungskosten. Sie umfassen auch Personalkosten für Kommunikation und die Lösung von Verständigungsproblemen, Missverständnissen oder Konflikten.

Prozessoptimierung ist eine Herangehensweise, um die Ursachen der Probleme zu beheben und die Kosten zu senken. Oft werden Probleme dabei aber nur in einzelnen Bereichen (z. B. durch 5S) angegangen. Es zeigt sich immer wieder, dass Prozessoptimierung

T. Marks (✉)
Institut für angewandte Arbeitswissenschaft e. V. (ifaa), Düsseldorf, Deutschland
E-Mail: t.marks@ifaa-mail.de

© Springer-Verlag Berlin Heidelberg 2016
Institut für angewandte Arbeitswissenschaft e.V. (ifaa) (Hrsg.), *5S als Basis des kontinuierlichen Verbesserungsprozesses,* ifaa-Edition, DOI 10.1007/978-3-662-48552-1_9

in einem produzierenden Unternehmen nicht nur die Produktion betrifft. Viele Prozess-
schwächen werden zwar erst dort oder beim Kunden sichtbar, sind aber schon häufig in
anderen Funktionsbereichen der Organisation ausgelöst worden. Gerade die reibungslose
bereichsübergreifende Zusammenarbeit im Tagesgeschäft und bei der Prozessverbesserung ist ein Merkmal erfolgreicher Unternehmen. Daher werden nicht nur Ganzheitliche
Produktionssysteme sondern Ganzheitliche Unternehmenssysteme benötigt. Im Idealfall
müssen alle Bereiche einbezogen sein. Veränderungen eines Bereiches haben auch positive oder negative Auswirkungen auf andere Bereiche. Dieses Kapitel fokussiert deshalb
auf interne Schnittstellen.

Definition

Nach Brockhoff und Hauschildt [1] ist Schnittstellenmanagement die systematische Koordination der Zusammenarbeit der Unternehmensbereiche. Die organisatorischen Punkte,
an denen Informationen, Güter und Finanzmittel ausgetauscht werden, sind Schnittstellen.
Schnittstellen stellen durch Arbeitsteilung entstandene „Transferpunkte" zwischen Funktionsbereichen, Sparten, Projekten, Personen, Unternehmen etc. dar.

Das Schnittstellenmanagement verhindert Reibungsverluste und steigert die Leistung
an den Schnittstellen. Außerdem soll es ein gemeinsames organisationales Lernen fördern
[3]. Die Ziele des Schnittstellenmanagements sind die gemeinsame Abstimmung der Anforderungen, die Abschaffung von Insellösungen sowie die Schaffung klarer Regeln und
Verfahren in der Zusammenarbeit.

Intraorganisational besteht eine Steuerungsmöglichkeit der Abläufe durch die Hierarchie. Trotz dieser Möglichkeit ist langfristig die konsequente Reduktion und Auflösung
von räumlichen, zeitlichen und funktionalen Schnittstellen eine sehr verschwendungsarme Lösung. Dies kann zum Beispiel durch Jobrotation zum Kennenlernen des jeweiligen
Aufgabengebiets, durch interne Kooperation bzw. ein internes Kunden-Lieferanten-Prin-
zip oder durch Prozessorientierung und Fokus auf dauerhafte gemeinsame Prozessoptimierung mit dem Ziel der Schaffung eines funktionierenden Gesamtsystems geschehen.
Entscheidend sind hierbei eine gemeinsame Vision, gemeinsame Ziele und eine Anglei-
chung der Unternehmenssubkulturen.

Oft sind innerhalb eines Unternehmens zwischen Abteilungen oder zwischen verschiedenen Unternehmen stark arbeitsteilige Strukturen entstanden. Arbeitsinhalte oder auch
Prozesse werden durch räumlich und organisatorisch voneinander getrennte Personen
durchgeführt. Durch dieses Vorgehen entsteht nicht nur ein erhöhter Verwaltungsaufwand,
sondern es können Subsysteme und Störungen des Gesamtprozesses durch „Mauern" zwischen den Abteilungen auftreten. Daraus resultieren oft nicht abgestimmte Prozesse und
Verschwendung, wie Doppelarbeit oder die Schaffung von Mehrarbeit in anderen Bereichen. Ein nur auf einzelne Bereiche eingeschränkter Blickwinkel verhindert das Erreichen
des Gesamtoptimums. Bei einer sehr zerklüfteten Struktur müssen mehr Mitarbeiter (z. B.
für Sonderprozesse)eingesetzt werden, da insbesondere der Planungsaufwand steigt. Des

Weiteren werden meistens eigene Abteilungsoptimierungen und Ziele verfolgt [2]. Um dem entgegenzuwirken, wurden in einigen Unternehmen eindeutige Kunden-Lieferanten-Verhältnisse mit sogenannten Quality Gates implementiert. Quality Gates definieren den Zustand von Materialien oder Informationen für die Übergabe an der Schnittstelle. Sie sind ein wichtiger Schritt zur Optimierung der abteilungsübergreifenden Zusammenarbeit und helfen das Gesamtoptimum im Sinne eines Ganzheitlichen Unternehmenssystems zu erreichen. Dies bedeutet, dass jegliche Kern- und Unterstützungsprozesse aller Bereiche darauf abzielen, das optimale Ergebnis für den Kunden zu erzielen. Quality Gates sind Meilensteine bzw. Erfüllungskriterien, die für den nächsten Schritt erforderlich sind, um Verschwendung in nachfolgenden Bereichen zu reduzieren. Somit stellen Quality Gates ein Qualitäts- und Controllinginstrument dar.

9.2 Vorgehensweise zur Anwendung von Schnittstellenmanagement

Herangehensweise

1. Eine gemeinsame Vision und abgestimmte Gesamtziele sollten bestehen. Die Individualziele oder Bereichsziele richten sich daran aus.
2. Diskussion zum Thema Kunden-Lieferanten-Verhältnis anstoßen.
3. Schnittstellenprobleme, die im Rahmen der Workshops oder auch bei der Weitergabe der Produkte und Informationen auftreten, sammeln und transparent machen, z. B. mittels Visualisierung, Standardisierung usw.
4. Betrachten des Gesamtprozesses. Es lohnt sich, den Status quo intern darzustellen.
5. Diskutieren der grafischen Darstellung des Ist-Zustands und Hinterfragen der bisherigen Verantwortlichkeiten, Quality Gates, Rollen sowie der Art und Weise der Zusammenarbeit. Die Kunden-Lieferanten-Beziehung sollte in jedem Prozess betrachtet werden.
6. Gegebenenfalls neue Standards zu Ergebnissen, Anforderungen Zusammenarbeit, Verantwortlichkeiten und Rollen definieren.
7. Leben der neuen Standards: falls es zu Abweichungen kommt, diesen nachgehen und der nächsthöheren Führungsebene melden.
8. Punkte 1 bis 7 wiederholen und hierbei insbesondere weitere Probleme und Ideen sammeln sowie den gesamten Prozess (Kunden-Lieferanten-Kette bis zum Endkunden) betrachten. Es gilt immer wieder zu hinterfragen: Welcher Bereich hat das Problem ausgelöst? Wer hat es in der Hand, den Prozess zu ändern?
9. Meistens werden erst nachdem Auftreten von Problemen Diskussionen über die Prozesse und die Zusammenarbeit geführt. Es bietet sich an, aktiv die Prozesse und die Zusammenarbeit zu beobachten und zu optimieren. Die Gestaltung aller Prozesse soll sich am angestrebten Gesamtoptimum orientieren.

10. Erfahrungsgemäß ist es sinnvoll, die unterstützenden Bereiche der Produktion räumlich näher an die Produktion zu verlagern und Gesamtprozesse zu gestalten und zu optimieren.
11. Es sollten alle Mitarbeiter langfristig ein Verständnis über die vor-/nachgelagerten Prozessschritte erlangen, um „mitdenken" zu können und im Sinne einer strukturierten Arbeitsweise, z. B. entscheiden zu können ob ein Prozess für das Gesamtoptimum dringend oder wichtig ist.

9.3 Unterstützung von Schnittstellenmanagement durch 5S

Im Rahmen der Einführung von 5S werden die Mitarbeiter mit großer Wahrscheinlichkeit auf Schnittstellen und die Zusammenarbeit verschiedener Bereiche stoßen. Im erweiterten Sinne lässt sich die 5S-Methode auch auf das Managen der Schnittstellen übertragen. 5S unterstützt insbesondere mit Standardisierung und Visualisierung dabei, Abweichungen darzustellen und Potenziale in den Schnittstellen aufzuzeigen. Danach gilt es, diese wie im Folgenden beschrieben zu erschließen.

1. Sortiere aus
Im ersten Schritt gilt es, die Schnittstellen und Quality Gates der verschiedenen Bereiche zu erfassen und zu beschreiben:

- Welche Schnittstellen gibt es?
- Welche Informationen und Materialien werden übergeben?
- Welche Anforderungen sind definiert?
- Welche werden benötigt?

Nicht benötigte Schnittstellen oder solche, die ohne umfangreiche organisatorische Änderungen nicht beseitigt werden können, sind zu eliminieren. Ebenso sollten nicht benötigte Materialien und Informationen identifiziert und deren Übergabe an den Schnittstellen unterbunden werden.

2. Stelle ordentlich hin und 3. Säubere
Die Zusammenarbeit an den Schnittstellen sollte von den beteiligten Bereichen gemeinsam diskutiert und analysiert werden. Die benötigten Informationen und Materialien sowie deren Form müssen abgestimmt und vereinbart werden. Dazu zählen zum Beispiel Aufbau und Inhalte geeigneter Formulare oder Anlieferungsmengen, Zustand und Verpackung von Material.

4. Sauberkeit bewahren
Klare Standards über die Zusammenarbeit gilt es zu implementieren. Ein wichtiges Ziel ist, den Aufwand, die Bürokratie und die Menge der Qualitätskontrollen nicht zu vergrößern,

sondern diese möglichst gering zu halten oder zu reduzieren. Der Standard sollte die Kunden-Lieferanten-Beziehungen klar darstellen und dafür sorgen, dass jegliche benötigten Informationen dem jeweiligen Ansprechpartner zur Verfügung stehen, um den Prozess durchzuführen. Hierbei gilt es, immer wieder zu hinterfragen, ob dieser Ablauf des Prozesses zielführend ist, um die gewünschte Leistung für den Kunden zu schaffen und ein Gesamtoptimum im Unternehmen zu erreichen.

5. Selbstdisziplin üben

Die definierten Standards der bereichsübergreifenden Zusammenarbeit müssen trotz der damit verbundenen zum Teil hohen Komplexität durch jeden Mitarbeiter eingehalten werden. Wenn sich die Anforderungen der Kunden, die Umweltbedingungen etc. ändern, sind die Prozesse anzupassen. Unabhängig davon sind alle Mitarbeiter des Unternehmens dazu aufgefordert, sich ständig Gedanken über eine bessere bereichsübergreifende Zusammenarbeit zu machen.

Abbildung 9.1 stellt beispielhaft den Ablauf der Optimierung der bereichsübergreifenden Zusammenarbeit mit 5S als Ausgangsmethode dar:

Einen Arbeitsplatz oder mehrere Arbeitsplätze nach der 5S-Methode umzugestalten, stellt einen passenden Einstieg dar. Die 5S-Methode und „7 Arten der Verschwendung" sollten in einem Bereich etabliert werden und den Weg ebnen für Diskussionen über Verbesserungen an einzelnen Arbeitsplätzen und innerhalb des gesamten Bereichs. Im nächsten Schritt kann in diesem Bereich über Kunden-Lieferanten-Verhältnisse und deren Optimierungspotenziale diskutiert werden. Nachdem ein Großteil der Mitarbeiter eingebunden wurde, ist es das Ziel, im nächsten Schritt bereichsübergreifende Prozesse zu diskutieren und diese zu optimieren. Hierbei gilt es, die „Mauern" zwischen den Abteilungen „einzureißen".

Im Sinne eines Ganzheitlichen Unternehmenssystems sollten alle den Kunden betreffenden Prozesse mit dem Ziel kurzer Durchlaufzeiten, optimiert werden. Dies kann nur erreicht werden, indem alle Mitarbeiter und Bereiche für andere mitdenken und sich Gedanken über ihr Handeln sowie dessen Einfluss auf andere Bereiche machen.

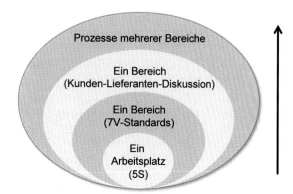

Abb. 9.1 Bereichsübergreifende Optimierung mit der Methode 5S als Auslöser der Optimierung. (Quelle: eigene Darstellung)

Prozesse mehrerer Bereiche

Ein Bereich
(Kunden-Lieferanten-Diskussion)

Ein Bereich
(7V-Standards)

Ein
Arbeitsplatz
(5S)

Wer ist involviert?

Mindestens zwei Bereiche oder Abteilungen eines Unternehmens. Wenn keine Entscheidung (z. B. aufgrund einer Konfliktsituation) getroffen werden kann, obliegt dies der nächsten organisatorischen Instanz.

Praktische Hinweise zur Anwendung und Umsetzung von Schnittstellenmanagement finden Sie in *Teil II – Betriebliche Praxisbeispiele* des Buches in folgenden Kapiteln:

- Kapitel 23: Kontinuierlicher Verbesserungsprozess im administrativen Bereich – wie „Ordnung und Sauberkeit" im Büro einen Beitrag zur Prozesssicherheit leistet – Praxisbeispiel August Brötje GmbH
- Kapitel 25: PROBAT entwickelt probates „PRO-FiT"-Konzept – Mit 5S clever arbeiten – Praxisbeispiel PROBAT-Werke von Gimborn Maschinenfabrik GmbH
- Kapitel 26: Prozessreorganisation in einem Stahlhandel auf der Grundlage der Wertstromanalyse – Praxisbeispiel

Literatur

1. Brockhoff K, Hauschildt J (1993) Schnittstellen-Management – Koordination ohne Hierarchie, in: Zeitschrift für Organisation 6:396–403
2. Neuhaus R, Institut für angewandte Arbeitswissenschaft (Hrsg) (2008) Produktionssysteme: Aufbau – Umsetzung – betriebliche Lösungen. Wirtschaftsverlag Bachem, Köln
3. Schüerhoff V (2006) Vom individuellen zum organisationalen Lernen: Eine konstruktivistische Analyse. Springer, Berlin

Kanban

10

Timo Marks

10.1 Definition und Nutzen von Kanban

Zwei der sieben Verschwendungsarten sind Wege und unternehmensinterne Transporte. Mitarbeiter sollten sich während ihrer Arbeitszeit vollständig auf wertschöpfende Tätigkeiten konzentrieren können. Daher gilt es, die internen Transporte und Wege bestmöglich zu optimieren. Mithilfe einer guten internen Logistik können diese und weitere Verschwendungsarten behoben werden.

Ein gut funktionierendes internes Logistiksystem (Kanban) schafft Transparenz, Flexibilität bei Veränderungen und hilft, Prozesse zu optimieren. Des Weiteren verhindert Kanban Überproduktion, schafft Einsparung von Flächen durch eine generelle Verringerung von Beständen, insbesondere an Arbeitsplätzen. Kanban sorgt für Transparenz und einen selbstregulierten Materialfluss. Es werden dispositive Tätigkeiten vermieden und in den Produktionsprozess integriert. Dies kann eine Arbeitsbereicherung („Jobenlargement") für die Mitarbeiter in der Produktion sein und unterstützt die Kommunikation/Transparenz zwischen Prozessen und Mitarbeitern.

Definition

Die Basis für Kanban sind visuelles Management und klare bereichsübergreifende Regelungen, wie z. B. Schnittstellenmanagement, Standardisierung usw. Der japanische Begriff Kanban bedeutet im deutschen „Anweisungs-/Auftragskarte" (im weiteren Sinne Transportbehälter bzw. Informationsträger).

T. Marks (✉)
Institut für angewandte Arbeitswissenschaft e. V. (ifaa), Düsseldorf, Deutschland
E-Mail: t.marks@ifaa-mail.de

© Springer-Verlag Berlin Heidelberg 2016
Institut für angewandte Arbeitswissenschaft e.V. (ifaa) (Hrsg.), *5S als Basis des kontinuierlichen Verbesserungsprozesses,* ifaa-Edition, DOI 10.1007/978-3-662-48552-1_10

Der Lieferprozess wird dadurch ausgelöst, dass der Verbraucher dem Lieferanten seinen Materialbedarf mithilfe eines Kanban (begrenzte Menge an Transportbehältern oder Informationsträgern) innerhalb eines begrenzten Fertigungsbereichs signalisiert. Somit stellt dies einen Wechsel vom „Push-" zum „Pull-Prozess" dar, bei dem nicht der Lieferant, sondern der Kunde Zeitpunkt und Umfang der Lieferung bestimmt.

Die Montage oder andere Bereiche ziehen über einen Auftrag nur das Material nach, was tatsächlich verbraucht worden ist. Dies bedeutet, dass die internen Kunden nur noch benötigtes Material passend zum Prozess und zum Verbrauch erhalten. Ein „Supermarktsystem", bei dem ein Verbraucher Ware aus dem „Regal" entnimmt, die Lücke bemerkt und diese wieder geschlossen wird, unterstützt das Kanban-System. Häufig wird ein solches System mit festen Routenfahrten verbunden (Milk-Run).

Es gilt die Devise für das Material: Die richtige Menge, zur richtigen Zeit, am richtigen Ort [1]. Ein funktionierendes Kanban kann somit für die Optimierung der internen Logistik und ein gelebtes KVP sorgen, da immer wieder Verbesserungen über benötigte Materialien ausgelöst werden. Wenn sich ein Unternehmen immer wieder durch Verbesserung dem Optimum nähert, ist dies ein organisationales Lernen. Dies wird in den folgenden Abbildungen anhand der Optimierung des Logistikflusses im ifaa-Planspiel dargestellt (s. Abb. 10.1a und b).

Abb. 10.1 **a** und **b** Logistikkonzepte im Rahmen des ifaa-Planspiels

10.2 Vorgehensweise zur Anwendung von Kanban

1. Der Bereich (Teilearten, Leistungseinheiten etc.), in dem Kanban eingeführt werden soll, muss definiert werden. Es bietet sich hier an, mit einem Pilotbereich zu starten.
2. Die bisherigen Prozesse (insb. Transportprozesse) müssen dargestellt werden. Eine Materialflussanalyse bzw. Wertstromanalyse (s. Kap. 11) kann hier angewandt werden.
3. Die benötigte Fläche muss mithilfe von z. B. 5S-Workshops geschaffen und Flächen (Bodenmarkierungen, Regale etc.) vorbereitet werden. Hierbei ist zu beachten, dass idealerweise Produktion und Logistik ein gemeinsames System schaffen, wobei die Produktion („Kunde") zunächst ihre Anforderungen für einen reibungslosen Wertschöpfungsprozess formuliert.
4. Es ist hilfreich einen Soll-Prozess (inkl. Standorte der Kanbans und Beschaffungszeiten) darzustellen. Eine Materialflussanalyse bzw. Wertstromanalyse kann hier angewandt werden.
5. Regeln über die Anwendung des Kanbans müssen definiert werden. Folgende Regeln sind unter anderem beim Kanban zu beachten, die auch zum Teil für 5S gelten und sich somit ergänzen:
   - Kanban-Regeln sind Standards und dürfen nicht durch Mitarbeiter geändert werden.
   - Abweichungen müssen den Führungskräften gemeldet werden bzw. diese sollten Abweichungen durch Beobachten erkennen.
   - Es gibt nur volle und leere Kanbans.
   - Die Menge der Kanbans ist geregelt und bei Abweichungen gilt es, diese zu hinterfragen.
   - Die Abruflose sind definiert und immer identisch.
   - Kanbans werden mit dem Material an den benötigten Ort geliefert.
   - Kanbans werden mehrfach genutzt.
   - Es dürfen nur fehlerfreie Teile weitergegeben werden.
   - Der vorgelagerte Prozess produziert exakt die richtige Menge in der Reihenfolge der eintreffenden Kanbans.
   - Es dürfen in einem Prozess keine Kanbans angesammelt werden.
   - Der Routenfahrer hat die gleiche Pausenregelung wie der Montagemitarbeiter.
   - Der Transport von Material aus dem „Supermarkt" darf nur durchgeführt werden, wenn ein Kanban (Transportauftrag) vorliegt.
   - Es werden nur so viele Behälter transportiert, wie Kanbans vorliegen (ein Kanban entspricht einem Transportauftrag = ein Behälter).
   - Sobald ein neuer Behälter angebrochen wird, muss dessen Kanban-Karte sofort in die „Kaban-Schiene" der vorgelagerten Abteilung (internes Lieferamt) gesteckt werden. Ohne Kanban wird kein Materialabruf eingeleitet.
   - Kanban-Karten werden unmittelbar am Teilebehälter mitgeführt.

- Es werden immer zuerst die Waren genutzt, die sich am längsten im Lager befinden („First-in – First-out").
- Nivellierung der Prozesse ist wichtig.
- Sonderprozesse müssen separat durch eine Führungskraft geplant werden.
- Alle Mitarbeiter müssen sich an die Regeln halten. Die Mitarbeiter müssen geschult werden. Hierbei bietet es sich an, den neuen Prozess mit den Mitarbeitern zu simulieren. Insbesondere müssen die Mitarbeiter die Regeln, das Kunden-Lieferanten-Verhältnis und das Pull-Prinzip verstehen. Durch das „Ziehen" der Materialien werden Produktions- und Lieferaufträge im gesamten System gesteuert (Pull-Prinzip). Auch Ladungsträger gilt es zu trainieren. Die Mitarbeiter sollen bei der Simulation auch die Konsequenzen der Nichteinhaltung der Regeln erfahren (Materialengpässe oder Bestandsaufbau).

6. Die Einführung sollte intensiv durch die Führungskräfte begleitet werden. Führungskräfte sollten auf Durchlaufzeiten, Bestände und das Einhalten von Standards achten. Abweichungen vom Soll-Prozess sollten festgehalten und umgehend vor Ort angesprochen werden. Es gilt, erste Verbesserungen des Prozesses durchzuführen.

7. Ein Endergebnis wird nicht kurzfristig zu erreichen sein, da immer wieder optimiert werden muss. Kanban ist ein Instrument zur Prozessverbesserung und sollte auch so genutzt werden.

8. Die Änderungen müssen angrenzenden Bereichen (bspw. dem Einkauf) mitgeteilt werden, damit diese ihre Bereichsprozesse ändern können und insbesondere die Bestellzeiten und -mengen noch einmal diskutiert werden.

9. Es gilt, die Erfahrungen des Pilotprojektes für weitere Bereiche zu nutzen.

10. Es lohnt sich, vor und nach der Einführung in mehreren Bereichen die Durchlaufzeiten und die Höhe der Bestände in verschiedenen Bereichen zu analysieren.

11. Den Umgang mit Sonderprozessen, Prozessänderungen und neuen Produkten gilt es frühzeitig zu planen, um als Unternehmen flexibel auf Änderungen reagieren zu können. Hierbei bietet es sich an die Schritte 1 bis 9 erneut zu betrachten.

12. Nachdem Erfahrungen gesammelt wurden, bietet es sich an, gewisse Bereiche (insbesondere den Einkauf) durch die Einführung von IT zu unterstützen, wobei es in der Regel empfehlenswert bleibt, in der Produktion auf IT-Unterstützung zu verzichten und nur mit Kanbans zu arbeiten [2].

Wer ist involviert?
Kanban stellt zumeist ein bereichsübergreifendes Thema dar. Produktion und interne Logistik sind beteiligt. Im Idealfall entwickeln diese Bereiche gemeinsam mit den jeweiligen Mitarbeitern praktizierbare Lösungen. Des Weiteren ist zumeist der Einkauf involviert, da dieser bei der Einführung von Kanban häufig andere Bestellzyklen oder auch Bestellmengen bei den Lieferanten disponieren muss.

10.3   Unterstützung von Kanban durch 5S

1. Sortiere aus, 2. Stelle ordentlich hin und 3. Säubere
Entscheidend ist es, Fläche für Kanban-Systeme und „Supermärkte" zu schaffen. Dies bedeutet, dass jegliche Bestände und Lagerorte nahe den Arbeitsplätzen aufgelöst werden sollten. Das gleiche gilt für andere nicht benötigte Gegenstände und Einrichtungen. Freie Flächen sowie geordnete Strukturen und Abläufe schaffen die Möglichkeit, Elemente des Kabans einzuführen.

4. Sauberkeit bewahren
Im Rahmen der Standardisierung müssen eindeutige Abhol- und Anlieferflächen, „Supermärkte", Kanban-Tafeln, Anzahl der Kanbans definiert sowie Regeln geschaffen und geschult werden.

5. Selbstdisziplin üben
Es gilt für alle beteiligten Mitarbeiter aus allen beteiligten Bereiche, die Standards einzuhalten, da die Nichteinhaltung zumeist bereichsübergreifende Auswirkungen hat. Führungskräfte beobachten die Nutzung des Kanbans und greifen bei Abweichungen ein.

Literatur

1. Bürli R, Friebe P, Pifko C (2012) Distribution: Grundlagen mit zahlreichen Beispielen, Repetitionsfragen mit Antworten und Glossar. Compendio Bildungsmedien AG, Zürich
2. Schulte G (2001) Material- und Logistikmanagement. Oldenbourg Verlag, München

Literaturempfehlungen, Links

3. Baszenski N, Institut für angewandte Arbeitswissenschaft (Hrsg) (2012) Methodensammlung zur Unternehmensprozessoptimierung. Dr. Curt Haefner-Verlag, Heidelberg

Wertstrommanagement

Ralph W. Conrad und Giuseppe Ausilio

11.1 Definition und Nutzen von Wertstrommanagement

Das Wertstrommanagement ist ein Instrument aus dem Lean Management und kann bei der Einführung von Ganzheitlichen Unternehmenssystemen eingesetzt werden. Es ist damit möglich, wertschöpfende und nicht wertschöpfende Aktivitäten und Ereignisse eines Auftragsdurchlaufs im administrativen und produktiven Bereich eines Unternehmens ganzheitlich abzubilden. Es beinhaltet alle Material-, Informations- und Prozessflüsse – vom Rohmaterial bis hin zum Kunden. Hierbei werden insbesondere die Schnittstellenproblematiken deutlich.

Jedes produzierende Unternehmen nutzt vorhandene Prozessstrukturen mit Material- und Informationsflüssen, die die Organisation befähigen, marktfähige Produkte zu erstellen. Oftmals sind diese Strukturen historisch gewachsen und werden nicht hinterfragt. Abteilungsdenken und mangelnde Kommunikation verursachen Schnittstellenprobleme, insbesondere innerhalb der Produktion aber auch innerhalb und zwischen der Administration und der Produktion. In vielen Fällen haben sich die Marktgegebenheiten, interne und externe Kundenwünsche oder Produkte verändert bei gleichgebliebener Prozessstruktur. Das ständige Hinterfragen des Zusammenspiels aller Prozesse respektive der Prozessveränderung und die daraus entstehende Anpassung der Organisation bezeichnet das Wertstrommanagement. Das Wertstrommanagement gilt ausdrücklich nicht nur für die Produktion, sondern für das gesamte Unternehmen, also auch für die indirekten Bereiche.

R. W. Conrad (✉)
Institut für angewandte Arbeitswissenschaft e. V. (ifaa), Düsseldorf, Deutschland
E-Mail: r.conrad@ifaa-mail.de

G. Ausilio
Köln, Deutschland

© Springer-Verlag Berlin Heidelberg 2016
Institut für angewandte Arbeitswissenschaft e.V. (ifaa) (Hrsg.), *5S als Basis des kontinuierlichen Verbesserungsprozesses,* ifaa-Edition, DOI 10.1007/978-3-662-48552-1_11

Ziel des Wertstromdesigns ist es, durch eine transparente Darstellung des Wertstroms den Handlungsbedarf zu ermitteln, um die Abläufe optimal zu gestalten. Das bedeutet das Identifizieren, Visualisieren und Optimieren von:

- Prozessschritten,
- Schnittstellen,
- Prozess-, Warte- und Liegezeiten,
- Durchlaufzeiten,
- Beständen,
- Steuerungsaufwand und
- Material- und Informationsflüssen.

Bei diesem Vorgehen werden vor allem die Zusammenhänge der einzelnen Prozessschritte untereinander sowie die dadurch entstehenden Verschwendungen betrachtet. Eine Studie zur Kostenbetrachtung in Unternehmen verdeutlicht die Notwendigkeit [1]. Demnach sind nur ca. 25 % der Aktivitäten in einem Unternehmen wertsteigernd. Wertsteigernd sind dabei Tätigkeiten, für die der Kunde zu zahlen bereit ist, 45 % der Aktivitäten bestehen aus nichtwertsteigernden Tätigkeiten. Das sind Tätigkeiten, die zwar notwendig sind, jedoch keinen direkten Nutzen bringen. Weitere 30 % der Tätigkeiten tragen in keiner Form zur Wertsteigerung des Produktes bei. Im Wertstromdesign wird angestrebt, diese Aktivitäten zu beseitigen oder zu reduzieren.

Begriffe im Wertstrommanagement

Das Wertstrommanagement lässt sich in zwei Phasen unterteilen: Die Wertstromanalyse (Ist-Aufnahme) und das daraus abgeleitete Wertstromdesign (Prozessanpassung) (s. Abb. 11.1).

Die Wertstromanalyse, auch Wertstromaufnahme oder Value Stream Mapping (VSM) genannt, bildet den Ausgangspunkt des Wertstrommanagements. Sie umfasst eine standardisierte Ist-Analyse der Prozesse und ihres Zusammenwirkens. Dafür wird zunächst eine Produktfamilie (oder Produktgruppe) ausgewählt mit ähnlicher oder gleichartiger Bearbeitungsreihenfolge. Im Anschluss hieran erfolgt die Erstellung einer „Ist-Map", die den gesamten Herstellungsprozess vom Wareneingang bis zum Versand der Produkte anhand standardisierter Symbole darstellt.

Abb. 11.1 Zwei Phasen des Wertstrommanagements. (Quelle: eigene Darstellung)

Beim Wertstromdesign, auch als Value Stream Design (VSD) bezeichnet, der zweiten Stufe des Wertstrommanagements, erstellt das Unternehmen eine sogenannte „Soll-Map". Diese gibt Auskunft darüber, wie der ausgewählte Prozess idealerweise aussehen kann, um die Durchlaufzeit zu verkürzen und um schlussendlich die Effizienz des Prozesses zu erhöhen. Diese Frage wird nicht verbal beantwortet, sondern in Form einer standardisierten Prozessabbildung, die die gleichen Symbole wie die „Ist-Map" verwendet. Ist der zukünftige Prozess skizziert, beginnt in der Umsetzungsphase das eigentliche Verändern der Prozesse und der Organisation.

Ziele des Wertstrommanagements

Im Fokus des Wertstrommanagements stehen neben der Eliminierung von Verschwendung, die Durchlaufzeitverkürzung und die Verbesserung der internen und externen Kunden-Lieferanten-Beziehungen. Durch einheitliche Prozessbeschreibung und Visualisierung wird der Zusammenhang der einzelnen Prozesse leicht verständlich dargestellt. Hierbei werden Schnittstellen und damit potenzielle Schwachstellen im Zusammenspiel der Abteilungen sichtbar und transparent. Diese Transparenz wiederum ist die Basis für eine kontinuierliche Verbesserung und erleichtert die Orientierung am Kundenwunsch (intern oder extern). Alle nicht wertschöpfenden Handlungen werden somit einfacher erkannt und eliminiert. Durch die Eliminierung der nicht honorierten Arbeitshandlungen (Verschwendung) ist es möglich, in derselben Zeit einen höheren Output zu erreichen. Dies erhöht die Produktivität und senkt die Gemeinkosten pro Stück.

11.2 Vorgehensweise zur Anwendung von Wertstrommanagement

Anwendungsgebiete

Einen sehr hohen Nutzen stiftet das Wertstrommanagement für Serienfertiger, die eine hohe Fertigungstiefe aufweisen. Hierbei ist der Multiplikationseffekt der Verbesserungen sehr hoch, da jede Verbesserung auf eine relativ hohe Anzahl gleicher Arbeitsgänge wirkt.

Vorgehensweise
Schritt 1: Erfassung der Ist-Situation

Es gilt zunächst, die zu betrachtende Produktfamilie zu identifizieren. Hierbei gilt es, Produkte zusammenzufassen, die eine möglichst große Schnittmenge an gleichen Bearbeitungsschritten (auf Maschinen oder auf bestimmten Arbeitsplätzen) haben. Diese Ermittlung ist deswegen von großer Bedeutung, weil es aufgrund der Vielseitigkeit der Prozesse und Produkte nicht sinnvoll ist, eine Pauschalbetrachtung über das gesamte Produktspektrum und über die gesamte Wertschöpfungskette anzufertigen. Diese würde zu viele Informationen liefern, die eine Detailbetrachtung erschweren.

Ist ein zu betrachtendes Produkt bzw. Produktfamilie nach den oben angesprochenen Kriterien ausgewählt worden, so kann das Fundament des Wertstrommanagements, die Ist-Aufnahme, erstellt werden. Hierbei werden, nur mir Papier und Stift, vor Ort reale

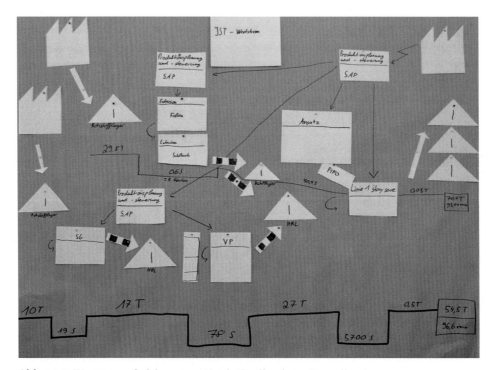

Abb. 11.2 Wertstromaufzeichnung per Hand. (Quelle: eigene Darstellung)

Daten aus der Produktion aufgenommen und mit standardisierten Symbolen eine den tatsächlich Umständen entsprechende Beschreibung der Produktionsprozesse erstellt (s. Abb. 11.2). Es entsteht ein Schaubild über die Material- und Informationsflüsse der Produktionsprozesse, an dessen Ende das fertige Produkt steht.

Anhand der Schaubilder ist man in der Lage, die Produktionskonstellation respektive die Informationsflüsse auf einen Blick zu erkennen. Es ist erkennbar, welche Informationen woher stammen und wozu diese zu welchem Zeitpunkt benötigt werden. Darüber hinaus gewinnt man Erkenntnisse über Unter- und Überkapazitäten, Liegezeiten und Bestände zwischen den Stationen und Abteilungen. Um ein valides Ergebnis zu erhalten, ist es notwendig, die visuellen Eindrücke mithilfe EDV-basierter Daten zu ergänzen. In der Analyse besteht weiterhin die Möglichkeit, Störungen zu markieren und somit erste Handlungsbedarfe darzustellen. In Abb. 11.3 sind dies beispielsweise ein hoher Lagerbestand aufgrund langer Freigabezeiten und ein aufwendiges Mehrfachhandling infolge der Einlagerung in das Hochregallager.

Abbildung 11.3 zeigt den Wertstrom der Abb. 11.2 in aufgearbeiteter Form.

Schritt 2: Erarbeitung der Soll-Struktur
Nach der Erfassung und der Analyse des Ist-Zustands der Material- und Informationsströme und der Validierung der Prozesse und Prozesskennzahlen mit realen Daten ist die Basis

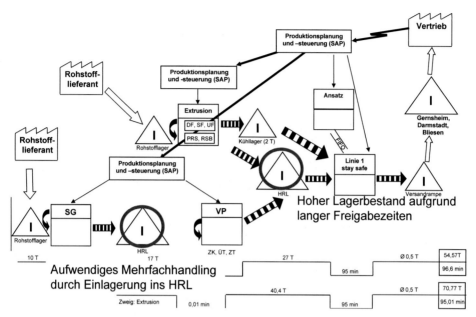

Abb. 11.3 Schaubild der Ist-Situation. (Quelle: eigene Darstellung)

geschaffen worden, die Durchlaufzeit zu minimieren und damit den Produktionsprozess effizienter zu gestalten. Die „Ist-Map" gilt als Vorlage zur Erstellung einer „Soll-Map" (Abb. 11.4).

Schritt 3: Umsetzung von Ist- zum Soll-Zustand
Nach der Erarbeitung der Ist-Aufnahme und der Soll-Beschreibung des Prozesses steht im dritten Schritt die Umsetzung vom Ist- zum Soll-Zustand im Fokus. Die Umsetzung erfolgt schrittweise und konsequent in Workshops.

Hierbei handelt es sich um einen Prozess der kontinuierlichen Verbesserung, der nach einer einmaligen Verbesserung weiterhin im Fokus stehen sollte. Alle betrachteten und eventuell sogar verbesserten Prozessabschnitte gilt es, regelmäßig zu hinterfragen und kontinuierlich weiterzuentwickeln.

11.3 Unterstützung des Wertstrommanagements durch 5S

Die Analyse der Ist-Situation im Rahmen der Wertstromanalyse fördert den Blick auf Verschwendungen. Es ergeben sich dadurch Verbesserungsmöglichkeiten des Produktionsflusses, die mithilfe von verschiedenen Maßnahmen umgesetzt werden können, 5S ist eine davon. Andere sinnvolle Methoden zur Verbesserung des Wertstroms zeigt Abb. 11.5.

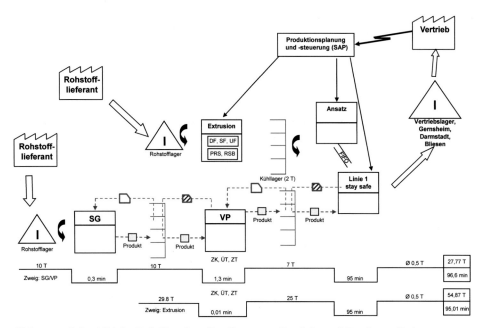

Abb. 11.4 Schaubild der Soll-Situation. (Quelle: unveröffentlicht nach Rottinger, ifaa)

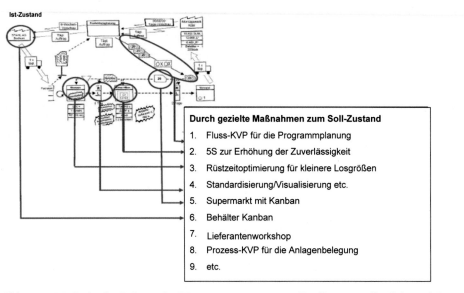

Durch gezielte Maßnahmen zum Soll-Zustand

1. Fluss-KVP für die Programmplanung
2. 5S zur Erhöhung der Zuverlässigkeit
3. Rüstzeitoptimierung für kleinere Losgrößen
4. Standardisierung/Visualisierung etc.
5. Supermarkt mit Kanban
6. Behälter Kanban
7. Lieferantenworkshop
8. Prozess-KVP für die Anlagenbelegung
9. etc.

Abb. 11.5 Methoden im Rahmen des Wertstrommanagements. (Quelle: unveröffentlicht nach Rottinger, ifaa)

1. Sortiere aus, 2. Stelle ordentlich hin und 3. Säubere

Die Erfassung des Wertstroms umfasst alle Bereiche eines Produktionsprozesses. Insofern bestehen beim Wertstrommanagement weitreichende Möglichkeiten der Prozessbetrachtung und -optimierung.

Bereits bei der Aufnahme des Ist-Wertstroms können erste Bereiche festgestellt werden, in denen beispielsweise überflüssige Materialien und Hilfsmittel den optimalen Fluss stören. Der gestörte Fluss wird sich dann auch bei der Analyse des Wertstroms in erhöhten Nichtwertschöpfungszeiten bemerkbar machen. Mithilfe der Durchführung von Aussortieren, Aufräumen und Säubern können insbesondere Such- und Wartezeiten eliminiert und an den Arbeitsplätzen die Durchlaufzeiten verringert werden.

4. Sauberkeit bewahren

Wertstrommanagement ist wie 5S ein mehrstufiges Verfahren, welches eine Bestandsaufnahme vor eine sich anschließende Verbesserung und das Neudesign von bestehenden Prozessen stellt. Die ersten Verbesserungen, die als Sofortmaßnahmen aus der Bestandsaufnahme abgeleitet werden und die neu gestalteten Prozesse des Soll-Konzeptes müssen definiert und abgesichert werden. Alle Mitarbeiter müssen wissen, nach welchen Regeln gearbeitet wird und warum. Hierzu sind in allen betroffenen Bereichen entsprechende Standards zu definieren, zu kommunizieren und die Mitarbeiter zu qualifizieren,

5. Selbstdisziplin üben

Bei der Umsetzung der Verbesserungsmaßnahmen ist jeder am Prozess Beteiligte dazu aufgefordert, Verbesserungen diszipliniert und aktiv mitzugestalten, damit sich auf lange Sicht die gewünschten Erfolge und Ziele einstellen. Großes Potenzial steckt vor allem in scheinbar weniger bedeutenden Maßnahmen, die mittels des Wertstrommanagements sichtbar gemacht und identifiziert werden. Für die ersten Verbesserungen sind keine großen Investitionen notwendig. Wichtig ist zudem die Überprüfung der Maßnahmen in regelmäßigen Abständen.

Wer ist involviert?

Zur Durchführung des Wertstrommanagements sollte ein interdisziplinäres Verbesserungsteam gebildet werden, bestehend aus Mitarbeitern der betroffenen Bereiche und einem verantwortlichen Leiter dieses Teams.

Hilfsmittel

Hilfsmittel im Wertstrommanagement sind Papier und Bleistift sowie vorbereitete Symbole.

Praktische Hinweise zur Anwendung und Umsetzung der Methode Wertstrommanagement finden Sie in *Teil II – Betriebliche Praxisbeispiele* des Buches in folgenden Kapiteln:

- Kapitel 15: 7 Arten der Verschwendung als Ausgangspunkt auf dem Weg zum Manitowoc Produktionssystem – Praxisbeispiel Manitowoc Crane Group Germany GmbH
- Kapitel 16: Verbesserungspotenziale erkennen und konsequent nutzen
- Kapitel 26: Prozessreorganisation in einem Stahlhandel auf der Grundlage der Wertstromanalyse – Praxisbeispiel

Software zum Wertstromdesign

Die Auswahl an kostenfreier und kostenpflichtiger Software zur Erstellung eines Wertstroms ist groß. Nachfolgend eine kleine Auswahl:

- ValueStreamDesigner
- flowBest
- GTT FAST/vsd – Wertstromdesign
- sycat Wertstromdesigner
- leanpilot

Literatur

1. Fischer F, Scheibeler AAW (2003) Handbuch Prozessmanagement. Carl Hanser Verlag, München

Literaturempfehlungen, Links

2. Erlach K (2010) Wertstromdesign. Der Weg zur schlanken Fabrik. Springer, Berlin
3. Klevers T (2013) Wertstrom-Management: Mehr Leistung und Flexibilität für Unternehmen – Abläufe optimieren – Kosten senken – Wettbewerbsfähigkeit steigern. Campus, Frankfurt/New York
4. Rother M, Harris R (2002) Im Rhythmus fließen. Log_X Verlag, Stuttgart
5. Rother M, Shook J (2004) Sehen lernen: mit Wertstromdesign die Wertschöpfung erhöhen und Verschwendung beseitigen. Lean Management Institut, Aachen

Räumliche Veränderung von Arbeitsplätzen, Montagesystemen, einer Fabrik

12

Timo Marks

12.1 Definition und Nutzen

„Fabrikplanung ist der systematische, zielorientierte, in aufeinander aufbauenden Phasen strukturierte und unter Zuhilfenahme von Methoden und Werkzeugen durchgeführte Prozess zur Planung einer Fabrik von der ersten Idee bis zum Aufbau und Hochlauf der Produktion." [1]. Das Schaffen der Voraussetzung zur wirtschaftlichen Produktion durch gute Arbeitsbedingungen und die Basis für effiziente Produktionsprozesse sind die Aufgaben der Fabrikplanung [3]. Fabrikplanung ist Bestandteil der Unternehmensplanung und kann einerseits eine Neuplanung, anderseits auch eine Erweiterungsplanung darstellen [2].

12.2 Vorgehensweise zur Anwendung

Folgende Planungsansätze, die auch kombinierbar sind, können genutzt werden:

* integrative, partizipative und kooperative Planungsansätze,
* Fokussierung veränderungsfähiger Produktionssysteme,
* modulare Fabrikplanungsmethoden und
* Fabrikdigitalisierung und -virtualisierung [4].

Durch das Anwenden verschiedener Ansätze wird versucht, eine erhöhte Flexibilisierung zu erzielen.

T. Marks (✉)
Institut für angewandte Arbeitswissenschaft e. V. (ifaa), Düsseldorf, Deutschland
E-Mail: t.marks@ifaa-mail.de

© Springer-Verlag Berlin Heidelberg 2016
Institut für angewandte Arbeitswissenschaft e.V. (ifaa) (Hrsg.), *5S als Basis des kontinuierlichen Verbesserungsprozesses,* ifaa-Edition, DOI 10.1007/978-3-662-48552-1_12

Eine Fabrikplanung kann nach [1] in drei Planungsphasen eingeteilt werden: Zielplanung, Konzeptplanung und Ausführungsplanung. Bestandteil der Ausführungsplanung stellt die Planung bzw. die Ausführung des Umzugs einer Fabrik dar. Das Ziel hierbei ist es, dafür zu sorgen, dass der Anlauf der Produktion bei neuer Anordnung kurz- und langfristig gesichert ist [1].

Aufgrund der meist langfristigen Auswirkungen und der Höhe des Budgets eines Umzugs wird die Entscheidung, ob und wie ein Umzug durchgeführt wird, durch die Geschäftsleitung getroffen. Des Weiteren wird ein Umzug zumeist in Form eines Projektes umgesetzt. In der Regel gibt es deshalb als Ansprechpartner einen Projektleiter, Projektmanager oder sogar ein Projektteam. Die Auswirkungen bzw. Veränderungen werden alle Mitarbeiter miterleben. Dies bedeutet, dass in der Planungsphase nur ein Teil der Mitarbeiter involviert ist. Während und nach dem Umzug sind jedoch nahezu alle Mitarbeiter involviert.

12.3 Unterstützung durch 5S

In diesem Zusammenhang gilt es, eine Stufe 0 zu betrachten. Jedem Mitarbeiter sollte die „historische" Chance dargelegt und das Vorgehen des Umzugs (inkl. 5S) erklärt werden. Jeder Mitarbeiter erlebt, dass die Geschäftsführung bereit ist, in die Zukunft des Unternehmens zu investieren und daher sollte dies als Anlass für die Dringlichkeit in jeglichen Gesprächen genutzt werden. Mitarbeiter werden Erfahrungen von privaten Umzügen haben und werden vermutlich alle Geschichten erzählen können, was sie aussortiert bzw. wiedergefunden haben. Zusätzlich zu den Gesprächen beinhaltet die Stufe 0 im Rahmen der Planung des Umzugs den Zeitaufwand für die 3S- (ohne Standardisierung und Standards leben) bzw. 5S-Aktion mit einzuplanen, da es das Ziel sein sollte, den Umzug so zu planen, dass keine Kundenaufträge verschoben werden müssen. Ein strukturiertes Vorgehen mit Projektmanagementinstrumenten ist wichtig, da ansonsten in der hektischen Phase des Umzugs die einmalige Chance der Kulturänderung (5S bzw. KVP zu etablieren) vertan wird. Die Mehrfachbelastung durch den Umzug und die laufende Produktion sollte vom Unternehmen nicht unterschätzt werden.

Es gilt, für die Vorbereitung der Planung zu klären, inwieweit sich ggf. Arbeitsplätze bzw. Arbeitsplatzorganisation (bspw. Wechsel von mitarbeiterbezogener Werkbank zu flexibler Gestaltung durch die Nutzung von Werkbänken durch mehrere Mitarbeiter) beim Umzug von der alten zur neuen Halle bzw. zum neuen Bürobereich ändern. Der Unterschied des Umzugs in Kombination mit 5S liegt darin, dass die Mitarbeiter und nicht interne bzw. externe Dienstleister die Inhalte des Arbeitsplatzes zusammenpacken und dabei schon nach den folgenden Schritten Entscheidungen bzgl. der Gegenstände treffen:

1. Sortiere aus und 2. Stelle ordentlich hin
Die Aufgabe der Mitarbeiter ist es, alle nicht benötigten Gegenstände am Arbeitsplatz auszusortieren und die benötigten nach der Wichtigkeit zu sortieren. Hierbei bietet es sich

an, vor der Diskussion über die benötigten Gegenstände auf einem Plan oder falls möglich schon vor Ort den neuen Arbeitsplatz zu sichten, um festzustellen, wie groß die bedarfsgerechte Arbeitsplatzgestaltung sein sollte. Auf dieser Grundlage gilt es, die finale Entscheidung bzgl. der Wichtigkeit zu treffen und die Gegenstände für den Transport zu verpacken.

3. Säubere
Es gilt, den bestehenden Arbeitsplatz zur evtl. weiteren Nutzung zu säubern.

4. Sauberkeit bewahren
Eine Diskussion über die weitere Anwendung der Standards in Bezug auf den vorhandenen Arbeitsplatz und über die Chance der neuen Möglichkeiten in der neuen Umgebung sollte für Verbesserungen genutzt werden. Es sollte vermieden werden, in „Rekordzeit" den Arbeitsplatz wieder einzuräumen, da sonst die Chancen der Verbesserungen nicht genutzt werden. Das Ergebnis ist ein erster Standard, der die Möglichkeit zur schlankeren Produktion in neuer Umgebung bietet.

5. Selbstdisziplin üben
Auch wenn der erste Standard nicht den auf lange Sicht perfekten Zustand darstellt, gilt es, die Selbstdisziplin über den definierten Standard einzufordern. Gleichzeitig muss weiterhin an dem begonnenen (kulturellen) Veränderungsprozess durch Gespräche gearbeitet werden.

Praktische Hinweise zur Anwendung und Umsetzung von räumlicher Veränderungen von Arbeitsplätzen, Montagesystemen, einer Fabrik finden Sie in *Teil II – Betriebliche Praxisbeispiele* des Buches in folgendem Kapitel:

- Kapitel 28: Umzugsvorbereitungen durch methodische 5S-Anwendung – Praxisbeispiel KST Kraftwerks- und Spezialteile GmbH

Literatur

1. Grundig CG (2012) Fabrikplanung: Planungssystem – Methoden – Anwendungen, 4. Auflage. Carl Hanser Verlag, München
2. Kern M (1979) Klassische Erkenntnistheorien und moderne Wissenschaftslehre. In: Raffée H, Abel B (Hrsg) Wissenschaftstheoretische Grundfragen der Wirtschaftswissenschaften. Verlag Franz Vahlen, München, S 11–27
3. Spur G (1994) Handbuch der Fertigungstechnik. Hanser Verlag, München
4. Wiendahl HP, Hernández R (2002) Fabrikplanung im Blickpunkt – Herausforderung Wandlungsfähigkeit. wt Werkstattstechnik online 92(4): 133–138

Teil II
Betriebliche Praxisbeispiele

Teil II des Buches veranschaulicht anhand zahlreicher betrieblicher Praxisbeispiele, dass 5S eine wichtige Voraussetzung für die erfolgreiche Verbesserungsarbeit im Unternehmen ist und welchen positiven Einfluss das konsequente Umsetzen von 5S auf die Einführung und Anwendung anderer Methoden hat. Am Ende jedes Kapitels finden Sie einen Verweis auf thematisch relevante Methoden, die in Teil I des Buches erläutert werden.

Verbesserung der Liefertreue und Fehlerquote durch die Einführung von betrieblichen Standards – Praxisbeispiel Heinrich Klar Schilder- und Etikettenfabrik GmbH & Co. KG

Winfried Kücke und Rainer Liskamm

13.1 Vorstellung des Unternehmens

Die Heinrich Klar Schilder- und Etikettenfabrik GmbH & Co. KG (Schilder Klar) ist ein mittelständisches Unternehmen der Schilder- und Etikettenbranche mit Sitz in Wuppertal (Abb. 13.1 zeigt das Verwaltungsgebäude von Schilder Klar). Als ein familiengeführtes Unternehmen kann Schilder Klar dabei auf eine über 80-jährige Firmengeschichte zurückblicken.

Schilder Klar fertigt heute mit rund 50 Mitarbeitern mehr als 8000 unterschiedliche Kennzeichnungsartikel am Standort Wuppertal-Dönberg, die überwiegend in Deutschland, Österreich und der Schweiz vertrieben werden. Neben dem Mailordergeschäft mit einem jährlich erscheinenden Katalog gewinnt dabei der Business-to-Business-Onlinehandel in den letzten Jahren stark an Bedeutung. Das Sortiment von Schilder Klar teilt sich in zwei große Bereiche. Auf der einen Seite steht eine umfangreiche Auswahl an genormten Schildern auf der Grundlage von Gesetzen und berufsgenossenschaftlichen Bestimmungen. Der zweite Bereich umfasst individuelle, nach speziellen Kundenanforderungen, produzierte Sonderanfertigungen, insbesondere für Industriekunden und öffentliche Auftraggeber. Diese Produkte werden mit verschiedenen Materialien (u. a. Aluminium, Kunststoffe, Folien) und in diversen Druck- und Fertigungsverfahren (insbesondere Siebdruck und Digitaldruck) hergestellt.

W. Kücke (✉)
Heinrich Klar Schilder- und Etikettenfabrik GmbH & Co. KG, Wuppertal, Deutschland
E-Mail: info@vbu-net.de

R. Liskamm
Vereinigung Bergischer Unternehmerverbände e. V. (VBU®), Wuppertal, Deutschland

© Springer-Verlag Berlin Heidelberg 2016
Institut für angewandte Arbeitswissenschaft e.V. (ifaa) (Hrsg.), *5S als Basis des kontinuierlichen Verbesserungsprozesses,* ifaa-Edition, DOI 10.1007/978-3-662-48552-1_13

Abb. 13.1 Verwaltung Schilder Klar. (Quelle: Heinrich Klar Schilder- und Etikettenfabrik GmbH & Co. KG)

13.2 Ausgangssituation

Eine wesentliche Herausforderung besteht für Schilder Klar darin, eine große Anzahl heterogener Aufträge mit Fertigungsmengen von 1–100.000 Schildern und unterschiedlichen Fertigungsverfahren und Fertigungstiefen, sowie individuellen Kundenanforderungen ökonomisch effizient, fehlerfrei und termingerecht zu produzieren. Die Geschäftsführung hat sich entschieden, die Unternehmensprozesse auf Basis der „Lean-Production-Philosophie" weiter zu verbessern und hierbei zahlreiche Betriebsstandards entwickelt. Im Jahre 2011 wurde hierzu begonnen, die historisch gewachsenen Strukturen und Abläufe in und zwischen den einzelnen Abteilungen zu analysieren und durch einzuführende Standards zu verbessern. Ziel war und ist es, ein auf das Unternehmen ausgerichtetes Ganzheitliches „Klar-Unternehmenssystem" (nach dem Firmennamen) zu implementieren und kontinuierlich weiterzuentwickeln.

13.3 Weg der Implementierung

Anhand von Beispielen soll nachfolgend die Einführung von Standards in den Betriebsablauf verdeutlicht werden.

Beispiel: visuelles Management
Der Einsatz von visuellem Management erfolgt grundsätzlich als Unterstützung der betrieblichen Kommunikation bei dem „Streben nach fehlerfreien Prozessen". Dabei werden u. a. die grundsätzlichen Themen, wie Anwendung der 5S-Methode und Vermeidung von Verschwendung im Betrieb, dauerhaft an zentralen Stellen ausgehängt und sind somit stets für alle Mitarbeiter präsent (s. Abb. 13.2).

Besonderheiten im Betriebsablauf werden im Bedarfsfall auf ihr Optimierungspotenzial mit Blick auf die Produktionsziele untersucht. In Gesprächen mit den betroffenen Mit-

Abb. 13.2 Beispiel für visuelles Management. (Quelle: Heinrich Klar Schilder- und Etikettenfabrik GmbH & Co. KG)

arbeitern ist es direkt vor Ort möglich, eine zielgerichtete Kommunikation mit optischen Verweisen auf die „5S-Methode" und die „7 Arten der Verschwendung" zu führen. Es gilt, die Mitarbeiter für die Unternehmensziele dauerhaft zu sensibilisieren und zu begeistern. Im Rahmen der konsequenten Optimierung der Prozesse im täglichen Betriebsgeschehen und der Einleitung entsprechender Maßnahmen zur systematischen Problemlösung konnte die betriebliche Fehlerquote innerhalb von 2 Jahren um ca. 35 % gesenkt werden. Die Visualisierung der Unternehmensgrundsätze hat hierbei die Vermittlung der Unternehmensziele kommunikativ unterstützt.

Einsatzbereich: Rohmateriallager
Um den Materialfluss im Betrieb und den Rohstoffeinkauf zu optimieren, wurden umfangreiche Maßnahmen mit dem Fokus auf eine Neuordnung des Rohmateriallagers umgesetzt. Dabei wurde besonderer Wert auf die Visualisierung der Regeln für den optimalen Materialbestand gelegt.

Durchführung
Jede Materialart besitzt einen festgelegten Lagerplatz mit eindeutiger Kennzeichnung. Für Rohstoffe mit hoher Umschlagshäufigkeit wurden jeweils zwei Stellplätze eingerichtet. Die Stellplätze für diese Rohstoffe sind dabei eindeutig auf dem Boden gekennzeichnet. Eine Überschneidung mit Fahrzeugbewegungsflächen (z. B. Stapler) oder Personenwegen ist ausgeschlossen, da durch verschieden farbige Markierungen Unfälle vermieden werden und sich ggf. auch die Geschwindigkeit des Transports erhöht (s. Abb. 13.3). Jeder Lagerplatz ist dazu mit einem Schild gekennzeichnet (s. Abb. 13.4), das Angaben über den Minimal- und Maximalbestand des Rohmaterials, die Wiederbeschaffungszeit und den nächsten Liefertermin (bei laufender Bestellung) enthält. Weiterhin enthält das Schild eindeutige Entnahmehinweise, um immer das zuerst gelagerte Material eines Bestands zu entnehmen (FIFO-Methode [First-in – First-out]).

Abb. 13.3 Stellplätze Rohmaterial. (Quelle: Heinrich Klar Schilder- und Etikettenfabrik GmbH & Co. KG)

Abb. 13.4 Kennzeichnung des Stellplatzes. (Quelle: Heinrich Klar Schilder- und Etikettenfabrik GmbH & Co. KG)

Ist das Material eines Stellplatzes verbraucht, wird die Kennzeichnung der Entnahme-richtung auf der Beschilderung geändert. Wird der Minimalbestand unterschritten, ist der Bestellvorgang durch den Einkauf auszulösen und der vereinbarte Liefertermin auf der Tafel einzutragen.

Ergebnis

Der aktuelle Materialbestand ist jederzeit für alle Mitarbeiter sichtbar. Durch festgelegte Mindestbestände, Wiederbeschaffungsfristen und Losgrößen wird ein optimales Verhält-nis zwischen Kapitalbindung durch Lagerhaltung und Versorgungssicherheit des Ferti-gungsprozesses erreicht. Durch die direkte Zuordnung und Kennzeichnung am Material kann eine Bestandskontrolle sowohl durch die Mitarbeiter des Einkaufs als auch durch Mitarbeiter der Fertigung bei der Entnahme des Materials erfolgen. Die Standardisierung des Materialflusses verhindert Lieferengpässe. Aufgrund der definierten Losgrößen und Beschaffungsfristen kann der Einkauf die Beschaffung langfristiger planen und somit Ein-kaufsvorteile realisieren. Entsprechen die tatsächlichen Bestände am Lagerplatz nicht den definierten Vorgaben (Maximalbestand/Minimalbestand/Angabe Liefertermin) ist dieses sofort ersichtlich und ein Hinweis darauf, dass der Beschaffungsprozess zu überprüfen ist. Zum Beispiel ist es möglich, dass der Lieferant seine Lieferzeiten verändert hat und/ oder dass die berechneten Vorgaben (u. a. aufgrund veränderter Verbrauchsmengen) an-zupassen sind.

Beispiel: Einsatz eines Ampelsystems zur Auftragssteuerung

Jede Fertigungsabteilung verfügt für die Auftragsbearbeitung über ein Ablagesystem unterteilt in die Farben rot, gelb und grün (s. Abb. 13.5 und 13.6). Die Farben orientieren sich an den vereinbarten Lieferterminen und haben hier folgende Bedeutung:
  rot = Erledigung am heutigen Tag (eilt!)
  gelb = Erledigung bis zum Folgetag
  grün = Erledigung bis zum zweiten Folgetag

Die aus dem vorhergehenden Fertigungsschritt eingehenden Aufträge, deren Erledi-gung bis zum zweiten Folgetag erfolgt sein soll, werden in jeder Abteilung taggleich in das grüne Körbchen, Aufträge mit kürzeren Lieferzeiten direkt in das gelbe oder sogar das rote Körbchen (bei sehr eiligen Aufträgen) einsortiert. Am Ende eines Arbeitstages werden die Aufträge des grünen in das gelbe Körbchen und die aus dem gelben in das rote Körbchen umsortiert.

Durchführung

Jeder Mitarbeiter bzw. jedes Team arbeitet dabei die Aufträge nach folgendem Standard ab:

1. Aufträge im roten Bereich müssen bis zum Ende des Arbeitstages bearbeitet sein. In den Abteilungsteams ist darauf zu achten, dass nicht nur der eigene Bereich bearbeitet wird, sondern auch die roten Bereiche der Kollegen bis zum Ende des Tages bearbeitet sind. Unterschiedlich starke Arbeitsbelastung wird somit intern im jeweiligen Team ausgeglichen.

Abb. 13.5 Ampelsystem mit Ablagebereich. (Quelle: Heinrich Klar Schilder- und Etikettenfabrik GmbH & Co. KG)

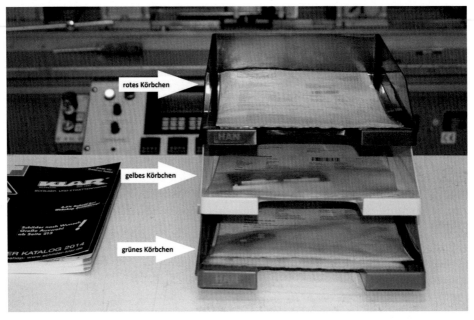

Abb. 13.6 Ampelsystem mit Ablagekörbchen. (Quelle: Heinrich Klar Schilder- und Etikettenfabrik GmbH & Co. KG)

2. Wenn alle Aufträge aus roten Bereichen abgearbeitet sind, kümmert sich das Team um die Aufträge aus den gelben Bereichen.
3. Wenn kein Auftragsbestand in roten und gelben Bereichen vorhanden ist, werden Aufträge aus den grünen Bereichen bearbeitet. Alternativ kann die nicht genutzte Arbeitskraft anderen Abteilungen zur Verfügung stehen.

Ergebnis
Das Ampelsystem führt durch die Einhaltung der vereinbarten Zeitfenster für die einzelnen Fertigungsschritte zu einem kontinuierlichen, strukturierten Auftragsdurchlauf. Hierdurch konnten Lieferverzögerungen deutlich minimiert und die Lieferzeiten um gut 20 % innerhalb eines Jahres reduziert werden. Das Auftragsvolumen ist abteilungsübergreifend für jeden Mitarbeiter sichtbar und führt zu einer optimierten Einteilung der Arbeit unter Berücksichtigung der kundenbezogenen Liefertermine. Das System erlaubt durch Transparenz und Visualisierung des Auftragsbestandes eine zielgerichtete, aktive Personalplanung und unterstützt durch seine einfache Struktur wesentlich den geregelten Auftragsdurchlauf.

Beispiel: EDV-gestütztes Produktionsplanungssystem (PPS)
Als Erweiterung und Ergänzung zum anlogen Ampelsystem wurde ein digitales Produktionssteuerungssystem mit ganzheitlicher Fertigungsplanung implementiert, welches flankierend den Auftragsdurchlauf unterstützt und den einzelnen Abteilungen einen aktuellen Überblick (durch Visualisierung am Bildschirm) über das momentane Arbeitsaufkommen garantiert. Dieses System ermöglicht darüber hinaus eine systemgestützte Kommunikation zwischen Vertrieb und den jeweiligen Fertigungsabteilungen über den gesamten Produktionsprozess.

Durchführung
Zunächst wurden in Abstimmung mit den Abteilungen der Fertigung Zeitfenster für die Bearbeitung der einzelnen Arbeitsschritte definiert. Die vereinbarten Zeitfenster werden dabei ab Liefertermin zurück berechnet. Die im Unternehmen vorhandenen Auftragsdaten werden durch eine speziell auf die Unternehmenserfordernisse programmierte EDV-Software gesammelt und zu einem Produktionsplanungssystem (PPS) zusammengeführt. Alle offenen Aufträge werden tabellarisch aufgeführt und entsprechend den definierten Zeitfenstern für die einzelnen Fertigungsschritte farblich visualisiert (s. Abb. 13.7).

Abbildung. 13.7 zeigt farblich unterlegt, drei aufeinander folgende Fertigungsschritte (grüne Spalten) und als vierte Spalte (ganz rechts) den gelb hinterlegten Liefertermin.

- Werden die vereinbarten Zeitfenster eingehalten, wird die Beendigung des Fertigungsschrittes zeitlich festgehalten und im System grün hinterlegt.
- Wird das Zeitfenster überschritten, wird das entsprechende Feld nach Beendigung des Fertigungsschritts rot hinterlegt.

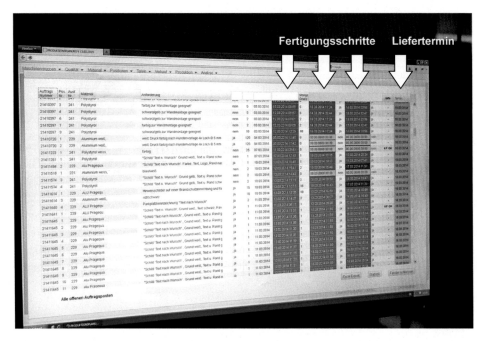

Abb. 13.7 Produktionsplanungssystem (PPS). (Quelle: Heinrich Klar Schilder- und Etikettenfabrik GmbH & Co. KG)

- Fertigungsabschnitte, die noch unbearbeitet sind, bleiben ohne Zeitangaben und sind grau hinterlegt.
- Der Liefertermin des Auftrags wird ebenfalls angezeigt und bleibt bis zum Überschreiten gelb hinterlegt. Wird der Liefertermin überschritten, wird das Feld rot gekennzeichnet.

Die Aufträge sind entsprechend ihrer Fristigkeit angeordnet. Der Auftrag mit dem nächstfälligen Liefertermin steht an oberster Stelle. Versendete und damit abgeschlossene Aufträge werden nicht mehr angezeigt.

In Abb. 13.7 ist erkennbar, dass der erste Fertigungsschritt (erste grün hinterlegte Spalte von links) für alle sichtbaren Aufträge rechtzeitig erledigt wurde, im zweiten und dritten Fertigungsschritt sind vier Aufträge noch nicht bearbeitet worden (graue Felder). Im dritten Fertigungsschritt sind darüber hinaus zwei Aufträge verspätet erledigt worden (rot hinterlegt) und erfordern eventuell ergänzende Maßnahmen zur Einhaltung des Liefertermins. In der Spalte ganz rechts sind alle Liefertermine gelb hinterlegt und damit ist bislang noch kein Liefertermin überschritten. Durch Visualisierung der anfallenden einzelnen Fertigungsschritte PPS wird eine drohende Terminüberschreitung bereits zu einem Zeitpunkt erkennbar, an dem der Liefertermin grundsätzlich noch eingehalten werden kann. So ist gewährleistet, dass präventiv und über entsprechende Priorisierungen der Aufträge, Maßnahmen ergriffen werden können, die der Einhaltung der Liefertermine dienen.

Über die im Laufe der Zeit gewonnenen Erfahrungen bei der Nutzung des PPS ergeben sich Erkenntnisse über die Qualität des gegenwärtigen Produktionsprozesses. Sollten bei einem Fertigungsschritt überproportional viele Termine rot hinterlegt sein, kann dies ein Hinweis auf einen Kapazitätsengpass sein. In diesem Fall ist zu überlegen, ob Kapazitäten durch zusätzliche Unterstützung aus anderen Abteilungen erweitert werden können oder ob das jeweilige Zeitfenster erweitert werden muss. Im anderen Fall (ausnahmslos grün hinterlegte Felder beim Fertigungsabschnitt) handelt es sich in diesem PPS um ein zumindest zufriedenstellendes bis gutes Prozessniveau, welches eventuell weitere Produktionspotenziale eröffnet.

Ergebnis
Da das PPS allen Abteilungen und Mitarbeitern im Unternehmen zur Verfügung steht, ist es ein wesentliches Instrument im Rahmen des Ganzheitlichen Unternehmenssystems. Durch die gesammelten Erfahrungen und die tägliche Arbeit in allen Abteilungen wird es möglich, Erkenntnisse für die Optimierung weiterer Prozessabläufe zu gewinnen. Diese systemgestützte Kommunikation erlaubt es auch, dem Kunden immer den aktuell bestmöglichen Liefertermin anzubieten, oder im Bedarfsfall auch über den Produktionsstand seines Auftrags zu informieren. Das System bietet einen Überblick über den jeweiligen abteilungsbezogenen Auftragsbestand. Dadurch kann eine gezielte Personal- und Auslastungsplanung erfolgen.

13.4   Erkenntnisse und Erfahrungen

Die eingeführten Standards sind wichtige Bausteine des kontinuierlichen Verbesserungsprozesses im Unternehmen, dokumentieren das bislang erreichte Niveau und sind gleichzeitig die Ausgangsbasis für weitere Entwicklungen des Ganzheitlichen „Klar-Unternehmenssystems". Eine wesentliche Voraussetzung für die erfolgreiche Einführung von Standards ist, dass den beteiligten Mitarbeitern die Zielsetzung, die mit den Standards erreicht werden soll, überzeugend vermittelt werden kann und dass sie bei der Einführung mit einbezogen werden. Gemeinsam erarbeitete Problemlösungen haben hierbei den Vorteil, dass sie bei der Umsetzung nur geringe Widerstände generieren. Ein Unternehmenssystem mit definierten Standards, das den Mitarbeitern die Bewältigung der täglichen Aufgaben spürbar erleichtert, wird besser angenommen und hat gute Chancen, auch nachhaltig gelebt zu werden. Die Visualisierung der Prozesse am Arbeitsplatz selbst und an zentralen Orten im Betrieb sichert hierbei die Nachhaltigkeit. Das EDV-gestützte PPS unterstützt die Mitarbeiter bei der Organisation ihrer eigenen Aufgaben und gibt ihnen die Möglichkeit, ihre Tätigkeiten in einem größeren Umfang eigenverantwortlich zu steuern. Die Stärkung der Eigenverantwortlichkeit wird von den produzierenden Mitarbeitern positiv bewertet. Hierdurch konnte auch eine Entlastung der Führungskräfte bei koordinierenden Aufgaben erreicht werden. Darüber hinaus dient das PPS auch als abteilungsübergreifendes Kommunikationsinstrument.

13.5   Fazit

Die Einführung von Standards im Unternehmenssystem hat nachweislich die Produktivität der einzelnen Abteilungen sowie die Wertschöpfung signifikant gesteigert. Neben einer stärkeren Identifikation der Mitarbeiter mit ihren Aufgaben führen die entwickelten Standards zu einer konsequenten Kundenorientierung im Fertigungsprozess.

Hinweise zu den Methoden, die in diesem Praxisbeispiel vorrangig beschrieben werden, finden Sie in *Teil I – Methoden zur Prozessverbesserung* **des Buches in folgenden Kapiteln:**

- Kapitel 2: 7 Arten der Verschwendung (7V)
- Kapitel 3: Standardisierung
- Kapitel 4: Visuelles Management

Integration von Arbeitssicherheit und Gesundheitsschutz in eine „KVP-Kultur" – Praxisbeispiel GEA Tuchenhagen GmbH

14

Dirk Mackau, Albrecht Gulba und Holger Glüß

14.1 Vorstellung des Unternehmens

Die GEA Tuchenhagen GmbH, Büchen, blickt auf eine lange Tradition zurück; hervorgegangen ist das Unternehmen aus einem 1931 gegründeten Ingenieurbüro für Molkerei Neu- und Umbauten. In den 1940er- und 1950er-Jahren folgten die Entwicklung von Kreiselpumpen und Reinigungsanlagen sowie 1967 die Erfindung des ersten Doppelsitzventils. GEA Tuchenhagen gehört seit 1995 zur GEA Group, einem mit über 24.000 Beschäftigten weltweit agierenden Spezialmaschinenbauer im Bereich Prozesstechnik und Komponenten. Etwa jeder zweite Liter Bier dürfte durch Komponenten der GEA Group geflossen sein; ungefähr jeder vierte Liter Milch wird mit Equipment der GEA Group gemolken bzw. weiterverarbeitet und ein Drittel des Instantkaffees weltweit entsteht in Anlagen der GEA Group.

Die Entwicklung der GEA Tuchenhagen GmbH setzte sich im Jahr 2004 mit der Einführung der VESTA Sitzventile für die Pharmaindustrie und 2007 mit der Einführung der PMO 24/7 Ventiltechnologie für die US-Milchindustrie fort.

Die GEA Tuchenhagen GmbH hat neben dem Standort in Büchen, am dem etwa 390 Mitarbeiter beschäftigt sind, weltweit sechs weitere Standorte. Die bei GEA Tuchenhagen GmbH entwickelten und produzierten Ventile kommen zum Beispiel als Prozesskomponenten in der Brauereiindustrie, Getränkeindustrie, Milchindustrie, Nahrungsmittelindustrie

D. Mackau (✉)
NORDMETALL Verband der Metall- und Elektroindustrie e. V., Bremen, Deutschland
E-Mail: mackau@nordmetall.de

A. Gulba · H. Glüß
GEA Tuchenhagen GmbH, Büchen, Deutschland

© Springer-Verlag Berlin Heidelberg 2016
Institut für angewandte Arbeitswissenschaft e.V. (ifaa) (Hrsg.), *5S als Basis des kontinuierlichen Verbesserungsprozesses,* ifaa-Edition, DOI 10.1007/978-3-662-48552-1_14

und Pharmaindustrie zum Einsatz, wobei das hohe Qualitäts- und Sicherheitsniveau in allen Produkten zu den herausragenden Eigenschaften zählt.

14.2 Ausgangssituation

GEA Tuchenhagen sammelte bereits Ende der 1990er-Jahre die ersten Erfahrungen mit KVP bzw. Kaizen. Dies führte zu einer verstärkten Auseinandersetzung mit dem Thema Arbeitsschutz insbesondere hinsichtlich Ergonomie. Durch den GEA-Konzern wurden ab 1999 am Standort mit Unterstützung eines japanischen Unternehmensberaters KVP-Aktivitäten eingeführt, um auch künftig auf Veränderungen des Marktes vorbereitet zu sein und um die gegenwärtige Position zu stärken. Dabei ging es vor allen Dingen darum, qualitativ hochwertige Produkte bei kürzesten Durchlaufzeiten und gleichzeitig niedrigen Rohmaterial- und Fertigwarenbeständen an deutschen Standorten zu produzieren. Schwerpunkte lagen folglich zunächst auf KVP-Maßnahmen zur Reduzierung der Teilevielfalt sowie der Rüstzeiten. Konzernseitig wurde ein GEA-KVP-Support-Team aufgebaut, das den einzelnen Standorten bei den KVP-Aktivitäten unterstützend zur Verfügung stand.

14.3 Weg der Implementierung

Methodisch stand das strukturierte Durchführen von KVP-Workshops an realen Problemen im Vordergrund. Begleitet wurden diese Aktivitäten von einer breit angelegten Qualifizierungsoffensive, an der Mitarbeiter aller Ebenen mit unterschiedlicher Dauer und Intensität eingebunden waren. Ziel war es, Moderations- und Methodenkompetenz am Standort für die KVP-Workshops aufzubauen und möglichst vielen Mitarbeitern die Möglichkeit zur Teilnahme an einem Workshop zu geben, um die Vorteile „live" zu erkennen. Auch die Fachkraft für Arbeitssicherheit kam in diesem Zusammenhang mit dem Thema KVP in Berührung und nahm an einem KVP-Workshop teil. Dabei wurde deutlich, dass beide „Disziplinen" – KVP und Arbeitssicherheit – das gleiche Ziel verfolgen: Verschwendung vermeiden und stabile, beherrschbare, transparente Prozesse nachhaltig gestalten. Lediglich der Blickwinkel bzw. die Herangehensweise mag auf den ersten Blick unterschiedlich sein.

An den KVP-Workshops nahmen zwischen 8 und 10 Beschäftigten sowie ein ausgebildeter Coach teil; die Dauer betrug 5 Tage und zum Abschluss fand eine Präsentation vor Bereichsleitung bzw. Geschäftsführung statt. Die Themen bzw. zu bearbeitenden Inhalte wurden top-down über den Konzern eingesteuert. Als das KVP-Support-Team im GEA Konzern nach einigen Jahren aufgelöst wurde, hatten die Verantwortlichen über alle Ebenen am Standort Büchen den Nutzen der strukturierten KVP-Workshops längst erkannt, sodass KVP-Workshops – top-down getrieben – weiterhin stattfanden. Zu diesem Zeitpunkt wurden intern die strukturierten KVP-Workshops dahingehend erweitert, dass das Thema Arbeitssicherheit und Gesundheitsschutz bzw. Ergonomie bei allen Analysen und Verbesserungen zu einem festen, vorgeschriebenen Bestandteil wurde. Die

Verantwortlichen hatten erkannt, dass Prozesse nur stabilisiert und verbessert werden können, wenn die Handlungsfelder des Arbeitsschutzes konsequent berücksichtigt werden. Die größte Herausforderung für den Standort bestand darin, die in der mehrjährigen Lernphase gesammelten Erfahrungen in einen standardisierten KVP-Gesamtprozess zu überführen und nachhaltig zu leben.

Arbeitsschutz in KVP – Kultur nachhaltig verankern

Eine erste Bewährungsprobe bestand ab 2004 – auch aus den Ergebnissen der bisherigen KVP-Workshops getrieben –, als die Fertigung von einer Werkstattfertigung zu einer Linienfertigung reorganisiert wurde. Die Geschäftsleitung vor Ort erkannte, dass dieser Schritt unausweichlich erfolgen musste, um dem Ziel näher zu kommen, am Standort Büchen weiterhin wettbewerbsfähig im Sinne von hoher Prozesssicherheit gepaart mit geringer Durchlaufzeit zu fertigen. Die Betrachtung umfasste die einzelnen Prozessschritte, deren Verkettung sowie das Layout und schließlich die einzelnen Arbeitsplätze. Der Gedanke lässt sich wie folgt zusammenfassen:

▶   „Linienproduktion + KVP-Workshops = Lean-Kultur"

Die etablierten KVP-Workshops laufen seit der Zeit wie folgt ab:

1. Frage: Wie kann der Prozess optimiert werden?
2. Frage: Was wollen wir erreichen?
3. Frage: Wie wollen wir es machen?
4. Frage: Welche Maßnahmen sind notwendig (inkl. Arbeitssicherheit/Gesundheitsschutz)?
5. Frage: Welche Anforderungen ergeben sich für die betroffenen Mitarbeiter?

Dieses Vorgehen wurde im Laufe der Jahre weiterentwickelt und an den Reifegrad der Lean-Kultur angepasst. Aktuell die Workshops sind sowohl im administrativen als auch im produktiven Bereich zum festen Bestandteil der täglichen Arbeit vieler Beschäftigter geworden. Für die Produktion und die Verwaltung ist jeweils ein eigenes „KVP-Team" installiert worden, bestehend aus einem Bereichsleiter, einem Teamleiter und 3 festen Mitarbeitern. In regelmäßigen Abständen verstärkt ein Auszubildender das Team, sodass die zukünftigen Facharbeiter schon während der Ausbildung mit dem KVP-Gedanken und der Lean-Kultur in Berührung kommen.

Das KVP-Team der Produktion ist räumlich in die Fertigung integriert und verfügt dort über einen eigenen „Kreativ"-Bereich (s. Abb. 14.1).

Der aktuelle Standardablauf sieht wie folgt aus:

1. Ideen werden über die Führungskräfte oder Mitarbeiter an das KVP-Team herangetragen. Das Team sammelt und bewertet die einzelnen Ideen bzw. Vorschläge. Sodann wird ein KVP Workshop mit den relevanten bzw. betroffenen Teilnehmern einberufen. Bei dem Kick-off sind obligatorisch der Betriebsrat sowie die Fachkraft für Arbeitssicherheit anwesend.

Abb. 14.1 Das KVP-Team in seinem „Kreativ"-Bereich. (Quelle: GEA Tuchenhagen GmbH)

2. Die oben beschriebenen fünf Fragestellungen werden unter Nutzung von Softwaretools und Datenbanken z. B. für 3-D-Layouts, CE-Dokumentation, Normung, Ergonomie oder Umweltschutz und Energiemanagement in der Form abgearbeitet, dass zum Ende des Workshops ein ausgearbeiteter, entscheidungsreifer Projektentwurf einschließlich notwendiger Investitionen etc. vorliegt. Auf dieser Basis wird innerhalb des Managements oder innerhalb der GEA-Gruppe über die Umsetzungsfreigabe entschieden.
3. Nach erteilter Freigabe erfolgt auf Basis der Projektierung die Umsetzung.

Die Integration von Arbeitssicherheit und Gesundheitsschutz in jeden KVP-Workshop gelingt u. a. deshalb heute reibungslos, weil die Mitglieder des KVP-Teams gängige Schulungen in Projektmanagement und LEAN Methoden besucht und zusätzlich umfängliches Wissen im Bereich Arbeitssicherheit/Gesundheitsschutz aufgebaut haben. Neben den Grundlagen wie z. B. Umgang und Einsatz von Gefahrstoffen, Gestaltung von Umgebungsbedingungen steht das Thema Ergonomie im Fokus des KVP-Teams. Gerade diese breite thematische Ausrichtung führt dazu, dass frühzeitig alle relevanten Arbeitsschutzaspekte in den Projekten beleuchtet werden. Weiterhin findet zwischen dem Teamleiter des KVP-Teams und der Fachkraft für Arbeitssicherheit (FaSi) eine enge Abstimmung statt. Der Teamleiter des KVP-Teams bindet die FaSi vor jedem Workshop in das jeweilige Thema ein und bespricht die „Systemgrenzen" sowie ggf. besondere Aspekte des Arbeitsschutzes. Nach der Umsetzung findet eine obligatorische Begehung in Anwesenheit der FaSi statt. Auf diese Weise wird erreicht, dass die FaSi:

- kein „Dauergast" bei den KVP-Workshops ist;
- nur in besonderen Fällen das KVP-Team unterstützen muss und
- trotzdem gewährleistet wird, dass die Ergebnisse den hohen Anforderungen an Arbeitssicherheit und Gesundheitsschutz bei GEA Tuchenhagen gerecht werden.

Eine aktuelle Weiterentwicklung der KVP-Kultur besteht in der Aufteilung der eingereichten Ideen bzw. Vorschläge in die oben beschriebenen KVP-Workshops und in sogenannte „Blitzgedanken". Die Grundidee des „Blitzgedankens" besteht darin, dass eine Vielzahl der eingereichten Ideen bzw. Vorschläge den eigenen Arbeitsbereich betreffen bzw. „Kleinigkeiten" beinhalten. Um hier eine schnellere Umsetzung zu erreichen, können Vorschläge in Form des „Blitzgedankens" bearbeitet werden. Auch hierhinter liegt wieder eine standardisierte Vorgehensweise. In den einzelnen Arbeitsbereichen stehen „Gemba Boards" (s. Abb. 14.2); an diesen werden die Ideen bzw. Vorschläge auf einer Karte beschrieben und in einem Fach hinterlegt. Wöchentlich trifft sich das Team aus dem Bereich und die „Einreicher" erläutern ihre Karten. Die Problembeschreibung durch den „Einreicher" trägt dazu bei, das Problem möglichst exakt zu benennen bzw. zu beschreiben. Sieht die Mehrheit des Teams den Verbesserungsbedarf des „Einreichers", werden Maßnahmen zu dem beschriebenen Sachverhalt in der Gruppe abgeleitet. Die Karte wird dann dem Feld „Maßnahmen" zugeordnet. Im nächsten Schritt werden die Karten im Feld „Bearbeitung" besprochen. Hier geht es i. d. R um den Abarbeitungs-

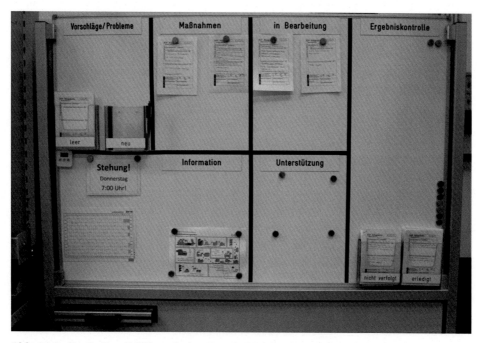

Abb. 14.2 Gemba Board (Blitzgedanken Board). (Quelle: GEA Tuchenhagen GmbH)

status der vorher festgelegten Maßnahmen. Hinter dem Blitzgedanken verbirgt sich ein PDCA-Zyklus (s. Kap. 7), bei dem die Arbeitsgruppe selber handlungsfähig ist; d. h. es werden keine Schnittstellenprobleme oder keine inhaltlich komplexen Probleme hier behandelt. Für diese Art der Problemstellung findet nach wie vor das Instrument des KVP-Workshops Anwendung. Die „Gemba Boards" (s. Abb. 14.2) sind so gestaltet, dass immer nur maximal zwei Vorschläge/Probleme behandelt werden und sich maximal vier Vorschläge in der Maßnahmenphase sowie Bearbeitung befinden können. Pro „Stehung" erhält die Gruppe zwischen 10 und 15 min Zeit und überwacht ihr eigenes Zeitmanagement mit einem Timer. Auf diese Art und Weise wird ein Arbeiten an den Problemen erreicht und dem häufigen Vorurteil „KVP = Kaffeerunde" entgegengewirkt. Die Teilnehmerzahl an „Blitzgedanken"-Stehungen sollte 4 bis 7 Teilnehmer nicht übersteigen, anderenfalls besteht die Gefahr, dass sich nur ein kleiner Teil der Anwesenden in die Arbeit einbringt.

14.4 Erkenntnisse und Erfahrungen

KVP-Workshops unter Einbeziehung des Arbeitsschutzes

Die Ergebnisse aus den KVP-Workshops der letzten Jahre werden nachfolgend beispielhaft verdeutlicht. Der aktuelle Standard für Maschinenarbeitsplätze wurde unter Beteiligung einer Vielzahl von Mitarbeitern erarbeitet und im Rahmen von KVP-Workshops kontinuierlich weiterentwickelt. So zeichnet sich ein Standardarbeitsplatz aktuell u. a. durch folgende Merkmale aus:

1. Der PC-Bildschirm lässt sich auf die gleiche Höhe einstellen wie der Monitor der Maschinensteuerung (s. Abb. 14.3). Dies hat sich als ergonomisch günstig erwiesen, da Daten zwischen beiden Monitoren durch den Bediener verglichen werden müssen.
2. Die Tastatur am PC ist klappbar und kann, wenn sie außer Einsatz ist, hochgeklappt werden.
3. Die Inhalte von Schubfächern sind definiert und an allen Maschinen gleich belegt (Wendeschneidplatten, Messmittel etc.). Werden an Maschinen Fächer nicht benötigt, so werden diese verschlossen, um Abweichungen vom Standard auszuschließen.
4. Alle Maschinenarbeitsplätze sind mit einem Ventilator ausgestattet, der es an warmen Tagen ermöglicht, für Wärmeentlastung an den Arbeitsplätzen zu sorgen.
5. Bei der Aufnahme von schwereren Gehäusen an den Maschinen werden Manipulatoren eingesetzt (s. Abb. 14.4), um das Heben und Tragen schwerer Lasten mit hoher Intensität zu vermeiden. Speziell die Entwicklung von anforderungsgerechten Greiferaufnahmen stellt eine Herausforderung dar, an denen im Rahmen von KVP-Workshops ständig gearbeitet wird. Der Einsatz von Manipulatoren ist auf der einen Seite eine ergonomische Notwendigkeit, auf der anderen Seite verbirgt sich in dem Einsatz eine Quelle von Verschwendungen, die es zu verringern gilt.

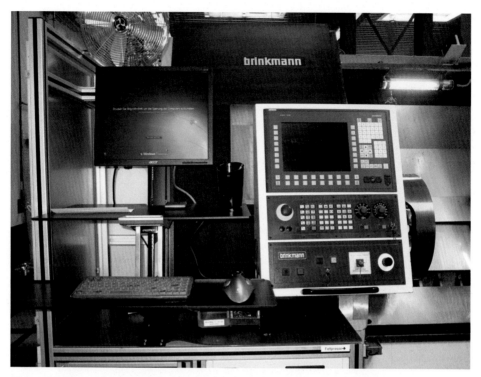

Abb. 14.3 Höhenverstellbarer PC-Arbeitsplatz. (Quelle: GEA Tuchenhagen GmbH)

6. Jeder Arbeitsplatz verfügt darüber hinaus über eine Infotafel, an der neben der wöchentlichen Auftragsreihenfolge die gängigen 5S-Tools wie Wartungs- und Reinigungsplan an prominenter Stelle abgelegt sind.
7. Ebenfalls leicht zugänglich und fest mit dem Arbeitsplatz verbunden sind die aktuellen Arbeits- und Betriebsanweisungen.

14.5   Fazit

Am Beispiel des Unternehmens GEA Tuchenhagen zeigt sich, wie es gelingt, den Arbeits- und Gesundheitsschutz in eine KVP-Kultur nachhaltig zu integrieren. Wesentliche Erfolgstreiber sind dabei:

a. Eine Geschäftsführung, die dem Arbeitsschutz den notwendigen Stellenwert einräumt und nicht nur die primären Kosten sieht.
b. Führungskräfte in der Managementebene, die tief im Arbeitsschutz verwurzelt sind.
c. Die Einsicht, dass sowohl Prozessstabilität, Durchlaufzeitverkürzung etc. auf der einen Seite, als auch Arbeitssicherheit und Gesundheitsschutz auf der anderen Seite direkt

Abb. 14.4 Manipulator. (Quelle: GEA Tuchenhagen GmbH)

miteinander in Verbindung stehen und beide Themenfelder nur nachhaltig durch eine KVP-Kultur verbessert werden können.

d. Verankerung von Arbeitssicherheit und Gesundheitsschutzwissen auf einer breiten Basis sowie an den Schlüsselstellen wie z. B. im KVP-Team.

e. Einbeziehung von Schnittstellen wie z. B. Berücksichtigung in Arbeitsschutzthemen.

Die vorgestellten Beispiele stellen einen kleinen Ausschnitt aus dem umfangreichen Maßnahmenkatalog der vergangenen Jahre dar und zeigen, dass sich Investitionen in Arbeitssicherheit und Gesundheitsschutz sehr wohl rechnen, wenn eine Verbindung zur Prozessverbesserung hergestellt wird.

Hinweise zu den Methoden, die in diesem Praxisbeispiel vorrangig beschrieben werden, finden Sie in *Teil I – Methoden zur Prozessverbesserung* des Buches in folgenden Kapiteln:

- Kap. 2: 7 Arten der Verschwendung (7V)
- Kap. 5: Arbeits- und Gesundheitsschutz
- Kap. 7: Kontinuierlicher Verbesserungsprozess (KVP)/Kaizen

7 Arten der Verschwendung als Ausgangspunkt auf dem Weg zum Manitowoc-Produktionssystem – Praxisbeispiel Manitowoc Crane Group Germany GmbH

Dirk Mackau und Matthias Dreier

15.1 Vorstellung des Unternehmens

Das Mobilkrane-Werk ist Bestandteil des amerikanischen Manitowoc-Konzerns mit Sitz in Wisconsin. Der Jahresumsatz belief sich in 2013 auf ca. vier Milliarden US-Dollar. Dessen Geschäft setzt sich zu ungefähr gleichen Anteilen aus der Sparte Foodservice, die Produkte für die Ausrüstung von Gastronomie und Küchen herstellt, und aus der Kransparte zusammen. Bekannte Marken aus dem Kransegment sind Potain für Turmdrehkrane, Manitowoc für Crawler-Krane sowie Grove für die Mobilkrane, wie sie in Wilhelmshaven hergestellt werden (s. Abb. 15.1 und 15.2).

Heute werden am Standort Wilhelmshaven von ca. 950 Mitarbeitern Krane von vier bis zu sieben Achsen entwickelt, erprobt und in Serie gefertigt.

Der Ausleger des Kranes hat dabei die höchste Fertigungstiefe und umfasst Stahlbau und Montage. Die beiden weiteren Komponenten werden montiert und zum einsatzfähigen Kran komplettiert. Die Abnahme und Erprobung ist der letzte Schritt, bevor die Maschinen an Kunden in der ganzen Welt ausgeliefert werden.

D. Mackau (✉)
NORDMETALL Verband der Metall- und Elektroindustrie e. V., Bremen, Deutschland
E-Mail: mackau@nordmetall.de

M. Dreier
Manitowoc Crane Group Germany GmbH, Wilhelmshaven, Deutschland

© Springer-Verlag Berlin Heidelberg 2016
Institut für angewandte Arbeitswissenschaft e.V. (ifaa) (Hrsg.), *5S als Basis des kontinuierlichen Verbesserungsprozesses,* ifaa-Edition, DOI 10.1007/978-3-662-48552-1_15

Abb. 15.1 Crawler-Kran. (Quelle: Manitowoc)

15.2 Ausgangssituation

Um auch zukünftig auf die Herausforderungen des Baumaschinenmarktes und die Kundenanforderungen vorbereitet zu sein und um die gegenwärtige Position zu stärken bzw. auszubauen, ist es für das Unternehmen unerlässlich, ständig seine Veränderungs- und Verbesserungsprozesse im Fokus zu haben. Dies gilt sowohl für die Produkte als auch für die Herstellungsprozesse. Um weiterhin dem steigenden Anspruch gerecht werden zu können, qualitativ hochwertige Produkte bei kürzesten Lieferzeiten und gleichzeitig niedrigen Rohmaterial- und Fertigwarenbeständen zu produzieren, konzentriert sich Manitowoc seit vielen Jahren verstärkt auf die unternehmensweite Aufdeckung von Verschwendung und die nachhaltige Eliminierung.

Die Nachfrage in der Baumaschinenbranche ist je nach Wirtschaftsklima zyklisch und stellt somit höchste Anforderungen an die Flexibilität des Produktionswerkes und dessen Partner entlang der Wertschöpfungskette. Dazu gehört u. a. die rasche Anpassung aller Kapazitäten an die jeweilige wirtschaftliche Situation. Eine kontinuierliche Weiterentwicklung des Werkes erscheint in diesem instabilen Umfeld schwierig, ist aber zwingend notwendig, um weiterhin erfolgreich am Markt agieren zu können. Die Montagebereiche

Abb. 15.2 Grove für Mobilkrane. (Quelle: Manitowoc)

des Werkes haben nur einen kleineren Anteil an der Wertschöpfung der Maschinen im Vergleich zu dem Anteil der Lieferanten.

Die erste Fragestellung war also: „Wie kann die Synchronisation der Zulieferer verbessert werden und wie lassen sich Fehlteile am Band vermeiden?" Gerade letztere verursachen in hohem Maße Nacharbeit und hohen Steuerungsaufwand. Bereits im Montageprozess befindliche Maschinen sind nur schwer aus dem Prozess zu nehmen und wenn, nur unter hohem Aufwand bedingt durch Größe und Gewicht.

15.3   Weg der Implementierung

Gestartet wurde mit den Veränderungen in der Produktion, mit dem Wissen und dem Willen, dass das ganze Unternehmen früher oder später in den Veränderungsprozess einbezogen wird. Das Vorgehen bzw. die Implementierung orientiert sich an den sieben Voraussetzungen für wirtschaftlichen Erfolg (s. Abb. 15.3). Diese Voraussetzungen sind als Glieder einer Kette zu sehen und müssen alle erfüllt sein, damit sich Erfolg einstellen kann.

Die Werte und Visionen, aus denen sich dann Strategien zur Entwicklung des Standortes ableiten, sind schnell überarbeitet oder korrigiert, wenn sich organisatorische oder personelle Änderungen in Unternehmen ergeben. Dies führte in der Vergangenheit unmittelbar

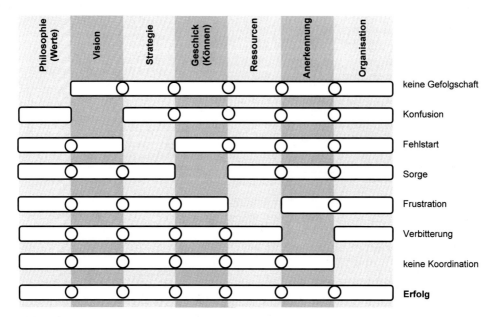

Abb. 15.3 Voraussetzungen für wirtschaftlichen Erfolg. (Quelle: eigene Darstellung nach [1])

zu Verlust der Glaubwürdigkeit und Akzeptanz für Veränderungen auf den mittleren und unteren Hierarchieebenen.

Die klare und langfristige Ausrichtung des Standortes in eine „Richtung" im Sinne einer Vision durch die Geschäftsführung leitete eine Abkehr des bisherigen Vorgehens ein und ist der entscheidende Erfolgsfaktor. Damit verbunden ist u. a. die Kopplung von Plänen mit schnellen Umsetzungsergebnissen und konkreten Investitionen in das Werk sowie die Ausbildung von Mitarbeitern und weitere Maßnahmen zur Organisationsentwicklung.

Konkret wurden in Wilhelmshaven erste Investitionen in die Laser-Hybrid-Schweiß-technologie getätigt, zahlreiche Arbeitsvorbereiter in Methoden wie REFA, Lean und Six Sigma qualifiziert und die Produktionsbereiche mit höheren Freiheitsgraden als autonome Units aufgestellt.

Der Punkt Geschick (Können, s. Abb. 15.3) zielt auf die Auswahl und Vermittlung von Wissen ab; konkret geht es hier um das Methodenset. Aus den Erfahrungen mit Produktionssystemen der letzten Jahre war klar, dass zunächst nur ein kleines, überschaubares Methodenset gebraucht wird, das nach dem Prinzip „Problem zieht Methode" ausgesucht und aufgebaut wird. Als Einstieg in einen nachhaltigen Veränderungs- und Verbesserungsprozess lag es auf der Hand, dass neben Ordnung und Sauberkeit das Erkennen und Eliminieren von Verschwendungen herausfordernde Ziele sind. Somit fiel die „Methodenwahl" im ersten Schritt auf „5S" und „7V". Ordnung und Sauberkeit wurden jedoch sofort um das Thema „Arbeitssicherheit" erweitert, da zwischen den Themen ein direkter innerer Zusammenhang besteht und das Thema Arbeitssicherheit am Standort immer schon einen hohen Stellenwert hat. Bei der Überprüfung von Organisation und Ressourcen geht es darum, frühzeitig zu klären, ob die vorhandenen Strukturen und Kapazitäten für den Veränderungsprozess ausreichend sind.

Der Einstieg in einen nachhaltigen Veränderungsprozess braucht eine kontinuierliche fachliche Begleitung. Die inhaltlichen Vorarbeiten erfolgen genauso wie die fachliche Begleitung des Ausrollprozesses in der Fertigung durch das am Standort Wilhelmshaven angesiedelte Operation Excellence Team (OpX). Aus diesem Team werden Weiterbildungsmaßnahmen zum Thema Lean oder Six Sigma angeboten und Projekte und Workshops unterstützt oder sogar geleitet.

Bei der Umsetzung der Strategie fungieren die fünf Lean-Prinzipien [2] als guter Ratgeber.

1. Die Spezifikation des Wertes für das Unternehmen
Das Werk soll Krane bauen: flexibel in höchster Qualität und effizient.

2. Die Umsetzung des Fließprinzips
Alle Produkte laufen über die Montagelinien in der Losgröße eins.

3. Austaktung auf den Kundenbedarf
Alle Arbeitsinhalte sind unter der Berücksichtigung der aktuellen Nachfrage über die Linien ausbalanciert worden. Das Werk funktioniert im Kundentakt.

4. Die Umstellung auf ziehende Materialversorgung
Sowohl die Andienung des Materials aus den Lagerbereichen als auch die Anbindung der Lieferanten für die Schlüsselkomponenten werden möglichst nach dem Pull-Prinzip organisiert.

5. Das Streben nach Perfektion
Das Schaffen von einem gemeinsamen Verständnis zur Situation ist die Grundlage für die Steigerung der Effizienz des kontinuierlichen Verbesserungsprozesses. Eine noch bessere Transparenz hinsichtlich Kundenfeedback und Werksperformance zu schaffen und diese über alle Ebenen und Bereiche zu kommunizieren, ist daher derzeit ein Kernthema im Werk.

15.4   Erkenntnisse und Erfahrungen

In diesem Abschnitt werden einzelne, ausgewählte Erfahrungen bzw. Ergebnisse, die im Kontext mit den 7 Arten der Verschwendung stehen, in Analogie zu der vorweg beschriebenen Richtschnur erläutert.

1. Das Werk soll Krane bauen: flexibel in höchster Qualität und effizient

Im Sinne dieser Verschwendungsanalyse wurden im Werk Wilhelmshaven nicht nur die „klassischen" Handlungsfelder beleuchtet wie z. B. Verschwendung durch Suchzeiten, Transport oder Bestände. Es wurde in diesem Zusammenhang auch das Entgeltsystem einer genaueren Analyse unterzogen. Bis zu diesem Zeitpunkt erfolgte die Entlohnung der Produktionsmitarbeiter im Gruppenakkord auf Basis von Vorgabezeiten.

Die veränderte Philosophie geht zukünftig davon aus, dass die richtigen Kennzahlen und das systematische Managen derselben zu den richtigen Verhaltensweisen als Grundlage für den Unternehmenserfolg führen. Umgekehrt gilt dies natürlich auch. Eine hohe Erwartungshaltung an die Produktivität des Werkes gekoppelt an eine Entlohnung der Mitarbeiter im Gruppenakkord steht der Entwicklung hin zu einem schlanken Produktionssystem im Weg. Eine Reduzierung der Standard-Vorgabestunden bei Umwandlung von Verschwendung in Produktivzeiten läuft konträr zur bisherigen Kennzahl Produktivität. Eine Reduzierung dieser Zeiten liegt also nicht im Interesse der Akkordgruppe. Außerdem wurde bei der Analyse ein hoher Verwaltungsaufwand seitens der Arbeitsvorbereitung deutlich, um eine gerechte Entlohnung am Monatsende zu garantieren. Das lag u. a. daran, dass bei Wartezeiten bzw. Problemen, die seitens der Mitarbeiter nicht zu verantworten sind, die Vergütung mit dem durchschnittlichen Stundenverdienst zu erfolgen hat. Dies führte in der Vergangenheit zu einem höchst aufwendigen und intransparenten Stundenverschreibungssystem, das von den Montagelinien bis zur Entgeltabrechnung reichte. Als Resultat erhielten die Beschäftigten ein nahezu konstantes Entgelt, obwohl eine Akkordentlohnung vorlag. Ein Mehrwert für das Unternehmen war nicht erkennbar und der Frage, warum die Unterbrechungen, Störungen etc. auftreten, wurde nicht nachgegangen. Folglich wurden die Probleme auch nicht nachhaltig behoben.

In enger Zusammenarbeit mit dem Betriebsrat wurde ein neues Prämienmodell entwickelt, dass den Anforderungen der neuen Philosophie gerecht wird. Die Durchlaufzeit der Produkte und die Produktivität wurden als Bewertungsfaktoren gleichgestellt. Die Balance dieser beiden Kennzahlen führt zu einer entsprechenden Prämie:

► Prämie = Basis x Produktivität [%] x Zielerreichung Durchlaufzeit [%]

Diese neue Prämie hat sich inzwischen bewährt und bietet eine gute betriebliche Lösung bezüglich der skizzierten Problematik. Parallel konnte das Berichtswesen entsprechend vereinfacht werden. Weiterhin hat sich die Rolle des Arbeitsvorbereiters vom Stundenbericht-Schreiber hin zum „Prozessverbesserer" entwickelt.

2. Alle Produkte laufen über die Montagelinien in der Losgröße eins

Bei der Identifikation des Wertstroms wurden zunächst alle Aktivitäten erfasst und dargestellt, um einen Überblick aus der Vogelperspektive zu erhalten. Dabei wurden auch die Bearbeitungszeiten der einzelnen Prozessschritte erfasst. Zu jedem Arbeitstakt liegen heute aktuelle REFA-Ablaufstudien vor. In der Addition der wertschöpfenden und nicht wertschöpfenden Zeiten entlang des Wertstroms wurde deutlich, dass in nur einem relativ geringen Bruchteil der Durchlaufzeit des Produktes Wertschöpfendes geleistet wird. Weiterhin wurden Engpässe sichtbar, an denen sich die Arbeit staut. In den darauf aufbauenden Analysen ging es darum, diese Verschwendung zu erkennen und zu beseitigen.

3. Alle Arbeitsinhalte sind unter der Berücksichtigung der aktuellen Nachfrage über die Linien ausbalanciert worden. Das Werk funktioniert im Kundentakt
Nach dem Flussprinzip soll die Arbeit ruhig entlang des Wertstroms fließen mit gleichmäßiger Geschwindigkeit, ohne Stauungen oder Wartezeiten an den einzelnen Arbeitsplätzen. Neben der richtigen Austaktung der einzelnen Montagelinien wurde zur Verbesserung der Regelkommunikationsprozess untersucht und verbessert. Häufig wurde in der Vergangenheit ein Auftrag begonnen, ohne sicherzustellen, dass alle benötigten Informationen und Komponenten verfügbar waren. Die daraus resultierenden Störungen führten nicht selten dazu, dass ein bereits begonnener Kran mit großem Aufwand aus der Linie ausgeschleust wurde und in der Halle „zwischengeparkt" wurde. Zur Vermeidung dieser Verschwendung wurde u. a. an der Verbesserung der Regelkommunikation gearbeitet. In den einzelnen Fertigungsbereichen werden vor Ort zweimal täglich folgende Fragen diskutiert:

- Wie lief es gestern?
- Wie wird die Produktion heute funktionieren?
- Was kann getan werden, damit es morgen besser läuft?

An diesen Meetings nehmen neben der Produktion die Funktionen Logistik, Qualität, Engineering teil. Vor Ort werden Entscheidungen getroffen, Aufgaben verteilt und notfalls auch Probleme eskaliert. Ebenfalls zweimal am Tag treffen sich dazu übergeordnet die Vertreter der einzelnen Bereiche und Funktionen unter der Regie des Produktionsleiters an einem zentralen Board. Von der Mitarbeitereinsatzplanung über die Materialverfügbarkeit bis hin zu aktuellen Qualitätsthemen steht alles, was den reibungslosen Verlauf des Fertigungstages stören könnte, auf der Agenda der Teams.

4. Sowohl die Andienung des Materials aus den Lagerbereichen als auch die Anbindung der Lieferanten für die Schlüsselkomponenten wurde nach dem Pull-Prinzip organisiert
Das Handling des Materials ist gerade im Montagewerk eine Kernaufgabe, deren erfolgreiche Bewältigung den Unterschied ausmachen kann. Entscheidende Projekte in Wilhelmshaven sind die Einführung eines Rundverkehrszuges zur Materialversorgung, Direktanlieferung an den Verbrauchsort für Standardkomponenten, die in jeder Maschine verbaut werden, sowie ein effektives Kleinteile-Management durch einen externen Dienstleister.

5. Das Streben nach Perfektion
Das Erreichte immer wieder auf den Prüfstand zu stellen und auch mit Misserfolgen umzugehen, um dann erneut sich wieder mit einem Problem zu reiben. Den „Deming-Kreis"

mit konkreten Maßnahmen zu füllen und das Hamsterrad immer am Laufen zu halten, steckt hinter dem fünften Punkt.

15.5 Fazit

Die Basis für einen erfolgreichen Veränderungsprozess ist die Einbindung der Beschäftigten in den Prozess sowie die uneingeschränkte und aktive Unterstützung durch das Topmanagement. Beides hat im vorliegenden Beispiel bei Manitowoc im Werk Wilhelmshaven dazu beigetragen, dass der vor Jahren eingeschlagene Weg hin zu stabilen, beherrschbaren und transparenten Prozessen erfolgreich beschritten wird. Dazu wurden entsprechend dem Reifegrad des Unternehmens einzelne Schritte definiert und deren Umsetzung einschließlich Training der Beschäftigten konsequent verfolgt. Bei Manitowoc hat sich durch die erfolgreiche Umsetzung ein positives Momentum entwickelt, dass nun als Grundlage für die weitere Entwicklung des Standortes genutzt werden kann.

Hinweise zu den Methoden, die in diesem Praxisbeispiel vorrangig beschrieben werden, finden Sie in *Teil I – Methoden zur Prozessverbesserung* des Buches in folgenden Kapiteln:

- Kapitel 2: 7 Arten der Verschwendung (7V)
- Kapitel 11: Wertstrommanagement

Literatur

1. Dobyns L, Crawford-Mason C (1994) Thinking about Quality, Progress, Wisdom and the Deming Philosophy. Times Book, New York
2. Womack JP, Jones DT (2004) Lean Thinking: Ballast abwerfen, Unternehmensgewinn steigern. Campus, Frankfurt/New York

Verbesserungspotenziale erkennen und konsequent nutzen – Praxisbeispiel

Michael Pfeifer und Giuseppe Ausilio

16.1 Vorstellung des Unternehmens

Das Unternehmen ist ein deutschlandweit tätiger Instandsetzer von schweren Nutzfahrzeugen. Das Unternehmen entstand in den 1960er-Jahren und gehört, seit den späten 1970er-Jahren zu einer Unternehmensgruppe, die in branchenspezifische Unternehmenseinheiten gegliedert ist. Es beschäftigt ca. 220 Mitarbeiter. Das Unternehmen verfügt über spezifisches Know-how in allen Gewerken, die für die Komplettinstandsetzung von schweren Nutzfahrzeugen erforderlich sind.

Eine wesentliche Differenzierung zum Wettbewerb ist die Fähigkeit, Neuwertinstandsetzungen aus einer Hand anbieten zu können.

16.2 Ausgangssituation

Für das Unternehmen bestand die Herausforderung darin, dass sich die Erwartungen der Kunden signifikant verändern. In der Vergangenheit setzte man die Fahrzeuge nach einem Schadensbild, welches durch eine umfangreiche Schadensanalyse – der sogenannten Befundung – detailliert ermittelt wurde, instand.

M. Pfeifer (✉)
Verband der Metall- und Elektroindustrie des Saarlandes e. V. (ME Saar),
Saarbrücken, Deutschland
E-Mail: pfeifer@mesaar.de

G. Ausilio
Köln, Deutschland

© Springer-Verlag Berlin Heidelberg 2016
Institut für angewandte Arbeitswissenschaft e.V. (ifaa) (Hrsg.), *5S als Basis des kontinuierlichen Verbesserungsprozesses,* ifaa-Edition, DOI 10.1007/978-3-662-48552-1_16

111

Mittlerweile erwarten die Kunden einzelne Instandsetzungspakete, die zu Festpreisen angeboten werden müssen. Die Befundung des jeweiligen Schadensbildes ist dabei für die Paketpreise unerheblich.

Darüber hinaus werden von den Kunden größere Instandsetzungsaufträge heute europaweit ausgeschrieben und auch vergeben.

Für das Unternehmen bedeutete das, den kompletten Instandsetzungsprozess, nicht zuletzt unter Kostenaspekten, zu überprüfen und wo nötig, neu zu gestalten.

Eine weitere Herausforderung bestand darin, dass der vorhandene sehr hohe Erfahrungsschatz der Mitarbeiter insbesondere aus den Prozessen der Befundung resultiert. Zudem ist die Belegschaft durch lange Betriebszugehörigkeiten und ein hohes Durchschnittsalter gekennzeichnet.

16.3   Weg der Implementierung

Eine Analyse des Instandsetzungsprozesses ergab, dass er für die neu zusetzenden Prioritäten – nämlich der Festpreisinstandsetzung – in vielen Teilprozessen und Abläufen nicht oder nur unzureichend geeignet war. Mithilfe einer Wertstromanalyse, die vom Instandsetzungsprozess erstellt wurde, war ersichtlich, dass die vorgesehenen Bearbeitungszeiten in einigen Prozessabschnitten stets überzogen wurden. In anderen Prozessbereichen hingegen kristallisierte sich eine termingerechte Bearbeitung des Auftrages heraus. Unterstützend kam bereits in dieser Phase die 5S-Methode zur Beurteilung der Arbeitsplätze – hinsichtlich ihrer prozessgerechten Ausgestaltung – zum Einsatz.

Abbildung 16.1 zeigt den angesprochenen Zeitverzug anhand von zwei exemplarisch untersuchten Aufträgen deutlich auf. Verzögerungen zwischen den Prozessschritten sind rot hervorgehoben.

Die Überschreitung der Vorgabezeiten hat zum einen zu Wartezeiten der nachgelagerten Abteilungen geführt und zum anderen waren hierdurch Kapazitäten für den Folgeauftrag blockiert. In einigen Fällen mussten die Mitarbeiter Überstunden leisten, um den Auftrag zeitgerecht abzuarbeiten. Dies führt selbstverständlich zu Mehrkosten. Diese Abweichung galt es nun zu hinterfragen, um die Ursachen finden und beheben zu können. Denn die stilisierte Darstellung der Wertstromanalyse sagt nichts über die Hintergründe der Abweichungen aus, sie dient vielmehr dem Festhalten des Ist-Zustands. Mit dem Wissen über die hohen Abweichungen zwischen Soll- und Ist-Zeiten konnten nun detaillierter mithilfe von Mitarbeitergesprächen vor Ort die Ursachen ermittelt werden. Hierbei war festzustellen, dass die Probleme selten in der Abteilung zu tage traten, in der sie verursacht wurden, vielmehr tritt das Problem häufig in anderen Phasen des Wertschöpfungsprozesses auf. Dies zeigt, dass das interne Kunden-Lieferanten-Verhältnis nicht konsequent von den Mitarbeitern gelebt wird.

Eine Zusammenfassung der Ergebnisse Prozessablaufanalyse ist in Abb. 16.2 dargestellt. Der Instandsetzungsprozess untergliedert sich grob in die Reinigung der Fahrzeuge (vor Beginn des dargestellten Prozesses), Demontage und Befundung, Komplettzerlegung und Waschen, baugruppenspezifische Instandsetzung, Montage und Zusammenbau, Lackieren und Endprüfung. Der Fertigungssteuerung und der Arbeitsvorbereitung fiel die

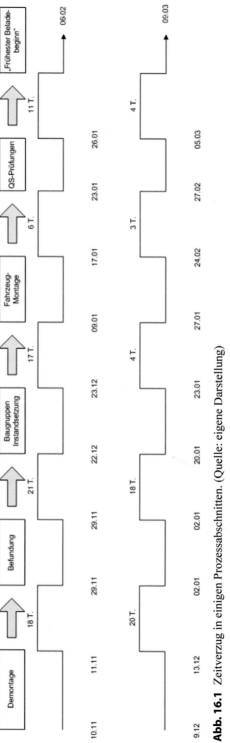

Abb. 16.1 Zeitverzug in einigen Prozessabschnitten. (Quelle: eigene Darstellung)

Aufgabe zu, die sogenannte Befundungstiefe und somit auch die Zerlegungstiefe bei unterschiedlichen Schadensbildern festzulegen und geeignete Instandsetzungspakete zu definieren. Dabei sollten wenige, klar unterscheidbare Pakete geschnürt werden. Die Pakete mussten dann aufgrund des zu erwartenden Aufwands und der benötigten Materialien und Ersatzteilen kalkuliert und mit einem Festpreis versehen werden.

Es haben sich folgende Kernprobleme gezeigt:

- Materialversorgung der Arbeitsbereiche,
- interne Logistik,
- Anordnung und Ausgestaltung der Instandsetzungsarbeitsplätze sowie
- Festlegung und Definition einzelner Instandsetzungspakete.

Die Materialversorgung war in der Vergangenheit durch hohe Lagerbestände sowohl im Wareneingangslager als auch in den Werkstätten geprägt. Darüber hinaus benötigtes Material und Ersatzteile wurden nach der Befundung festgelegt und beschafft. Je nach Lieferzeiten des Materials bzw. der Ersatzteile waren davon auch die Durchlaufzeiten der Fahrzeuge abhängig.

Die neue Konzeption des Logistikprozesses sieht nun vor, die vorhandenen Lagerbestände drastisch abzubauen. Künftig werden die für die definierten Instandsetzungspakete benötigten Ersatzteile zeitnah beschafft, im Wareneingang auftragsspezifisch zugeordnet und just in time zu den Arbeitsplätzen gebracht. Die benötigten Norm- und Kleinteile sind an den Arbeitsplätzen, in fahrbaren Lagergerüsten, bereitgestellt. Die Materialsteuerung dieser Lager übernehmen die Werkstätten.

Um den Instandsetzungsprozess – wo nötig – den neuen Gegebenheiten anzupassen, konnte auf die Ergebnisse der Prozessablaufanalyse (s. Abb. 16.2) zurückgegriffen werden. Die Darstellung verdeutlicht, dass die im oberen Teil abgebildeten Abläufe in den administrativen Bereichen eine Festpreisinstandsetzung nicht ausreichend unterstützen. Neben der AV können bspw. Kundendienst und Qualitätssicherung im Nachgang unabgestimmt zusätzliche Arbeiten oder Erneuerungen veranlassen.

Außerdem wurde festgestellt, dass Teile, Komponenten und Baugruppen zu häufig zwischen den Arbeitsbereichen innerbetrieblich bewegt wurden. Hierdurch entstanden Wartezeiten und zum Teil auch unnötig hohe Pufferbestände bei den instandgesetzten Komponenten und Baugruppen.

Um diese Verschwendung zu reduzieren und gleichzeitig den Instandsetzungsprozess den veränderten Kundenerwartungen anzupassen, entschloss sich das Projektteam, das komplette Werkstattlayout sowie die Prozessabläufe zu überarbeiten. Ziel war es, die Arbeitsplätze so zu gestalten, dass die Fahrzeuge während der Instandsetzung an einem Arbeitsplatz verbleiben können sowie die Komponenten- und Baugruppeninstandsetzung ortsnah erfolgen kann. Dazu waren die Arbeitsplätze so umzurüsten, dass möglichst viele Arbeitsgänge an ein und demselben Arbeitsplatz ausgeführt werden können.

Um die neuen Strukturen effizient zu gestalten, nutzte man während der Umrüstung und Neugestaltung der Arbeitsplätze konsequent die 5S-Methode. Aufgeräumte und standardisierte Arbeitsplätze waren die Folge (s. Abb. 16.3 und 16.4).

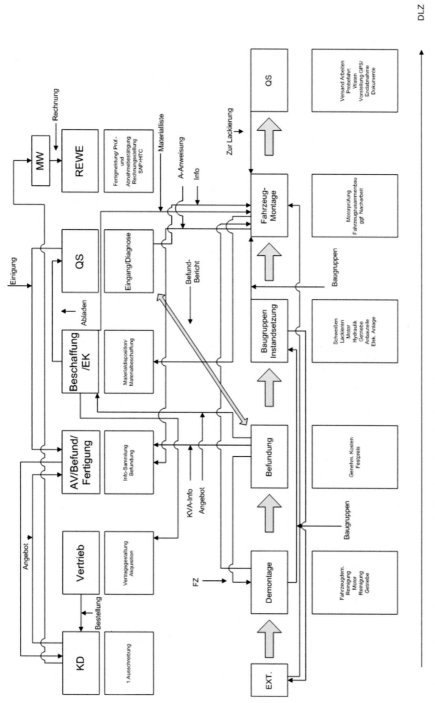

Abb. 16.2 Ergebnisse der Prozessablaufanalyse. (Quelle: eigene Darstellung)

Abb. 16.3 Beispiel für
Materialversorgung an einem
aufgeräumten und standardisierten Arbeitsplatz. (Quelle:
http://www.fotosearch.de/
CSP758/k7589517/Fotosearch,
Bildnummer: k7589517)

Abb. 16.4 Beispiel für Visualisierung des Werkzeugs. (Quelle: http://de.fotolia.com/id/68237706 (Foto-
lia, Bildnummer: 68237706))

Durch die Visualisierung der Standards werden Abweichungen jetzt von der Führungskraft sofort erkannt. Ferner war es notwendig, die Montagearbeiter zu schulen und weiter zu qualifizieren, um sie auf die erweiterten Inhalte an den jeweiligen Arbeitsplätzen vorzubereiten. Eine weitere Maßnahme war die Einrichtung eines sogenannten Kommunikationszentrums an zentraler Stelle in der Werkstatt. Jeder Mitarbeiter hat an dieser Stelle erstmals Zugang zu allen aktuellen technischen und auftragsspezifischen Unterlagen sowie den visualisierten Instandsetzungsprozessen.

16.4   Erkenntnisse und Erfahrungen

Grundsätzlich liefert die exemplarische Erstellung eines Wertstroms allein keine detaillierten Aussagen zu Verschwendungsarten und Verbesserungspotenzialen. Vielmehr hat sich gezeigt, dass das Heben der Verbesserungspotenziale vor Ort mit weiteren Methoden unterstützt werden muss. Im beschriebenen Projekt waren die Hinweise aus der Wertstromanalyse jedoch wichtige Schwerpunkte, um die einzelnen Themenfelder des notwendigen Veränderungsprozesses zu benennen und dann jeweils die Ziele zu definieren. Auf dieser Basis konnte dann das Veränderungsprojekt beschrieben und der Projektplan formuliert werden. Im weiteren Verlauf des Projektes wurde bei der Umgestaltung der Arbeitsplätze regelmäßig die 5S-Methode eingesetzt.

Die Voraussetzungen für den Veränderungsprozess müssen im Unternehmen geschaffen werden. An den Führungskräften liegt es, ihre Mitarbeiter dafür zu gewinnen, aktiv mitzumachen, mitzudenken und sich im Veränderungsprozess zu engagieren.

16.5   Fazit

Von besonderer Bedeutung für das Projekt war es, dass sich die Wertstromanalyse ideal mit den 7 Arten der Verschwendung sowie der 5S-Methode zu einem Werkzeug verbinden ließ, welches in allen Phasen des Projektes immer wieder genutzt werden konnte. Während die Wertstromanalyse viele Informationen für die Projektdefinition und die Projektziele lieferte, konnte im Verlauf der Projektumsetzung immer wieder auf die 7 Arten der Verschwendung sowie die 5S-Methode zurückgegriffen werden. Somit war eine effiziente, an den Zielen orientierte Steuerung des Veränderungsprozesses erst möglich.

Hinweise zu der Methode, die in diesem Praxisbeispiel vorrangig beschrieben wird, finden Sie in *Teil I – Methoden zur Prozessverbesserung* des Buches in folgendem Kapitel:

• Kapitel 11: Wertstrommanagement

Total Productive Maintenance (TPM) – Praxisbeispiel BITZER Kühlmaschinenbau GmbH

17

Jürgen Dörich, Linda Egert und Martin Kukuk

17.1 Vorstellung des Unternehmens

Von Martin Bitzer 1934 in Sindelfingen unter dem Namen „Apparatebau für Kältetechnik" gegründet, ist BITZER heute einer der Weltmarktführer für Kältemittelverdichter. Im Jahr 2008 wandelte das Unternehmen seine Geschäftsform von einer GmbH & Co. KG in eine Societas Europaea (SE) um. Obwohl BITZER sich im Laufe der 80-jährigen Firmengeschichte zu einem international aufgestellten Unternehmen mit 3200 Mitarbeitern, Standorten in 90 Ländern, einem Jahresumsatz von rund 621 Mio. € sowie einem Exportanteil von mehr als 90 % entwickelt hat, fühlt sich das Unternehmen dem Standort Deutschland weiterhin verpflichtet. Bis heute befindet sich der Hauptsitz in Sindelfingen. Das Portfolio besteht aus einem breiten Angebot an Schrauben-, Hubkolben- und Scrollverdichtern sowie Druckbehältern für Kälte- und Klimaanlagen.

Im Jahr 1961 hat Diplom-Ingenieur Ulrich Schaufler die Firma vom Unternehmensgründer übernommen – seit 1979 lenkt sein Sohn, Senator h. c. Peter Schaufler als CEO die Geschicke von BITZER. Unter seiner Leitung entwickelte sich das Unternehmen zu einem international führenden Spezialisten für Kältemittelverdichter. Peter Schaufler setzte sich dabei neben den Traditionsstandorten stets auch für eine globale Ausrichtung ein. So gründete BITZER weltweit 36 Tochterfirmen, unter anderem in Australien, den USA,

J. Dörich (✉)
Südwestmetall Verband der Metall- und Elektroindustrie Baden-Württemberg e. V.,
Stuttgart, Deutschland
E-Mail: doerich@suedwestmetall.de

L. Egert · M. Kukuk
BITZER Kühlmaschinenbau GmbH, Werk Rottenburg-Ergenzingen,
Rottenburg-Ergenzingen, Deutschland

© Springer-Verlag Berlin Heidelberg 2016
Institut für angewandte Arbeitswissenschaft e.V. (ifaa) (Hrsg.), *5S als Basis des kontinuierlichen Verbesserungsprozesses,* ifaa-Edition, DOI 10.1007/978-3-662-48552-1_17

im Vereinigten Königreich, Südafrika, Brasilien und China. BITZER hat 2013 zudem die Versorgung mit Ventilen, Lötadaptern und Fittings seiner Standorte durch die Übernahme des traditionsreichen Armaturenwerkes Altenburg GmbH (AWA) gesichert. Bereits 2012 hatte BITZER das finnische Unternehmen Lumikko Technologies Oy in die Firmengruppe integriert und so seine Position im Bereich Truck- und Trailer-Kühlung ausgebaut.

BITZER investiert konsequent in die Zukunft: Kürzlich vergrößerte das Unternehmen nach zwölf Monaten Bauzeit das Werk Rottenburg-Ergenzingen von 18.000 auf 27.000 m² Produktions- und Lagerfläche. Außerdem errichtet BITZER auf dem Gelände ein neues Multifunktionsgebäude, das ein internationales Trainings- und Schulungszentrum beherbergt. Auch das weltweite Kompetenzzentrum für Hubkolbenverdichter in Schkeuditz bei Leipzig baut BITZER kräftig aus: Auf einem 16.000 m² großen Grundstück in unmittelbarer Nähe zum Hauptwerk werden Produktions-, Lager- und Versandgebäude erstellt.

Die BITZER Firmengruppe ist der weltgrößte unabhängige Hersteller von Kältemittelverdichtern. Der Schlüssel zum Erfolg liegt in den erheblichen Anstrengungen im Bereich Forschung und Entwicklung. Kontinuierlich wird an neuen technischen Lösungen, die gemeinsam mit dem Kunden erprobt werden, gearbeitet. Alle technischen Komponenten werden auf diese Weise, im Sinne einer konsequenten Kundenorientierung, weiterentwickelt. Dabei liegt der Schwerpunkt auf universeller Anwendbarkeit, optimaler Qualität, langer Lebensdauer, geringer Wartung sowie hoher Betriebssicherheit und Zuverlässigkeit in der industriellen Anwendung.

17.2 Ausgangssituation

Auf Basis einer stabilen wirtschaftlichen Situation hat die Geschäftsleitung im Jahre 2005 einen Veränderungsprozess initiiert. Dieser sah eine ständige Verbesserung der gesamten Fertigung vor. Obwohl zu dieser Zeit kein akuter betriebswirtschaftlicher Druck bestand, war für die Initiatoren klar, dass nur eine ständige Weiterentwicklung die Wettbewerbsfähigkeit des Unternehmens langfristig erhalten kann. Um die verschiedenen eingesetzten Lean-Tools an einem Ziel auszurichten, entstand das BITZER-Produktionssystem (BIPROS).

BITZER fertigt am Standort Rottenburg-Ergenzingen kundenauftragsbezogen Schraubenverdichter für Kälte- und Klimaanwendungen. Eine große Herausforderung für den gesamten Produktentstehungsprozess ist dabei, die zum Teil hohe kundenspezifische Produktvarianz. Die Kunden sind es gewohnt, ihre Produkte, modifiziert auf die jeweilige Anwendungsart, schnell und in höchster Qualität zu erhalten. Diese hohe Varianz und die geringen Stückzahlen (kleine Losgröße) fordern eine hohe Flexibilität nicht nur in der Produktion, sondern auch im gesamten Unternehmen. Die Geschäftsleitung und Arbeitnehmervertretung erkannten frühzeitig, dass bei diesen hohen Anforderungen eine Steigerung der Attraktivität des Unternehmens bei Kunden und Mitarbeitern zur Wettbewerbsfähigkeit des Standortes in Deutschland beiträgt. In diesem Fall soll die Steigerung der Attraktivität durch die im Produktionssystem vorgegebenen Leitbilder der Kundenorientierung und Arbeitsplatzsicherung erzielt werden.

Um den Standort Rottenburg Ergenzingen auch zukünftig zu sichern, waren aus Sicht der Geschäftsleitung folgende Ziele zur strategischen Ausrichtung der Produktion notwendig:

- Kundenorientierung
- Kurze Lieferzeiten
- Hohe Qualität
- Flexibilität
- Bestandsminimierung
- Qualifizierte Mitarbeiter

17.3   Weg der Implementierung

Eingebettet in das BITZER-Produktionssystem (s. Abb. 17.1) ist TPM, im BITZER Sprachgebrauch die „ganzheitliche Anlagenbetreuung", eine der wesentlichen Methoden zur Stabilisierung der internen Prozesse durch eine hohe Verfügbarkeit der Maschinen und Anlagen in der mechanischen Fertigung. Hierbei bildet die Methode 5S einen

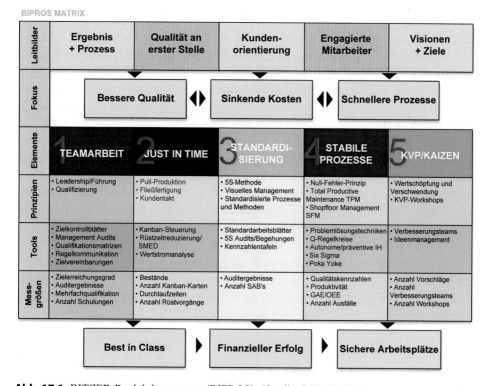

Abb. 17.1 BITZER-Produktionssystem (BIPROS). (Quelle: BITZER SE)

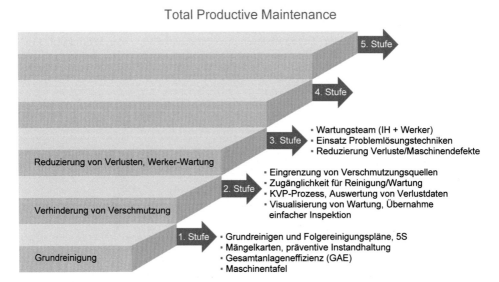

Abb. 17.2 BITZER-TPM (ganzheitliche Anlagenbetreuung). (Quelle: BITZER SE)

wesentlichen Ausgangspunkt. Orientiert an der klassischen Vorgehensweise des TPM hat ein interdisziplinär und bereichsübergreifend zusammengestelltes Team ein für BITZER spezifisches TPM-Konzept entwickelt. Das Konzept beschreibt eindeutig, in wie vielen Stufen TPM eingeführt wird, die fachlichen Inhalte der einzelnen Stufen sowie die Ziele, die durch TPM erreicht werden müssen. Außerdem sind die Themen Qualifikation und Zeitplan integrale Bestandteile des Konzeptes. Zur Gewährleistung eines nachhaltigen Prozesses wurde je Stufe ein Auditbogen entwickelt, der inzwischen weltweit zum Einsatz kommt. Hervorzuheben ist bei diesem Konzept, dass die Arbeitnehmervertretung zu jedem Zeitpunkt aktiv eingebunden war und ist.

Abbildung 17.2 macht deutlich, dass bei BITZER die Einführung von TPM ein Entwicklungsprozess ist, bei dem zur Zielerreichung stufenweise die notwendigen fachlichen Inhalte definiert werden. Deshalb sind innerhalb von ca. fünf Jahren erst drei von fünf Stufen als interner Standard explizit festgelegt. Das TPM-Konzept sieht vor, alle Mitarbeiter aktiv in den Optimierungsprozess mit einzubinden. Dazu wird von Stufe zu Stufe mehr Verantwortung auf die Produktionsmitarbeiter übertragen.

TPM als Teil des strategischen Konzeptes zur Sicherung des Standorts
Abgeleitet aus den strategischen Unternehmenszielen werden durch TPM stabile, effektive und reproduzierbare Prozesse erreicht, die sich auf folgende Kenngrößen positiv auswirken:

- Betriebszeiten
- Bestände
- Maschinenverfügbarkeit

- Lebensdauer einer Maschine
- Fehlerquote
- Maschineneffektivität
- Instandhaltungskosten
- ROI (Return on Investment)

Wichtig ist hierbei die aktive Einbindung möglichst aller Mitarbeiter auf Basis einer umfangreichen Qualifizierung. Diese ist auch eine wesentliche Voraussetzung für die Akzeptanz der Methode. Durch TPM werden die Eigenverantwortung und das Wissen der Mitarbeiter für den eigenen Arbeitsprozess gesteigert und die Leistungserwartung transparent gemacht. Zur Förderung dieser Eigenverantwortung werden die Mitarbeiter aber nicht nur geschult, sondern auch in den gesamten Optimierungsprozess des Arbeitsumfeldes und der Arbeitssicherheit integriert. Dabei stellt eine solche Optimierung keine Kampagne dar, sondern wird zu einer der täglichen Arbeitsaufgaben der Maschinenbediener. Ebenso wird das Abweichungsmanagement durch ein strukturiertes und konsequentes Vorgehen erleichtert. Dies hat zur Folge, dass Arbeitsprozesse ruhiger und störungsfreier werden und sich die Belastung der Mitarbeiter vermindert.

17.4 Erkenntnisse und Erfahrungen

Erforderliche Rahmenbedingungen für ein nachhaltig erfolgreiches TPM:

- Das Management muss von TPM überzeugt sein und diesen Prozess aktiv unterstützen.
- Das Konzept muss den firmenspezifischen Rahmenbedingungen angepasst sein.
- Die Methode TPM muss im Unternehmenssystem integriert sein.
- Die Arbeitnehmervertretung muss frühzeitig eingebunden werden.
- Ein TPM-Koordinator ist zwingend erforderlich.
- Eine TPM-Organisation ist zwingend erforderlich.
- Zur internen Entwicklung der Methode müssen alle betroffenen Funktionsbereiche eingebunden sein (z. B. Instandhaltung, Arbeitsvorbereitung ...).
- Die notwendigen Ressourcen müssen bereitgestellt werden.

Das Vorhandensein dieser Rahmenbedingungen ist Grundlage für ein nachhaltig erfolgreiches firmenspezifisches Konzept. Bei BITZER wurde das Konzept langfristig angelegt und für die Einführung von TPM Stufe für Stufe beschrieben (s. Abb. 17.2). Zur Erreichung einer Stufe muss diese noch durch ein internes Audit bestätigt werden. Die Ergebnisse der internen Audits sowie alle entsprechenden Daten einer Maschine werden dann vor Ort ausgehängt und sind für alle nachzulesen (s. Abb. 17.3).

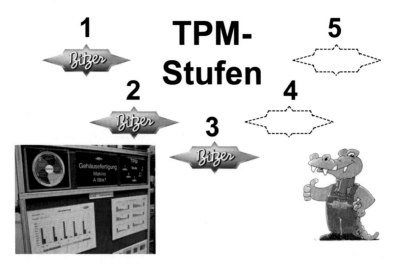

Abb. 17.3 BITZER-TPM Auditergebnisse. (Quelle: BITZER SE)

17.5 Fazit

Der eingeschlagene Weg im Veränderungsprozess hat inzwischen nicht nur in Rottenburg, sondern auch an anderen nationalen und internationalen Standorten an Akzeptanz gewonnen. Er wird konsequent vom Management vorgelebt und eingefordert und bei veränderten Rahmenbedingungen gemeinsam weiterentwickelt. Es wurde erkannt, dass die Art und Qualität der Information, Qualifizierung und Prozessbetreuung seitens der Führungskräfte die wesentlichen Elemente für das Gelingen des Veränderungsprozesses sind. Die Veränderungsprozesse waren so gestaltet, dass bei allen Beteiligten die Akzeptanz für und die Identifikation mit den gemeinsamen Zielen geschaffen wurde. Dafür waren oft mehrere Informations- oder Qualifikationsschleifen erforderlich. In der Fläche des Unternehmens kann so etwas nur dann erfolgreich sein, wenn Informations- und Qualifikationswege in der Führungskaskade sorgfältig vorbereitet und heruntergebrochen werden. Alle Beteiligten haben gelernt, dass solch ein Veränderungsprozess nicht statisch ist, sondern sich im Sinne einer lernenden Organisation kontinuierlich weiterentwickelt. Dabei sind sowohl die gewonnenen Erfahrungen zu beachten als auch die Veränderungen der äußeren und inneren Rahmenbedingungen.

Eine weitere Erkenntnis ist, dass der Einsatz der richtigen Methoden einen motivierenden Effekt bei den Mitarbeitern auslöst. In Sinne von „Problem zieht Methode" kamen anfangs einfachste Methoden zum Einsatz, wie z. B. die Methode 5S, 7 Arten der Verschwendung oder fünf „Warum?"-Fragen. Diese waren die Basis zum Erkennen von Potenzialen, der Erleichterung der täglichen Arbeit und unterstrichen die Bedeutung des kontinuierlichen Verbesserungsprozesses. Hieraus lässt sich ableiten, dass zukünftig der Reifegrad der Organisation darüber entscheiden wird, bei welchen Problemen auch anspruchsvollere Methoden zum Einsatz kommen werden.

Hinweise zu der Methode, die in diesem Praxisbeispiel vorrangig beschrieben wird, finden Sie in *Teil I – Methoden zur Prozessverbesserung* **des Buches in folgendem Kapitel:**

- Kapitel 6: Total Productive Maintenance (TPM)

Total Productive Maintenance (TPM) – Praxisbeispiel WILO SE

18

Christoph Sträter

18.1 Vorstellung des Unternehmens

Die WILO SE ist einer der weltweit führenden Hersteller von Pumpen und Pumpensystemen für Heizung-, Belüftungs- und Klimaanlagen sowie Wasserversorgung, Abwasserentsorgung und Kläranlagen. Die Historie der WILO-Gruppe beginnt im Jahr 1872, in dem die Kupfer- und Messingwarenfabrik Louis Opländer in Dortmund gegründet wurde.

Mittlerweile ist die WILO SE mit über 60 Niederlassungen und 15 Produktionsstandorten weltweit vertreten. Das Unternehmen stellt somit einen erstklassigen technischen Support und seine Dienstleistungen weltweit bereit.

WILO ist Marktführer bei hocheffizienten Pumpensystemen für die Anwendung in Building Services, Water Management und Industry. In diesen Marktsegmenten bietet die WILO-Gruppe eine weitgefächerte Produktpalette an. Sie reicht von WILO-Geniax, dem dezentralen Pumpensystem für die Nutzung von Einfamilienhäusern und gewerblichen Gebäuden, über die Hocheffizienzpumpen wie WILO-Stratos und WILO-Yonos bis hin zu großen Kühlwasserpumpen für Kraftwerke.

In dem Marktsegment Building Services wurden in den letzten Jahren vermehrt innovative Systeme aus optimal aufeinander abgestimmten Komponenten vorangetrieben, da die Forderung dieser Systeme aufgrund wirtschaftlicher Nutzung von Gebäuden stetig steigt.

Im Bereich Water Management wird daran gearbeitet, eine sichere Wasseraufbereitung und -versorgung zu gewährleisten. Aufgrund der Bedeutung des Rohstoffes „Wasser" und der zunehmenden Wasserknappheit in bestimmten Regionen der Erde, wurden WILO Pumpen so konzipiert, dass sie ein Höchstmaß an Zuverlässigkeit, Flexibilität und Effizienz

C. Sträter (✉)
WILO SE, Dortmund, Deutschland
E-Mail: christoph.straeter@wilo.com

© Springer-Verlag Berlin Heidelberg 2016
Institut für angewandte Arbeitswissenschaft e.V. (ifaa) (Hrsg.), *5S als Basis des kontinuierlichen Verbesserungsprozesses,* ifaa-Edition, DOI 10.1007/978-3-662-48552-1_18

garantieren. Stärken im Marktsegment Industry liegen insbesondere in den Anwendungen in der Eisen- und Stahlindustrie, im Bergbau und in der Energieerzeugung. Auf einer ausgreifenden, leistungsfähigen Produktpalette, dem vernetzten Wissen und dem effektiven Qualitätsmanagement basiert die anerkannte Kompetenz der WILO-Gruppe.

Um weiter einer der weltweit führenden Hersteller von Pumpen und Pumpensystemen zu sein, engagiert sich das Unternehmen mit einem festen Blick auf die Zukunft in Forschung und Entwicklung. Des Weiteren wandelt sich WILO zunehmend von einem Produkt- zu einem Systemlieferanten. Gemeinsam setzen über 7000 Mitarbeiter weltweit visionäre Ideen in intelligente Lösungen um, die in der Branche Maßstäbe setzen. Dabei wird der menschliche Faktor nicht aus den Augen verloren, da für ihn hochwertige und innovative Produkte entwickelt werden, die das Leben der Menschen einfacher und effizienter gestalten sollen. Das nennt WILO: Pioneering for You.

18.2 Ausgangssituation

Die Erfüllung von QKL-Zielen (Qualität, Kosten, Lieferperformance) steht heute mehr und mehr im Fokus und bestimmt maßgeblich den Erfolg von Unternehmen. Um diesen Zielen gerecht zu werden ist die hundertprozentige Verfügbarkeit gerade von Schlüsselanlagen erforderlich. Sie haben einen direkten Einfluss auf den Unternehmenserfolg und müssen daher in einem einwandfreien Zustand gehalten werden. Diese Anlagen können durch unterschiedliche Kriterien charakterisiert werden, z. B. durch ihre Einzigartigkeit bezüglich der Prozesstechnologie im Produktionssystem oder ihre Eigenschaft, ein Engpass innerhalb des Wertstroms zu sein.

Aber auch durch die immer engere Verkettung von Prozessen untereinander ist es zwingend erforderlich, dass die Anlagen in den Prozessen zuverlässig arbeiten, da eine Störung bei immer kleiner werdenden Pufferbeständen zwischen den Prozessen nicht nur Auswirkungen auf den Prozess selber hat, sondern auch auf die vor- und nachgelagerten Prozesse.

Aus dieser Situation heraus hat sich WILO dazu entschieden, verschiedene Kategorien für die Anlagen zu definieren. Die Kategorisierung der Anlagen erfolgt durch die Trennung in Schlüssel- und Nichtschlüsselanlagen. Den Kategorien werden zielgerichtete individuelle TPM-Maßnahmen zugeordnet, um mit einem bedarfsorientierten Aufwand die Anlagen in einem betriebsfähigen Zustand zu halten. Die daraus entwickelte Strategie beinhaltet die Einordnung der Anlagen in Kategorien, die Einschätzung der Kritizität und die entsprechenden Maßnahmen und Schritte, die über einen zu planenden Zeitraum durchzuführen sind.

18.3 Weg der Implementierung

Ausgangspunkt ist zunächst die Schaffung robuster Prozesse im Unternehmen. Dazu zählt unter TPM-Gesichtspunkten vor allem die 5S-Methode, denn standardisierte Abläufe, feste Plätze für die notwendigen Arbeitsgegenstände und eine permanente Anpassung des

Tab. 18.1 Kategorien, Herausforderungen und TPM-Strategie. (Quelle: eigene Darstellung)

Kategorie	Herausforderung	TPM-Strategie
Wertstrom	Die Anlage stellt einen Engpass bezogen auf verschiedene Wertströme dar	TPM zur Vermeidung von langen Stillstandszeiten
Technologie	Neue Technologie	TPM zur Steigerung der Maschinenkenntnis
Kapazität	Die Anlage stellt im Wertstrom einen Kapazitätsengpass dar	TPM zur Reduzierung der Verluste
Prozess	Die Anlage ist eng mit anderen Prozessen verkettet	TPM zur Vermeidung von kurzen Ausfällen

Arbeitsbereiches an aktuelle Rahmenbedingungen sind die Grundvoraussetzung für die Schaffung einer verschwendungsarmen und damit TPM-geeigneten Arbeitsumgebung.

Ein Betriebsmittelausfall einer NichtsSchlüsselanlage hat keine unmittelbaren Auswirkungen auf die QKL-Ziele. Für solche Betriebsmittel stehen ausschließlich grundlegende Instandhaltungsaktivitäten im Fokus. Diese bestehen im Allgemeinen aus Reinigungs-, Inspizier- und Schmieraktivitäten. Ein konsequentes Messen von Kennzahlen, wie bspw. OEE (Overall Equipment Efficiency), MTTR (Mean Time To Repair) oder MTBF (Mean Time Between Failures) und eine kontinuierliche Verbesserung der Anlage im Sinne des KVP, sind eher von geringerer Bedeutung.

Anders sieht es bei Schlüsselanlagen aus: Zur einfacheren Zuordnung einer individuellen, zielgerichteten TPM-Strategie werden Schlüsselanlagen in Kategorien eingeordnet. Mögliche Kategorien mit der zugehörigen Herausforderung und der resultierenden TPM-Strategie sind in der obenstehenden Tab. 18.1 abgebildet:

Jeder Kategorie sind unterschiedliche Schwerpunkte hinsichtlich einer TPM-Strategie zugeordnet. Die Bausteine, aus der individuelle TPM-Strategien zusammengesetzt sind, sind geclustert und in einer TPM-Pyramide (s. Abb. 18.1) dargestellt. Es wird unterschieden zwischen Bausteinen, um die Anlage zu managen, zu messen und zu verbessern sowie diese neu zu gestalten.

Eine Strategieentwicklung soll hier am Beispiel einer kapazitätsgetriebenen Anlage dargestellt werden. Der Schwerpunkt bei kapazitätsgetriebenen Anlagen liegt per Definition auf der geplanten und autonomen Instandhaltung. Ziel ist es, jede Stillstandszeit der Maschine zu vermeiden, um die Anlage bestmöglich belegen zu können. Darüber hinaus ist eine Ziel-OEE zu berechnen. Diese dient als Ausrichtung und zur Analyse der Lücke zwischen der Ziel- und der aktuellen OEE. Die OEE-Kennzahl wird systematisch zur gezielten Verbesserung der Anlage genutzt, indem Verlustarten, wie z. B. Qualitäts- oder Verfügbarkeitsverluste, visualisiert und analysiert werden. So lassen sich die Haupttreiber für die Stillstandszeiten identifizieren und nachhaltig lösen, wodurch sowohl die Kapazität wie auch die Stabilität der Anlagen erhöht werden kann. Als weiterer Effekt, der durch Stabilisierung der Anlagen erreicht wird, ist die stetige Reduzierung von Pufferbeständen zwischen den Prozessen zu nennen.

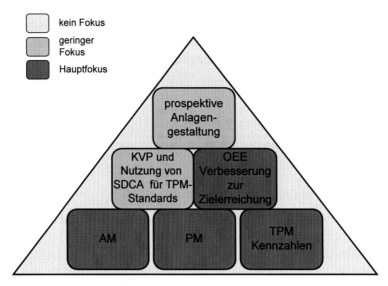

kein Fokus

geringer
Fokus

Hauptfokus

prospektive
Anlagen-
gestaltung

KVP und
Nutzung von
SDCA für TPM-
Standards

OEE
Verbesserung
zur
Zielerreichung

AM

PM

TPM
Kennzahlen

Abb. 18.1 TPM-Pyramide. (Quelle: WILO SE)

Alle Schlüsselanlagen werden zudem auch hinsichtlich ihrer Kritizität untersucht. Dazu wird die Anlage vollständig in ihre Funktionselemente unterteilt. Für jedes der Funktionselemente wird ähnlich dem Vorgehen in einer FMEA (Fehlermöglichkeits- und Einflussanalyse) die Wahrscheinlichkeit, die Bedeutung und die Auswirkung eines Fehlers analysiert. Daraus ergeben sich Risikoklassen, die wiederum Einfluss auf die Priorisierung der TPM-Aktivitäten an der Anlage haben. Darüber hinaus kann durch die Beurteilung der Anlagenkritizität auch eine passende Ersatzteilstrategie ausgewählt werden.

18.4 Erkenntnisse und Erfahrungen

Die Kategorisierung von Maschinen und die damit verbundene Definition einer individuellen TPM-Strategie haben gezeigt, dass Instandhaltungsressourcen zielgerichteter und effizienter genutzt werden können. Die Anlagenzuordnung zu den Kategorien sollte jedoch regelmäßig überprüft werden, da sich die Anforderungen an die Produktion ständig ändern, wie zum Beispiel durch eine veränderte Kundennachfrage. So kann eine Schlüsselanlage, die kapazitätsgetrieben ist, aufgrund einer Änderung im Kundenverhalten, auch zu einer Nichtschlüsselanlage werden, an der nur grundsätzliche TPM-Maßnahmen vorgenommen werden. Eine Neuklassifizierung ist in jedem Fall bei technologiegetriebenen Anlagen erforderlich, nachdem die „Kennenlernzeit" vorüber ist.

18.5   Fazit

Die TPM-Strategie folgt dem Motto: „So viel wie nötig, so wenig wie möglich". Es werden also nur nötige Aktivitäten angestoßen und Kennzahlen erfasst, die zum Betreiben der Anlage erforderlich sind. Dadurch soll der TPM-Aufwand möglichst gering gehalten werden.

Im vergangenen Jahr konnte eine beispielhafte Erfolgsgeschichte für den Einsatz von TPM-Maßnahmen verzeichnet werden. An einer Engpassmaschine wurden durch die Anwendung der verschiedenen TPM-Bausteine und dem Einsatz weiterer WPS-Werkzeuge, wie z. B. Muda-Workshops, SMED-Workshops sowie KVP-Maßnahmen die Verfügbarkeits-, Leistungs- und Qualitätsverluste deutlich reduziert. So konnte die Ist-OEE von 68 auf 75 % gesteigert werden, womit sogar die Ziel-OEE von 71 % übertroffen wurde.

Hinweise zu der Methode, die in diesem Praxisbeispiel vorrangig beschrieben wird, finden Sie in *Teil I – Methoden zur Prozessverbesserung* **des Buches in folgendem Kapitel:**

- Kapitel 6: Total Productive Maintenance (TPM)

Wirkzusammenhänge zwischen der 5S-Methode und dem kontinuierlichen Verbesserungsprozess (KVP) – Praxisbeispiel WILO SE

19

Sabine Hempen

19.1 Vorstellung des Unternehmens

Die WILO SE ist einer der weltweit führenden Hersteller von Pumpen und Pumpensystemen für Heizungs-, Belüftungs- und Klimaanlagen sowie Wasserversorgung, Abwasserentsorgung und Kläranlagen. Die Historie der WILO-Gruppe beginnt im Jahr 1872, in dem die Kupfer- und Messingwarenfabrik Louis Opländer in Dortmund gegründet wurde.

Mittlerweile ist die WILO SE mit über 60 Niederlassungen und 15 Produktionsstandorten weltweit vertreten. Das Unternehmen stellt weltweit einen erstklassigen technischen Support und Dienstleistungen bereit.

WILO ist Marktführer bei hocheffizienten Pumpensystemen für die Anwendung in Building Services, Water Management und Industry. In diesen Marktsegmenten bietet die WILO-Gruppe eine weitgefächerte Produktpalette an. Sie reicht von WILO-Geniax, dem dezentralen Pumpensystem für die Nutzung in Einfamilienhäusern und gewerblichen Gebäuden, über Hocheffizienzpumpen wie WILO-Stratos und WILO-Yonos bis hin zu großen Kühlwasserpumpen für Kraftwerke.

Im Marktsegment Building Services wurden in den letzten Jahren vermehrt innovative Systeme aus optimal aufeinander abgestimmten Komponenten vorangetrieben, da die Anforderungen an diese Systeme aufgrund wirtschaftlicher Nutzung von Gebäuden stetig steigen.

Im Bereich Water Management wird daran gearbeitet, eine sichere Wasseraufbereitung und -versorgung sicherzustellen. Aufgrund der Bedeutung des Rohstoffes „Wasser" und der zunehmenden Wasserknappheit in bestimmten Regionen der Erde, wurden WILO-

S. Hempen (✉)
WILO SE, Dortmund, Deutschland
E-Mail: info@ifaa-mail.de

© Springer-Verlag Berlin Heidelberg 2016
Institut für angewandte Arbeitswissenschaft e.V. (ifaa) (Hrsg.), *5S als Basis des kontinuierlichen Verbesserungsprozesses,* ifaa-Edition, DOI 10.1007/978-3-662-48552-1_19

Pumpen so konzipiert, dass sie ein Höchstmaß an Zuverlässigkeit, Flexibilität und Effizienz garantieren. Stärken im Marktsegment Industry liegen insbesondere in den Anwendungen in der Eisen- und Stahlindustrie, im Bergbau und in der Energieerzeugung. Auf einer ausgreifenden, leistungsfähigen Produktpalette, dem vernetzten Wissen und dem effektiven Qualitätsmanagement basiert die anerkannte Kompetenz der Wilo-Gruppe.

Um weiter einer der weltweit führenden Hersteller von Pumpen und Pumpensystemen zu sein, engagiert sich das Unternehmen mit einem festen Blick auf die Zukunft in Forschung und Entwicklung. Des Weiteren wandelt sich WILO zunehmend von einem Produkt- zu einem Systemlieferanten. Gemeinsam setzen über 7000 Mitarbeiter weltweit visionäre Ideen in intelligente Lösungen um, die in der Branche Maßstäbe setzen. Dabei wird der Mensch nicht aus den Augen verloren, da für ihn hochwertige und innovative Produkte entwickelt werden, die das Leben der Menschen einfacher und effizienter gestalten sollen. Das nennt WILO: Pioneering for You.

19.2 Ausgangssituation

Prozessverbesserungen in der WILO-Gruppe orientieren sich an den Grundprinzipien des WILO-Produktionssystems (WPS), welches an den Leitsätzen der schlanken Produktion ausgerichtet und gleichzeitig für die Bedürfnisse der unterschiedlichen Fertigungstypologien der WILO-Gruppe adaptiert wurde. Grundgedanke des WPS ist, dass sich alle Aktivitäten zur Verbesserung der Prozesse an einer gemeinsamen Zieldefinition und einer damit verknüpften Strategie orientieren. Diese wird zu Beginn des Jahres definiert und im Policy Deployment festgehalten, in welchem von übergeordneten Business-Zielen Ziele auf Prozessebene abgeleitet und somit operationalisiert werden. Zur Erreichung dieser Ziele werden im Wesentlichen Methoden des WPS wie TPM, Auto Quality, just in time, Standardisierung etc. angewendet.

Ein wesentlicher Bestandteil des WPS ist, neben der 5S-Methode, der kontinuierliche Verbesserungsprozess (KVP). Dieses Grundprinzip beschreibt die Einbindung aller Mitarbeiter in Verbesserungsaktivitäten. Voraussetzung hierfür ist, dass die Mitarbeiter in die Lage versetzt werden, sich kritisch mit den Prozessen auseinanderzusetzen, Verbesserungsvorschläge einbringen können und in die Umsetzung eingebunden werden.

Die Praxis zeigt jedoch, dass Verbesserungen häufig als lokale, auf einzelne Themen beschränkte und zeitlich begrenzte Verbesserungsprojekte durchgeführt werden. Insbesondere bei komplexen Problemstellungen werden Experten aus Stabsfunktionen mit der Durchführung der Verbesserungsprojekte beauftragt, sodass Verbesserungen meistens als Projekte außerhalb der Aufbauorganisation und ohne eine tragende Rolle der prozessnahen Mitarbeiter umgesetzt werden.

Die Herausforderung besteht basierend auf dieser Ausgangssituation darin, vermehrt Mitarbeiter aus der Fertigung in einen systematischen Verbesserungsprozess zu integrieren. Ziel ist es, die Erfahrung und Prozesskenntnisse der Mitarbeiter in den Verbesserungsprozess einzubinden und somit alle zur Verfügung stehenden Potenziale ausschöpfen zu können und Prozesse im Sinne des Kundenbedarfs effizienter zu gestalten. Aus diesem Grund müssen die aus dem KVP entstehenden Aufgaben in den täglichen Arbeitsablauf und damit auch in die Arbeitsaufgabe produktionsnaher Mitarbeiter integriert werden. Das bedeutet, dass alle Mitarbeiter sich kritisch mit ihren Arbeitsprozessen auseinandersetzen, prozessorientiert denken und eigene Ideen für Verbesserungen zur verschwendungsarmen und effizienten Prozessgestaltung einbringen und umsetzen sollen. Dabei sollte jede Verbesserung aus geplanten und gezielten Veränderungen des Produktionsprozesses resultieren. Hierzu sind auf Prozessebene operationalisierte Ziele zu definieren, die von den übergeordneten Unternehmenszielen und deren -strategie abgeleitet werden. Indem Ziele klar kommuniziert werden, ist es möglich, Probleme zu identifizieren, die durch Abweichung des aktuellen Prozesses vom gewünschten Zustand erkannt werden können. Um die Prozesse dahingehend zu verbessern, müssen diese Probleme unmittelbar und systematisch von Mitarbeitern der Produktion gelöst werden, wozu die Plan-Do-Check-Act-Methode (PDCA-Methode) angewendet wird. Der richtige Einsatz von Methoden zeigt sich als ein wichtiger Erfolgsfaktor im Rahmen des KVP.

Die in diesem Beispiel gewählte Methode orientiert sich an der Verbesserungs- und Coaching-Kata nach [2]. Die bei Rother beschriebene Vorgehensweise umfasst die folgenden Schritte:

1. Orientieren am Idealzustand,
2. Analysieren des Ist-Zustandes,
3. Erarbeiten eines Zielzustandes,
4. Identifizieren von Hindernissen durch Vergleich von Ist- und Zielzustand und
5. Definieren und Durchführen eines PDCA-Zyklus.

Die Prozessverbesserung erfolgt in der systematischen Verringerung der Differenz zwischen Ist- und Zielzustand. Der ideale Zustand dient dabei als Orientierungshilfe. Beispiele für Parameter zur Beschreibung eines idealen Zustands sind 100 % Wertschöpfung, kontinuierlicher Einstückfluss im Kundentakt, null Fehler sowie keine gesundheitliche Beeinträchtigung der Mitarbeiter [2]. Dabei ist es nicht erforderlich, dass dieser Zustand tatsächlich erreicht wird, sondern dient als Orientierung zur Ableitung von sogenannten Zielzuständen, die als eine Art „Meilensteine" auf dem Weg zum Idealzustand betrachtet werden können. Ein Zielzustand beschreibt neben den Prozesskennzahlen, die es zu erreichen gilt, auch das gewünschte Prozessmuster bzw. den Prozessablauf [1]. Der Fokus wird demnach vom Prozessergebnis auf den Prozess verschoben. Um einen Zielzustand definieren zu können, muss zunächst eine detaillierte Analyse des aktuellen Zustandes durchgeführt werden. Der Zielzustand geht vom aktuellen Zustand aus, also dem Ist-Zustand, und orientiert sich an einem unternehmensspezifischen Idealzustand. Durch Formulierung der Lücke zwischen Ziel- und Ist-Zustand können Hindernisse im Prozess identifiziert und konkretisiert werden, welche dann durch Anwendung der PDCA-Methode systematisch angegangen und gelöst werden.

19.3 Weg der Implementierung

Die Anwendung der 5S-Methode dient in diesem Zusammenhang aus zwei Gründen als eine wesentliche Basis für jede Aktivität der kontinuierlichen Verbesserung.

Zum einen fußt die beschriebene Vorgehensweise auf der systematischen Identifikation von Problemen und Hindernissen. Um diese Vorgehensweise effizient umsetzen zu können, ist ein Mindestmaß an Prozessstabilität erforderlich. Im Rahmen der ersten 4S-Aktivitäten werden basierend auf den analysierten Prozessabläufen prozessrelevante Gegenstände wie Material, Hilfsmittel, Werkzeuge etc. strukturiert und standardisiert. Diese Gestaltung des Arbeitsumfeldes führt zu einer höheren Transparenz der Prozessabläufe und reduziert Schwankungen, die aus unzureichender Arbeitsplatzorganisation resultieren. Hierdurch kann der Fokus bei Verbesserungen auf den Prozess gelegt werden und zudem wird sichergestellt, dass positive Effekte durchgängig (unabhängig von Mitarbeitern oder Schichten) erzielt werden können. Zum anderen wird insbesondere im fünften „S" – Selbstdisziplin – der Umgang mit Abweichungen reflektiert. Um einen entwickelten 5S-Standard nachhaltig einzuhalten und ggf. noch zu verbessern, sind Managementroutinen zu etablieren, in denen sowohl Abweichungen vom Standard identifiziert als auch Aktionen zur Eliminierung dieser Abweichungen definiert und nachweisbar umgesetzt werden. Die systematische Einführung solcher Regelprozesse in tägliche Führungsroutinen ist für das Erreichen und Halten von 5S-Zielen unabdingbar und eine erste Voraussetzung für die Implementierung eines zielorientierten KVP.

Der folgende Abschnitt beschreibt die Implementierung einer Vorgehensweise zur Einbindung prozessnaher Mitarbeiter in einen zielorientierten, kleinschrittigen Verbesserungsprozess. Innerhalb der letzten drei Jahre wurden in mehreren Arbeitssystemen sogenannte KVP-Routinen eingeführt. Die Routinen sollen die Einhaltung der definierten Vorgehensweise, wie oben beschrieben, sicherstellen und setzen sich aus Verbesserungsaktivitäten (Anwendung der PDCA-Methode) und täglichen Coaching-Routinen zusammen. Die Coaching-Routinen finden zwischen dem prozessnahen Mitarbeiter, der die Verbesserungsschritte umsetzt, seinem Vorgesetzten, der den Lernfortschritt seines Mitarbeiters verfolgt und bei Bedarf methodisch bei den Verbesserungsschritten unterstützt, statt. Innerhalb dieser Gespräche werden nach einem wiederkehrenden Muster Ziel- und Ist-Zustand des Prozesses miteinander abgeglichen, Hindernisse bzw. Abweichungen zwischen Ziel- und Ist-Zustand identifiziert und die nächsten Schritte festgelegt, mit denen die Hindernisse angegangen werden sollen. Ein weiterer wesentlicher Bestandteil der Coaching-Routinen ist es, den Wissenszuwachs des Mitarbeiters zu verfolgen.

Vor der Implementierung wurden Verbesserungen projektorientiert umgesetzt. Motiviert wurden diese Verbesserungen entweder durch Vorschläge aus dem betrieblichen Vorschlagswesen oder von Seiten der Vorgesetzten. Verbesserungsmaßnahmen, die in Workshops erarbeitet wurden, wurden vorwiegend in Maßnahmenlisten gespeichert und durch einen betriebsinternen Vorrichtungsbau realisiert. Durch Kapazitätsengpässe vergingen oftmals lange Zeiträume bis zur Umsetzung der Verbesserungsmaßnahmen, wodurch keine kurzzyklischen Verbesserungsprozesse existierten, die durch die prozessverantwortlichen Mitarbeiter umgesetzt wurden.

Derzeit (nach der Implementierung kurzzyklischer Prozessverbesserung) werden in insgesamt acht Arbeitssystemen unterschiedliche Prozesse, wie Montagetätigkeiten, mechanische Bearbeitung, halbautomatisierte Prozesse, Materialbereitstellung und Rüsten, mithilfe von Zielzuständen und PDCA-Zyklen systematisch verbessert. Verantwortlich für die Umsetzung der kurzzyklischen Verbesserungsprozesse sind die prozessverantwortlichen Mitarbeiter (Schichtleiter), die von ihren Vorgesetzten und der Produktionsleitung methodisch unterstützt werden. Ebenso werden direkte Mitarbeiter innerhalb der Arbeitssysteme in den Verbesserungsprozess integriert.

Die Vorgehensweise wird anhand eines Pilotbereiches verdeutlicht. Bei dem dazu ausgewählten Arbeitssystem handelt es sich um ein Wickelzentrum zur Herstellung von Statorpaketen, welches durch einen Mitarbeiter bedient wird.

Die Effizienz des Arbeitssystems wird basierend auf einer Kennzahl ermittelt, die sich aus einer gemittelten Stückzahl, einer Vorgabezeit für die Arbeitsaufgabe, einem gemittelten Leistungsgrad sowie der Anwesenheitszeit des Mitarbeiters zusammensetzt. Mithilfe eines Tagesproduktionsprotokolls werden sowohl geplante (Mitarbeitergespräche, Schichtwechsel etc.) als auch ungeplante (Störungen, Materialmangel etc.) Effizienzverluste dokumentiert. Eine Auswertung dieser Aufzeichnungen vor der Pilotphase zeigte, dass sich ein maßgeblicher Anteil dieser Verluste aus geplanten Rüstzeiten zusammensetzt. Zudem wiesen die Rüstzeiten trotz gleicher Arbeitsumfänge eine deutliche Varianz hinsichtlich der Ausführungszeiten auf.

Durch eine detaillierte Ist-Analyse konnte eine Streuung der Ausführungszeiten zwischen 15 und 117 Minuten ermittelt werden. Gründe hierfür waren unterschiedliche Rüstaufwände, unterschiedliche Arbeitsmethoden der jeweiligen Mitarbeiter, fehlende einheitliche Standards und eine unterschiedliche Anzahl an Mitarbeitern beim Rüsten (mindestens ein Mitarbeiter – maximal zwei Mitarbeiter).

Zu Beginn der Implementierungsphase wurden die Rüstaufwände in vier Klassen untergliedert, in denen jeweils gleiche Rüstschritte mit gleichen Arbeitsinhalten auszuführen sind. In einem ersten Schritt wurde die Rüstklasse ausgewählt, deren Einfluss auf die Arbeitssystemeffizienz am höchsten ist. Für den in dieser Rüstklasse definierten Rüstprozess wurde zunächst ein erster Zielzustand definiert.

Dieser gibt vor, dass der Rüstprozess durch zwei Mitarbeiter ausgeführt und innerhalb von 50 min abgeschlossen werden soll. Die definierte Rüstzeit wurde sowohl aus den Ist-Analysen als auch basierend auf Erfahrungswissen des Vorgesetzten abgeleitet. Ziel war es, sowohl einen realistischen als auch herausfordernden Zielzustand zu erarbeiten, der eine Abweichung zwischen Ist- und Zielzustand aufweist und somit Verbesserungsaktivitäten motiviert.

Für die Implementierung einer Verbesserungsroutine, in der mithilfe kleiner Verbesserungsschritte der definierte Zielzustand erreicht werden soll, wurden Regeltermine, sogenannte Coaching-Routinen, eingeführt. Der Personenkreis dieser Runden setzt sich aus dem prozessnahen Mitarbeiter, seinem direkten Vorgesetzten und dem Produktionsleiter zusammen. Optional ist ein Vertreter des Betriebsrats zu jeder Coaching-Routine eingeladen. Innerhalb dieser Termine wird systematisch ein Abgleich zwischen Ist- und Zielzustand durchgeführt, die letzten Schritte reflektiert und anhand der erreichten Ergebnisse die nächsten Schritte festgelegt.

Diese Schritte des konkreten Verbesserungsprozesses für dieses Beispiel umfassten im Wesentlichen die folgenden Aktivitäten:

1. Ablauffolgen/Standards für das Rüsten werden mit den Mitarbeitern erstellt.
2. Mitarbeiter werden in neue Methoden/Vorgehensweisen eingewiesen, Prozesse erläutert, Ablauffolgen geübt.
3. Dokumentieren der Ist-Abläufe und Rüstzeiten, um Abweichungen vom entwickelten Standard identifizieren zu können.
4. Definieren von nächsten Schritten zur Reduzierung der Abweichung. Der Erfolg der einzelnen Schritte wird durch die Anwendung von PDCA-Zyklen innerhalb der Check-Phase systematisch überprüft.

In dem beschriebenen Beispiel konnten durch die Anwendung dieser Vorgehensweise viele Ursachen für Abweichungen identifiziert werden, die im Wesentlichen aus fehlendem Material und Werkzeug, intransparenten Zuständen und Abläufen, vertauschten Vorrichtungen etc. resultierten.

Abbildung 19.1 zeigt einen Ausschnitt aus der Entwicklung eines solchen Zielzustandes für das Rüsten. Als anzustrebende Rüstzeit für diesen Teilabschnitt wurde mithilfe von Ist-Analysen ein Wert von 17 min bei zwei Mitarbeitern definiert. Die Analyse des Arbeitsablaufes zeigt dass in Schritt 3 gelöste Schrauben an einem beliebigen Ort abgelegt werden, woraus in einigen Fällen weitere nicht wertschöpfende Tätigkeiten resultieren. Eine abgeleitete Aktion, die von den Mitarbeitern entwickelt worden ist, zeigen die Fotos auf denen links die Ausgangssituation dokumentiert wurde und rechts eine Maßnahme, die eine Option bietet, die Schrauben jederzeit an einen definierten Ort abzulegen.

Mit der gleichen Vorgehensweise wurden im Laufe der Verbesserungsroutinen weitere Verbesserungsschritte umgesetzt. Beispiele hierfür sind:

• Erstellung eines Rüstwagens mit entsprechenden Vorrichtungen,
• Entwicklung eines Farbkonzeptes zur Visualisierung von zugehörigen Vorrichtungen,
• Definierte Bereitstellung von Werkzeug und Materialien am Arbeitsplatz (s. Abb. 19.2).

Abbildung 19.2 zeigt ein Beispiel für die Umsetzung von definierten und beschrifteten Bereitstellungskonzepten für Werkzeuge und Materialien, die während des Rüstablaufes benötigt werden. Hierdurch wird vermieden, dass der Rüstprozess durch fehlendes Werkzeug unterbrochen werden muss.

19.4 Erkenntnisse und Erfahrungen

Im Pilotbereich, einem Wickelzentrum zur Herstellung von Statorpaketen, konnte in einer viermonatigen Implementierungsphase eine Verbesserungs- und Coaching-Routine aufgebaut werden. In dieser Zeit wurde sowohl an der Verbesserung der wertschöpfenden

Arbeitsablauf Rüstvorgang Endformpresse

Ziel: Rüstdauer max. 17 Minuten bei 2 Mitarbeitern

Status: 21.04.2010	Status: 05.05.2010
1. Schlüsselschalter in Position (Programm auswählen)	1. Schlüsselschalter in Position (Programm auswählen)
2. Lift absenken	2. Lift absenken
3. Schrauben lösen ▸ Schrauben an beliebigen Ort ablegen	3. Schrauben lösen ▸ Schrauben an definierten Ort in Kiste ablegen
4. Oberteil entnehmen (Tisch)	4. Oberteil entnehmen (Tisch)
5. Abstandhalter entnehmen & ablegen	5. Abstandhalter entnehmen & ablegen
6. Unterteil entnehmen und ablegen (Tisch)	6. Unterteil entnehmen und ablegen (Tisch)
7. Tisch zum Dorn fahren	7. Tisch zum Dorn fahren
8. Lift aufnehmen & entnehmen (Tisch)	8. Lift aufnehmen & entnehmen (Tisch)
9. Untere Formhülse lösen (Schrauben & Sicherung auf Tisch)	9. Untere Formhülse lösen (Schrauben & Sicherung auf Tisch)
10. Untere Formhülse entnehmen (Tisch)	10. Untere Formhülse entnehmen (Tisch)
11. Dorn herunterfahren	11. Dorn herunterfahren
12. Gang um die Maschine herum & Tür öffnen	12. Gang um die Maschine herum & Tür öffnen
13. Oberen Druckring lösen, entnehmen & ablegen	13. Oberen Druckring lösen, entnehmen & ablegen
14. Obere Sicherungsschrauben lösen	14. Obere Sicherungsschrauben lösen
15. An Dornplatte 1 Schraube lösen (Gr. 52) ▸ zwei Mitarbeiter zur Hilfe holen	15. An Dornplatte 1 Schraube lösen (Gr. 52) ▸ zwei Mitarbeiter zur Hilfe holen
16. Schrauben lösen, Dorn herausziehen & ablegen (Rüstwagen Presse)	16. Schrauben lösen, Dorn herausziehen & ablegen (Rüstwagen-Presse)
17. Neuen Dorn zu zweit einsetzen ▸ Schrauben festziehen ▸ die neuen Teile der Größe entsprechend einsetzen	17. Neuen Dorn zu zweit einsetzen ▸ Schrauben festziehen ▸ die neuen Teile der Größe entsprechend einsetzen
18. Abschließend Bero einstellen ▸ Bero mit Flügelmutter lösen ▸ Bero verstellen ▸ Bero festziehen	18. Abschließend Bero einstellen ▸ Bero mit Flügelmutter lösen ▸ Bero verstellen ▸ Bero festziehen

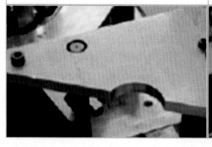

Abb. 19.1 Analyse des Rüstablaufes und Dokumentation von Verbesserungsschritten. (Quelle: WILO SE)

Abb. 19.2 Definierte Bereitstellung von erforderlichem Werkzeug und Material am Arbeitsplatz. (Quelle: WILO SE)

Prozesse, als auch an den Rüstprozessen gearbeitet. Innerhalb dieser Routine wurden Rollen und Funktionen im KVP festgelegt und erforderliche Fähigkeiten erlernt. So wurden prozessnahe Mitarbeiter zu Prozessyerbesserern ausgebildet und befähigt, selbstständig kleine Verbesserungen durch Anwendung der PDCA-Methode systematisch umzusetzen. Ihre Aufgabe ist es, Abweichungen zwischen Ist- und Zielzustand zu erkennen, Ursachen zu identifizieren sowie nächste Schritte zu entwickeln und umzusetzen. Die Führungskräfte, die zuvor deutlich stärker an der Umsetzung beteiligt waren, wurden innerhalb der Einführung zu Coaches entwickelt, deren Aufgabe es ist, die Vorgehensweise zu hinterfragen, bei Bedarf methodisch zu unterstützen sowie Zielvorgaben zu definieren.

Durch die Ausrichtung auf den prozessspezifischen Zielzustand, der konkrete Angaben hinsichtlich Rüstzeit, Rüstressourcen und Rüstablauf widerspiegelt, können Abweichungen schneller erkannt und geeignete Schritte zielorientiert eingeleitet werden. Die Verbesserungen erfolgen heute kleinschrittiger und in einer höheren Frequenz. Ein wesentliches Ergebnis der Einführung ist die Integration aller Mitarbeiter in den KVP mit definierten Aufgaben, in dem eine unmittelbare Rückmeldung zwischen den Verbesserungsschritten und der tatsächlich messbaren Prozessverbesserung sichergestellt wird.

Das quantitative Ergebnis der Verbesserungs- und Coaching-Routine bezogen auf den Rüstprozess besteht in einer Reduzierung der Dauer von durchschnittlich 80 min auf einen Durchschnittswert von ca. 60 min. Zusätzlich konnte die Spannweite der Rüstzeiten von 26 auf 13 min stabilisiert werden.

Die aufgenommenen Zeiten des zuvor beschriebenen Teilabschnittes zeigen eine deutliche Reduzierung der Ausführungszeiten. Die zuvor im Rahmen eines Initialworkshops umgesetzten 5S-Aktivitäten führten bereits dazu, dass die Zielzeit von 17 min

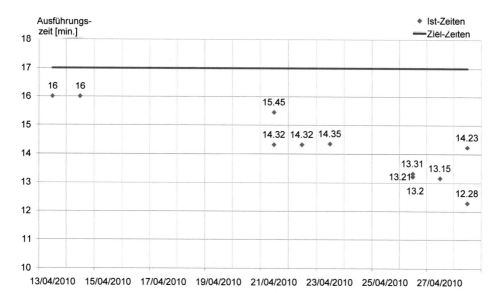

Abb. 19.3 Entwicklung der Rüstzeiten (Beispiel Teilabschnitt Rüsten). (Quelle: WILO SE)

unterschritten werden konnte. Durch weitere Verbesserungsmaßnahmen, die im Rahmen der Verbesserungsroutinen umgesetzt worden sind, konnten weitere Potenziale gehoben werden (s. Abb. 19.3).

Am Ende der Implementierungsphase konnte der Zielzustand für den gesamten Rüst-prozess von 50 min nicht stabil erreicht werden. Daher wurde auch nach der Pilotierung – ganz im Sinne des KVP – weiterhin an der Verbesserung der Rüstzeiten gearbeitet. Die Reduzierung und Stabilisierung der Rüstzeiten führte jedoch bereits zu einer messbaren Steigerung der Effizienz des Arbeitssystems.

19.5 Fazit

Die KVP-Routinen sind inzwischen fester Bestandteil der Steuerung von Verbesserungs-prozessen. Innerhalb dieser Routinen adressieren viele Verbesserungsaktionen Themen-stellungen der 5S-Methode. Im Gegensatz zur vorherigen Verbesserungskultur, basieren alle 5S-Maßnahmen auf der systematischen Analyse von Abweichungen zwischen Ist- und Zielzustand. Das bedeutet, dass diese mithilfe der KVP-Routinen zielorientiert und nachhaltig umgesetzt werden, da Erfolge unmittelbar messbar nachgewiesen werden kön-nen. Hierdurch wird die Sinnhaftigkeit der Verbesserungsschritte jederzeit sichergestellt.

Hinweise zu der Methode, die in diesem Praxisbeispiel vorrangig beschrieben wird, finden Sie in *Teil I – Methoden zur Prozessverbesserung* des Buches in folgen-dem Kapitel:

• Kapitel 7: Kontinuierlicher Verbesserungsprozess (KVP)/Kaizen

Literatur

1. Hempen S (2013) Vorgehensweise zur Spezifizierung von Zielzuständen im Kontext der kurz-zyklischen Prozessverbesserung. In: Deuse J (Hrsg) Schriftenreihe Industrial Engineering (13). Shaker, Herzogenrath
2. Rother M (2009) Die Kata des Weltmarktführers. Toyotas Erfolgsmethoden. Campus, Frankfurt/New York

Literaturempfehlungen

3. Deuse J, Richter R (2011) Industrial Engineering im modernen Produktionsbetrieb – Vorausset-zung für einen erfolgreichen Verbesserungsprozess. Betriebspraxis & Arbeitsforschung (207): 6–13
4. Liker JK, Franz JK (2011) The Toyota way to continuous improvement. Linking strategy and operational excellence to achieve superior performance. McGraw-Hill, New York
5. Liker JK, Hoseus M (2008) Toyota culture. The heart and soul of the Toyota way. McGraw-Hill, New York
6. Liker JK, Meier D (2007) Toyota talent. Developing your people the Toyota way. McGraw-Hill, New York
7. Locke EA, Latham GP (1990) A theory of goal setting & task performance. Prentice Hall, Eng-lewood Cliffs, New Jersey
8. Spear SJ (1999) The Toyota production system. Dissertation, University of Michigan
9. Stowasser S (2010) Prozessgestaltung – eine Quelle für Ergebnisverbesserung in Unternehmen. In: Britzke B (Hrsg) MTM in einer globalisierten Wirtschaft. Arbeitsprozesse systematisch ge-stalten und optimieren. mi-Wirtschaftsbuch, München, S 307–320
10. Stowasser S, Brombach J, Rottinger S (2011) Mitarbeiterbeteiligung und Personalentwicklung in Produktionssystemen. In: Gesellschaft für Arbeitswissenschaft (Hrsg) Mensch, Technik, Or-ganisation – Vernetzung im Produktentstehungs- und -herstellungsprozess. 57. Kongress der Gesellschaft für Arbeitswissenschaft vom 23. bis 25. März 2011. GfA-Press, Dortmund S 909–912

Kontinuierlicher Verbesserungsprozess (KVP) – Praxisbeispiel Dieffenbacher GmbH Maschinen- und Anlagenbau

20

Yavor Vichev, Ralf Neuhaus und Wilhelm Zink

20.1 Vorstellung des Unternehmens

Die Dieffenbacher GmbH Maschinen- und Anlagenbau wurde 1873 gegründet und befindet sich bis heute zu 100 % in Familienbesitz. Weltweit sind 1780 Mitarbeiter beschäftigt. Diese erwirtschafteten 2012 einen Umsatz von rund 415 Mio. € Heute ist die Dieffenbacher-Gruppe eine internationale Unternehmensgruppe, die zu den weltweit führenden Herstellern von Pressensystemen und kompletten Produktionsanlagen für die Holzwerkstoffplatten-, Automobil- und Zulieferindustrie zählt (Abb. 20.1 zeigt die Firmenzentrale in Eppingen).

Dieffenbacher liefert „presses and more", das heißt, dass alles aus einer Hand geliefert wird und alle prozessbestimmenden Komponenten innerhalb der Unternehmensgruppe entwickelt werden.

Etwa 70 % der Erzeugnisse werden weltweit exportiert. Hierfür verfügt Dieffenbacher über eine leistungsfähige, internationale Vertriebs- und Serviceorganisation.

Die Produkte von Dieffenbacher umfassen den Holz- und den Umformbereich. Zum Holzbereich (Businessunit Wood) gehören alle Maschinen (inkl. Pressen) und Anlagen zur Herstellung von Span-, MDF-, OSB- und LVL-Platten sowie von Faserdämmplatten und

Y. Vichev (✉)
Dieffenbacher GmbH Maschinen- und Anlagenbau, Eppingen, Deutschland
E-Mail: yavor.vichev@dieffenbacher.de

R. Neuhaus
Hochschule Tresenius, Düsseldorf, Deutschland

W. Zink
Südwestmetall Verband der Metall- und Elektroindustrie Baden-Württemberg e. V.,
Karlsruhe, Deutschland

© Springer-Verlag Berlin Heidelberg 2016
Institut für angewandte Arbeitswissenschaft e.V. (ifaa) (Hrsg.), *5S als Basis des kontinuierlichen Verbesserungsprozesses,* ifaa-Edition, DOI 10.1007/978-3-662-48552-1_20

Abb. 20.1 Firmenzentrale in Eppingen. (Quelle: Dieffenbacher GmbH Maschinen- und Anlagenbau)

von geformten Türblättern (Beispiele s. Abb. 20.2). Ebenso zählen auch komplette Pelletanlagen inklusive Pelletpressen und Energieanlagen für Holzplatten- und Pelletanlagen
dazu. Die Kunden dieser Maschinen und Anlagen sind die holzverarbeitende Industrie, die
Möbel-, Bau- und Energieindustrie.

Zum Umformbereich (Businessunit Forming) gehören alle Pressen, Anlagen und Ver-
fahrenstechniken zur Herstellung von faserverstärkten Kunststoffteilen (Carbon) und

Abb. 20.2 Beispiele für Endprodukte des Holzbereichs. (Quelle: Dieffenbacher GmbH Maschinen-
und Anlagenbau)

Abb. 20.3 Beispiel für ein
Endprodukt des Umform-
bereichs. (Quelle: Dieffenbacher GmbH Maschinen- und
Anlagenbau)

High-Speed-Tryout-Pressen für den Werkzeugbau. Ein Beispiel für ein Endprodukt zeigt
Abb. 20.3.

20.2   Ausgangssituation

Die Ausgangssituation in der Produktion vor der Einführung von 5S im Jahr 2010 lässt
sich vereinfacht mit den folgenden Punkten beschreiben:

* Hohe Suchzeiten nach Betriebsmitteln, Materialien und Informationen
* Intransparente Abläufe an einzelnen Arbeitsplätzen
* Sicherheitsgefährdungen am Arbeitsplatz durch Stolperfallen, ungeprüfte Elektrogeräte,
  ungesicherte Arbeitsbereiche etc.
* Fehlende Markierungen und Kennzeichnungen für eingehendes und ausgehendes Ma-
  terial
* Unnötige Gegenstände an den Arbeitsplätzen
* Fehlende Standardisierung der Betriebsmittelanordnung
* Wartezeiten aufgrund von Fehlteilen, hohen Kranauslastungen usw.
* Überproduktion und hohe Materialbestände
* Viele unnötige Bewegungen und Transporte im Arbeitsprozess
* Fehlende Standards (Regeln) und fehlendes Maßnahmensystem zur Optimierung der
  Arbeitsplatzgestaltung
* Unüberschaubarer Arbeitsbestand und unklare Arbeitsreihenfolge
* Undefinierte Reinigungsumfänge und niedriges Sauberkeits- und Ordnungsniveau an
  den Arbeitsplätzen

20.3   Weg der Implementierung

Auf Basis dieser Feststellungen wurde die Notwendigkeit zur Einführung von 5S erkannt
und ein strukturierter Verbesserungsprozess aufgesetzt, dessen Ablauf nachfolgend dargestellt wird. Dieser Prozess wurde von Südwestmetall und Neuhaus Hochschule Fresenius
begleitet.

Am Anfang stand die Kick-off-Veranstaltung, bei der die Produktionsmitarbeiter (inkl. Betriebsrat) zum Implementierungsplan und den verfolgten Ziele informiert wurden. Kerninhalte waren insbesondere, warum die 5S-Methode gebraucht wird und was damit bewegt werden kann.

Anschließend folgten 5S-Schulungen in der Produktion mit den Führungskräften (Meister und Abteilungsleiter), den Mitarbeitern in Schlüsselpositionen und den Fachmitarbeitern. Ziel dieser Schulungen war die Bestimmung von Pilotarbeitsplätzen für die Umsetzung von Verbesserungsmaßnahmen. Es folgten Workshops für die Gestaltung der Arbeitsplätze nach der 5S-Methode. Diese wurden im Nachgang mit einer 5S-Auditstruktur abgesichert.

Unterschieden wurden hierbei externe und interne Audits in Form von Betriebsbegehungen. Erstere wurden durch Herrn Zink in den Jahren 2010/2011 im monatlichen und ab 2011 im vierteljährlichen Rhythmus durchgeführt.

Die internen Audits, die durch den KVP-Koordinator und die Prozessbegleiter organisiert wurden, fanden im ersten Jahr vierteljährlich und ab dem zweiten Jahr halbjährlich statt. Bei diesen internen Audits wurden je Arbeitsplatz die Teilnehmer an einem Arbeitsplatzaudit festgelegt. Dies waren: Der Vorarbeiter oder Meister (optional), die Fachmitarbeiter, wie Maschinenbediener, Monteur oder Schweißer etc. (erforderlich) und je zwei KVP-Prozessbegleiter (erforderlich). Die Dauer dieser Audits lag bei jeweils 30 bis 60 min.

Als Auditunterlage wurde ein Fragebogen, mit insgesamt 22 Fragen und Bewertungsspalten sowie mit einem Punktesystem von 1 bis 10 für die Bewertung nach jedem „S" der 5S-Methode, verwendet, ergänzt um ein Radar- und Trenddiagramm.

Zusätzlich wurden 5W-Begehungen als weitere Form eines Audits durchgeführt. Diese Audits fanden in jedem Produktionsbereich und an jedem Arbeitsplatz im wöchentlichen Rhythmus mit einer Dauer von jeweils rund 25 min statt. Mit dabei waren neben den erforderlichen Teilnehmern wie Meistern, Produktionsleitern und dem KVP-Koordinator auch optionale Teilnehmer wie z. B. die Vertretung der Arbeitsvorbereitung und Mitarbeiter aus dem Qualitätsmanagement. Hierbei wurden die durchgeführten Maßnahmen wie bspw. das letzte 5S-Audit, die aktuellen Verbesserungsvorschläge sowie die Verbesserung der Arbeitssicherheit und Umwelt überprüft. Weiterhin fanden eine Umfeldbetrachtung (Kreidekreis) und eine Suche nach Verschwendungen im Arbeitsprozess statt.

Die Organisation der Maßnahmen (s. Abb. 20.4) wurde folgendermaßen dargestellt. Sehr wichtig für die nachhaltige Umsetzung von 5S sind nicht nur eine konsequente Vorgehensweise, wie sie bereits beschrieben wurde, sondern auch passende und unterstützende Rahmenbedingungen, damit die Methode erfolgreich umgesetzt werden kann. Hierzu gehören:

- Definition klarer, terminierter, realistischer und der Wertschöpfung dienender Ziele, d. h., wo will das Unternehmen durch diese Methode hin und warum;

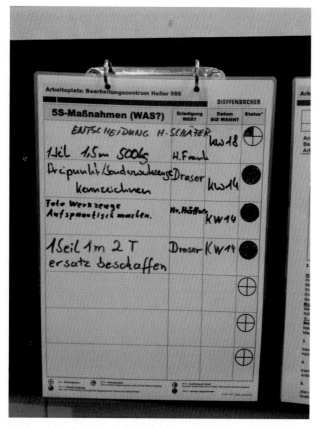

Abb. 20.4 Organisation der Maßnahmen. (Quelle: Dieffenbacher GmbH Maschinen- und Anlagenbau)

- Vermittlung einer klaren Zeitstruktur für die Umsetzung der Methode für alle Prozessbeteiligten, d. h. auch, dass sich jeder Mitarbeiter die Zeit für die Umsetzung nehmen darf, die er braucht und dass es nicht zu Unstimmigkeiten zwischen den involvierten Personen kommt;
- Festlegung von definierten Tätigkeitsarten zum Verbuchen der für die Umsetzung verwendeten Stunden;
- Verständnis und Überzeugung der Führungskräfte vom Nutzen der 5S-Methode,
- Miteinbeziehen aller Mitarbeiter an den Arbeitsplätzen, an denen die 5S-Methode umgesetzt wird, d. h., dass jeder Mitarbeiter seine „eigene Handschrift" bei der Arbeitsplatzgestaltung (am eigenen Arbeitsplatz) nach 5S erkennen soll. So kann er sich mit der veränderten Arbeitsumgebung selbst identifizieren und die Standards können nachhaltig gelebt werden;
- Veränderungsbereitschaft in der Organisation, da es sich um konkrete Veränderungen der Arbeitsplätze und Arbeitsweisen handelt;

- klare Anweisungen seitens der Führungskräfte und Disziplin bei Mitarbeitern und Führungskräften, um sich an die neu festgelegten Standards zu halten, und
- Kreativität und Motivation jedes einzelnen Mitarbeiters, damit die durch die 5S-Methode festgelegten Standards kontinuierlich verbessert werden können.

Der Rolle der Führung bei der Implementierung der 5S-Methode ist besondere Aufmerksamkeit zu widmen, da durch sie der Prozess der Implementierung stark beeinflusst wird. Die Führungsarbeit sollte insbesondere folgende Aspekte berücksichtigen:

- Überzeugungsarbeit: Erzeugen von Verständnis auf allen Ebenen dafür, dass 5S gebraucht wird und die Basis für die kontinuierliche Verbesserung aller Arbeitsprozesse darstellt.
- Aufklärungsfunktion: Die Führungskräfte sollten immer wieder den Nutzen der Methode aufzeigen.
- Vorbildfunktion: Wenn die entsprechende Führungskraft am eigenen Arbeitsplatz die Methode nicht lebt, ist es schwer und teilweise so gut wie unmöglich die eigenen Mitarbeiter vom Sinn der Methode zu überzeugen und diese für die Maßnahmenumsetzung zu gewinnen.
- Durchsetzungsfähigkeit: bei der Festlegung, Terminierung, Verteilung und Delegation von Maßnahmen.

20.4   Erkenntnisse und Erfahrungen

Während der Umsetzungsphase hat sich gezeigt, dass oftmals versucht wird, mehr Aufgaben umzusetzen, als dies tatsächlich möglich ist. Daher sollten in der Anfangsphase zunächst Pilotarbeitsplätze nach 5S gestaltet werden und erst danach alle anderen Arbeitsplätze. Eine mögliche Empfehlung kann lauten, dass es besser ist, die Umsetzung mit einem kleineren Bereich bzw. evtl. einer Werkbank oder einem Werkzeugwagen zu beginnen als mit einem gesamten Arbeitsbereich.

Ebenso wichtig ist es, dass der Sinn der Methode den Mitarbeitern und Führungskräften klar und verständlich vermittelt wird. Es darf nicht die Situation entstehen, dass Mitarbeiter und Führungskräfte denken, dass es bei der 5S-Methode nur um das „Putzen" und „Aufräumen" des Arbeitsplatzes gehe.

Bei der Umsetzung bei Dieffenbacher gelten folgende Mittel zur Nachhaltigkeit der 5S-Methode als besonders wichtig:

- Durchführung von regelmäßigen 5S-Audits (intern und extern),
- Präsenz der Produktionsführungskräfte vor Ort und das Interesse an den Ergebnissen der 5S-Audits und den Verbesserungsvorschlägen der Mitarbeiter,
- Vorbildfunktion der Produktionsführungskräfte („Die Werkstatt ist der Spiegel des Managements"),

- Regelbegehungen (5W-Begehungen) zur Ermittlung der Verschwendungen an den Arbeitsplätzen bzw. der Abweichungen vom Soll-Zustand,
- geeignete Tools und Visualisierungen für die 5S-Audits, sodass folgende Punkte für jeden Mitarbeiter und jede Führungskraft transparent, d. h. an jedem Arbeitsplatz optisch sofort erkennbar und verständlich sind:
  - Ergebnis vom letzten Audit und weitere Potenziale
  - Zielwert (5S-Trenddiagramm) für das aktuelle Jahr in Bezug auf 5S (in %)
  - Aktuelle Maßnahmen unter Einbeziehung der Priorisierung und Terminierung
  - Darstellung der Trendlinie in Bezug auf die 5S-Entwicklung,
- Zielvereinbarung mit Mitarbeitern und Führungskräften, wobei die Erwartungshaltungen für die 5S-Ergebnisse kontinuierlich höher gesetzt werden sollten, d. h. es sollten immer höhere Anforderungen an die Gestaltung der Arbeitsplätze gestellt werden.

Die vorgestellten Maßnahmen führen fast zwangsläufig zu einer Änderung der Unternehmenskultur im Sinne der „Sicherstellung der Nachhaltigkeit". Einen starken Einfluss hat hierbei die Einführung von Regeln zur Änderung der Arbeitsdisziplin und der Gewohnheiten in Bezug auf:

- Pünktlichkeit beim Start und beim Ende der Begehungen und Besprechungen,
- Protokollierung jedes Termins,
- Definition klar beschriebener, terminierter und nach Zuständigkeit zugeordneter Maßnahmen nach jeder Begehung und Besprechung,
- Entscheidungsfähigkeit und -freudigkeit der Führungskräfte und
- Anerkennung der erreichten Ergebnisse (Führungskraft an die Mitarbeiter).

Die Motivation der Mitarbeiter spielt eine entscheidende Rolle in Bezug auf die Nachhaltigkeit der 5S-Methode. Hierzu dient bei Dieffenbacher u. a. die Präsenz der Führungskräfte vor Ort in den Bereichen, in denen die 5S-Methode umgesetzt wurde. Doch auch das Interesse der Führungskräfte an der Arbeit der Mitarbeiter ist eines der wichtigsten Mittel zur Motivationssteigerung. Jeder Mitarbeiter ist stolz, die Ergebnisse der 5S-Methode bzw. die Verbesserungen an seinem eigenen Arbeitsplatz zu präsentieren. Dabei ist es wichtig, dass die Mitarbeiter die Möglichkeit haben, auf die umgesetzten Maßnahmen und die daraus resultierenden Arbeitserleichterungen hinzuweisen. Im Anschluss ist das Lob an die Mitarbeiter nicht zu vergessen, denn wenn Verbesserungen nicht nur von den Führungskräften wahrgenommen, sondern auch als Grund zum Lob erwähnt werden, ist dies die beste Art und Weise der Anerkennung und Wertschätzung der umgesetzten 5S-Maßnahmen. Ergänzend und unterstützend erfolgt der Aushang der aktuellen Top-5S-Lösungen, d. h. ein Bild und eine kurze Beschreibung an den Infotafeln im entsprechenden Produktionsbereich.

Bei der Einführung von 5S ist es nicht ausgeschlossen, dass seitens der Mitarbeiter und Führungskräfte Widerstand aufkommt und dass sie ggf. diese Änderungen sogar als überflüssig ablehnen. Beim Umgang mit Widerständen können folgende Punkte helfen:

- Ständige Betonung des Nutzens, der Gründe und der Vorteile für die Einführung von 5S (Hilfsmittel: 5W-Fragen).
- Oftmals ist der Grund des Widerstandes gegen die 5S-Methode rein zwischenmenschlicher Natur. Hierfür könnten bspw. Konflikte über unklare Zuständigkeiten im Arbeitsbereich ursächlich sein. Solche Situationen entstehen hauptsächlich in Arbeitsbereichen, in denen mehrere Mitarbeiter tätig sind bzw. dieselben Betriebsmittel verwenden.
- Ein wirksames Mittel gegen Widerstände ist die Aufklärung und Verdeutlichung über die Wichtigkeit der 5S-Methode in Form eines Gesprächs unter vier Augen zwischen der Führungskraft und dem Mitarbeiter.

20.5 Fazit

Die 5S-Methode hat sich als Grundlage der Verbesserungsprozesse und Effizienzsteigerungen an jedem Produktionsarbeitsplatz in der Produktion bei Dieffenbacher bewiesen. Durch diese Methode werden die Mitarbeiter und Führungskräfte auf die beste Art und Weise ausgerüstet und für alle weiteren KVP-Veränderungen, die mittels Prozessanalysen und Kennzahlenauswertungen zu Prozessveränderungen führen, vorbereitet.

Die Umgestaltung der Arbeitsplätze nach der 5S-Methode ist mit dem Malen eines Bildes vergleichbar: Es ist wichtig, dass jeder Mitarbeiter und jede Führungskraft die eigenen „Striche" bzw. Lösungen zur Optimierung des Arbeitsplatzes darin erkennen kann und sich dadurch im Gesamtbild wiederfindet und damit identifiziert. Nur auf diese Art und Weise kann die Nachhaltigkeit der Methode sichergestellt werden.

Hinweise zu den Methoden, die in diesem Praxisbeispiel vorrangig beschrieben werden, finden Sie in *Teil I – Methoden zur Prozessverbesserung* des Buches in folgenden Kapiteln:

- Kapitel 2: 7 Arten der Verschwendung (7V)
- Kapitel 3: Standardisierung
- Kapitel 7: Kontinuierlicher Verbesserungsprozess (KVP)/Kaizen

StePS – Die Stufen zum Steier-Produktionssystem – Praxisbeispiel Max Steier GmbH & Co. KG

Christian Hentschel und Peter Klein-Boß

21.1 Vorstellung des Unternehmens

Bei der Max Steier GmbH & Co. KG, einem mittelständischen, inhabergeführten Familienunternehmen, das 1936 gegründet wurde, gibt es bereits seit den 1990er-Jahren ein Qualitätsmanagementsystem, das im Laufe der Zeit bis zur Zertifizierung nach der ISO 9001 und der ISO/TS 16949 weiterentwickelt wurde. Dieser Ansatz alleine reicht aber nicht aus, um eine konsequente Weiterentwicklung des Unternehmens zu einem schlanken und effektivem Managementansatz für alle Unternehmensbereiche zu gewährleisten.

Insbesondere gilt es, die verschiedenen Produktsparten in die Entwicklung einzubeziehen. In der Sparte Steierplast werden Kunststofffolien geschweißt, um Hüllen aus PVC, PP, PE oder PET für Anwendungsbereiche wie Bürobedarf, Warenanhänger, Baustellenschilder und vieles mehr herzustellen, ergänzt durch die buchbinderische Herstellung von Ringbüchern, Schreibplatten, Werbeträger und verwandte Produkte. Die Sparte Steierform hingegen beschäftigt sich mit der Verarbeitung von selbstklebenden Materialien wie Kunststofffolien, Metallfolien, Papieren und Schäumen zu Stanzlingen mit beliebiger Geometrie für vielfältigste Anwendungsbereiche wie bspw. im Automobilbau, der Elektrotechnik oder dem Maschinenbau. Herausforderungen für ein Produktionssystem sind in diesem Bereich die große Bandbreite der Produkte (Abmessungen von 12 bis 3600 mm Kantenlänge), die große Varianz der Fertigungslose (Stückzahlen zwischen 100 und

C. Hentschel (✉)
NiedersachsenMetall – Verband der Metallindustriellen Niedersachsens e. V., Hannover, Deutschland
E-Mail: hentschel@niedersachsenmetall.de

P. Klein-Boß
Max Steier GmbH & Co. KG, Elmshorn, Deutschland

© Springer-Verlag Berlin Heidelberg 2016
Institut für angewandte Arbeitswissenschaft e.V. (ifaa) (Hrsg.), *5S als Basis des kontinuierlichen Verbesserungsprozesses,* ifaa-Edition, DOI 10.1007/978-3-662-48552-1_21

500.000 Stück) und die produktabhängigen, unterschiedlichen Fertigungswege (mit/ohne Bedruckung, etc.). Beiden Unternehmensbereichen ist gemein, dass die Kernkompetenz des Unternehmens in kundenindividuellen Produkten liegt, was sowohl die Auswahl bzw. die Kombination der Materialien, als auch das jeweilige Produktdesign angeht. Damit hat die Max Steier GmbH & Co. KG mit ihren etwa 160 Mitarbeitern ihren Tätigkeitsschwerpunkt in der Sonderanfertigung mit den daraus abgeleiteten Strukturen.

21.2 Ausgangssituation

Seit Beginn der 2000er-Jahre hat man erkannt, dass der Ansatz des Qualitätsmanagements wichtige Ziele im Sektor der Qualität und der Transparenz der Prozesse erreicht hat, jedoch noch weitere Methoden und Werkzeuge zur systematischen Entwicklung des Unternehmens benötigt werden. Vor allem galt es, die Betrachtung der Produktionsprozesse zu vertiefen und somit die Abläufe an den Arbeitsplätzen sowie der innerbetrieblichen Logistik weiter zu optimieren. Den Anstoß für die Einführung des aktuellen Produktionssystems gab eine Informationsveranstaltung des Arbeitgeberverbandes im November 2008. Für ein solches System kann man sich zwar Anregungen bei anderen Unternehmen oder bei den zahlreich angebotenen Seminaren sowie Beratungen holen, letztlich muss es aber für jedes Unternehmen selbst entwickelt werden. Daher gibt es bei Steier inzwischen das Steier-Produktionssystem kurz StePS. Vor der Entwicklung von StePS war die in Abb. 21.1 dargestellte Ausgangssituation gegeben.

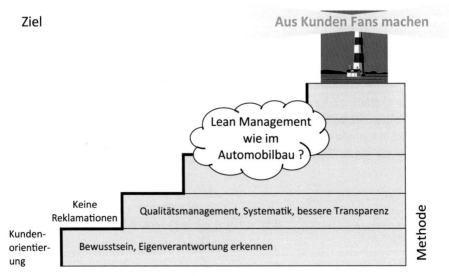

Abb. 21.1 Ausgangssituation bei der Entwicklung des Steier-Produktionssystems in 2008. (Quelle: Max Steier GmbH & Co. KG)

21.3   Weg der Implementierung

Am Beginn dieses Prozesses stand die Aufgabe, geeignete Methoden zu finden, um dieses System in Gang zu setzen. Als mittelständisches Unternehmen hat Steier nicht die methodischen und personellen Ressourcen, um eigene Planungsabteilungen oder aufwendige Datenerhebungsverfahren einzurichten. Daher mussten die neuen Methoden sowohl in der Einführung als auch in der Durchführung praxisnah und ressourcenschonend sein. Die Vielfalt der angebotenen Konzepte wie Lean Management, Changemanagement, TQM, Six Sigma, TPM, Wertstromanalyse (um nur einige zu nennen) wirkte zunächst verwirrend und in ihrer jeweiligen Ausprägung für ein kleineres Unternehmen mit Sonderanfertigung nicht handhabbar. Erste Ansätze mit diesen Verfahren waren dann auch eher ernüchternd als zielführend. Am Ende steht die Erkenntnis, dass es sich bei diesen Ansätzen um verschiedene Kombinationen immer wiederkehrender Werkzeuge handelt, deren Anzahl letztlich überschaubar ist.

Die Systeme, die am weitesten entwickelt sind und zu denen die meisten Schulungen angeboten werden, sind deutlich auf die Serienfertigung ausgerichtet. Vergleicht man die Auftragsfertigung bei Steier mit einer Serienfertigung wie im Automobilbau (s. Gegenüberstellung), so ergeben sich wesentliche Unterschiede (s. Tab. 21.1).

Eine direkte Übertragung der Vorgehensweise ist wegen der sehr verschiedenen Produktionsprozesse nicht möglich. So lässt sich zum Beispiel bei Steier aufgrund der oben genannten Varianz der Fertigungslose kein Kundentakt identifizieren. Erste interne Kanban-Kreise konnten dagegen erfolgreich installiert werden. Entscheidend für den Erfolg des Produktionssystems ist es daher, Methoden auszuwählen, die zu der Auftragsstruktur von Steier passen.

Mit Unterstützung durch den Arbeitgeberverband und das ifaa wurde eine praxisnahe Herangehensweise erarbeitet, die sich im ersten Schritt auf den gemeinsamen Nenner vieler Methoden konzentriert: Der Suche nach Verschwendung in Form von Beständen, Wegen, Wartezeiten usw. Mit der Schulung der Mitarbeiter für dieses Thema und in Kombination mit der 5S-Methode konnten schnell erste Erfolge erzielt werden. Daraus ergab sich dann für StePS ein klarer Aufbau (s. Abb. 21.2).

Vor Ort in der Fertigung wurden gemeinsam mit den Mitarbeitern 5S-Workshops durchgeführt. An ausgewählten Pilotarbeitsplätzen wurden die ersten Stufen der Metho-

Tab. 21.1 Gegenüberstellung spezifischer Prozesseigenschaften in der Automobilindustrie sowie der Max Steier GmbH & Co. KG. (Quelle: eigene Darstellung)

Steier	Automobilindustrie (OEM/Zulieferer)
Hoher Anteil Sonderanfertigungen	Standardprodukt mit Varianten
Auftragsgrößen sehr unterschiedlich	Getaktete Fertigung mit Losgröße 1
Auftragsfertigung	Serienfertigung
Produktionsanläufe abhängig vom Produkt sehr unterschiedlich	Alle Varianten können weitestgehend auf einer Produktionsstraße gefertigt werden

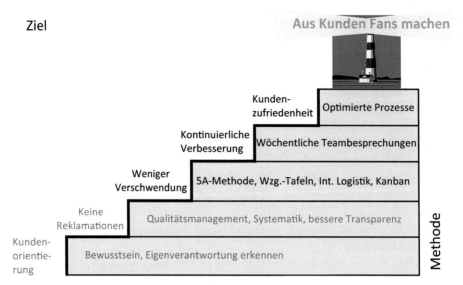

Abb. 21.2 Erarbeitete Stufen des Steier-Produktionssystems. (Quelle: Max Steier GmbH & Co. KG)

de angewandt. Nicht mehr benötigte Werkzeuge und Arbeitsmittel wurden entfernt und die Arbeitsplätze systematisch aufgeräumt. Zeitgleich wurden Stellflächen für Material gekennzeichnet und auf die Sauberkeit geachtet. Ausgehend von den Pilotarbeitsplätzen wurden nacheinander weitere Arbeitsbereiche umgestaltet.

Bedingt durch diese intensive Betrachtung der Arbeitsplätze und die Behebung der auftretenden Probleme bekam der Verbesserungsprozess eine große Eigendynamik. Die Anordnung der Werkzeuge an den Maschinen auf Werkzeugtafeln ist ein Beispiel für eine direkt sichtbare Verbesserung des Ordnungsgrades in der Produktion (s. Abb. 21.3). Zeitweise bestand die Herausforderung, die notwendigen Korrekturen z. B. an vorgeschalteten Prozessschritten schnell genug umzusetzen, um in dem betrachteten Bereich den Verbesserungsprozess nicht zu stark zu bremsen. Die Abschaffung von Vorratspuffern an den einzelnen Arbeitsplätzen schafft schließlich die Notwendigkeit, die vorgeschalteten Prozesse zu stabilisieren und neu über die Logistik innerhalb der Produktion nachzudenken. Der Übergang von einem Push- zu einem Pull-System schließlich erfordert einen geänderten Informationsfluss.

Eine wesentliche Unterstützung in der Umsetzung des fünften „S", der Selbstdisziplin/ des ständigen Wiederholens, ist die Etablierung von 5S-Audits, die bei Steier zurzeit zweimal jährlich mit Unterstützung des Arbeitgeberverbandes durchgeführt werden.

Diese externe Auditierung stellt eine wichtige Ergänzung zu den intern stattfindenden Audits dar. Durch eine externe und somit firmenunabhängige Auditierung kann die Qualität der Ergebnisse aus internen Audits überprüft werden. Für den Ablauf eines externen Audits haben sich folgende Schritte bewährt (s. Abb. 21.4): Bei der ersten Durchführung eines Audits sind den Führungskräften der zu auditierenden Abteilung im Beisein der

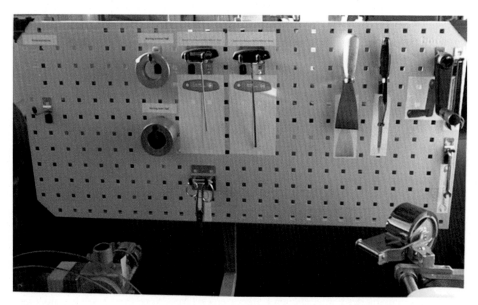

Abb. 21.3 Optimierte Werkzeuganordnung im Stanzbereich. (Quelle: Max Steier GmbH & Co. KG)

Geschäftsführung die Vorgehensweise des Audits sowie der Fragebogen vorzustellen. Anhand eines Fragebogens (Systematik siehe weiter unten) werden die einzelnen Stufen von 5S vor Ort in der Fertigung abgeprüft. Ist der Fragebogen durch ein voriges Audit bereits bekannt, ist in einem ersten Schritt der Maßnahmenplan, der auf Grundlage des vorigen Audits erstellt wurde, zu prüfen. Sind entsprechende Maßnahmen geplant und umgesetzt worden und demnach eine neue Auditierung sinnvoll, kann der Bereich erneut auditiert

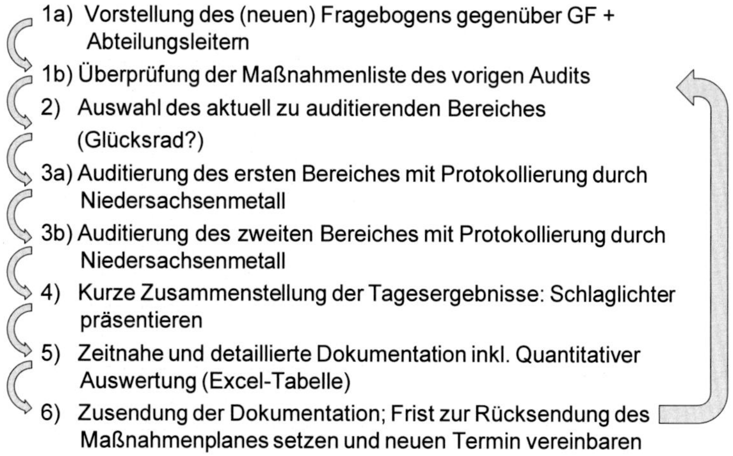

1a) Vorstellung des (neuen) Fragebogens gegenüber GF + Abteilungsleitern

1b) Überprüfung der Maßnahmenliste des vorigen Audits

2) Auswahl des aktuell zu auditierenden Bereiches (Glücksrad?)

3a) Auditierung des ersten Bereiches mit Protokollierung durch Niedersachsenmetall

3b) Auditierung des zweiten Bereiches mit Protokollierung durch Niedersachsenmetall

4) Kurze Zusammenstellung der Tagesergebnisse: Schlaglichter präsentieren

5) Zeitnahe und detaillierte Dokumentation inkl. Quantitativer Auswertung (Excel-Tabelle)

6) Zusendung der Dokumentation; Frist zur Rücksendung des Maßnahmenplanes setzen und neuen Termin vereinbaren

Abb. 21.4 Bewährter Ablaufplan eines 5S-Audits. (Quelle: eigene Darstellung)

werden. Eine Variante stellt die zufällige Auswahl eines Bereiches dar, der beispielsweise durch ein Glücksrad ermittelt werden kann. Dadurch, dass es jeden Bereich treffen kann, sind jedoch alle Bereiche informiert. Unangekündigte Audits in den Bereichen sollten in der Anlaufphase vermieden werden, da die Mitarbeiter zunächst das nötige Vertrauen in den Sinn der Methode aufbauen müssen. Bewährt hat sich bei Steier die Auditierung von zwei bis drei Bereichen an einem Tag. Als Tagesabschluss wird stets ein direktes Feedback an die Führungskräfte der auditierten Bereiche gegeben. Dies erfolgt in Form von kurz präsentierten Schlaglichtern. Neben den kritisch anzumerkenden Punkten wirkte sich die Nennung von positiven Aspekten stets motivierend auf die Mitarbeiter aus.

Im Anschluss an das Audit ist zeitnah die Dokumentation des Audits in der eigens dafür erstellten Excel-Datei vorzunehmen und an die Geschäftsführung per E-Mail zuzusenden. Des Weiteren sind zwei zukünftige Termine abzustimmen: Zum einen ein Termin für das nächste Audit und zum anderen ein Termin für die Zusendung des aufgrund des gerade erfolgten Audits erstellten Maßnahmenplanes. Dieser ist Bestandteil des 5S-Auditbogens, welcher in seiner Systematik nun kurz vorgestellt wird:

Beim Gang durch den zu auditierenden Bereich werden in Summe 29 Prüffragen anhand der Systematik der vorgegebenen Kategorien (1. [Aus-]Sortieren, 2. Systematisieren, 3. Säubern, 4. Standardisieren, 5. Selbstdisziplin, 6. Sicherheit) abgearbeitet. Die Ausweitung auf die sechste Kategorie Sicherheit hat sich bewährt, da hier auch Aspekte des Arbeits- und Gesundheitsschutzes aufgenommen werden können (z. B. Kennzeichnung von Fluchtwegen).

Die Prüffragen sind so aufgebaut, dass ausgehend vom Idealzustand festgestellte Abweichungen zu 5S registriert und notiert werden. Sind für die entsprechende Prüffrage keine Beanstandungen festzustellen, wird dies mit einer Gesamtpunktzahl von zehn Punkten honoriert. Für jeden festgestellten Verstoß werden jedoch zwei Punkte abgezogen, so dass bei fünf und mehr Verstößen kein Punkt erreicht werden kann. Negative Punktzahlen werden nicht vergeben. Jeder festgestellte Verstoß wird dokumentiert und im nachfolgenden Maßnahmenplan zu einem definierten Termin von einer verantwortlichen Person beseitigt. Ein Beispiel ist in Abb. 21.5 dargestellt.

Mit den Ergebnissen der einzelnen Audits kann bei Steier in einer zeitlichen Längsstudie die Entwicklung einer Abteilung dargestellt werden. Vorsicht ist jedoch beim Vergleich der Kennzahlen von Abteilungen untereinander geboten. In einer großen Abteilung mit zahlreichen Maschinen und Arbeitsplätzen ist die Wahrscheinlichkeit, einen Fehler zu entdecken, größer als in einem kleinen Fertigungsbereich. Die Ergebnisse der Audits werden den Mitarbeitern zur Verfügung gestellt. Die Information zum aktuellen Status wird bei Steier durch einen Vergleich zu einem Soll-Kennwert vervollständigt (s. Abb. 21.6). Die Einführung sowie Durchführung der externen Audits war in einigen Abteilungen mit großen Vorbehalten behaftet. Abteilungsleiter taten sich mit einer Auditierung zunächst schwer. Insbesondere eine Bewertung des Standes der Abteilung nach externen Maßstäben erwies sich als problematisch. Durch ein internes Benchmark, bei dem die Zahl der erwarteten Punkte von der Geschäftsleitung festgesetzt wurde, wurde die Akzeptanz des Verfahrens erreicht. Schließlich konnten die Kritiker mit den erreichten Erfolgen in

5S-Audit

Datum und Uhrzeit:	12.11. 11.00
Name des Betriebes:	Max Steier GmbH & Co. KG
Auditierte Abteilung(en):	Werk 1
Auditor(en):	Herr Hentschel

I. (Aus-)Sortieren

Bewertungsmodus: Starte mit 10 Punkten und ziehe für jeden Verstoß 2 Punkte ab!				Maßnahmenplan		
Kat.	Nr.	Prüffrage	Punkte	Aktivität	Datum	Verantw.
I. (Aus-Sortieren)	I.1	Nicht benötigte Werkzeuge und Materialien (z.B. Schraubendreher, Maulschlüssel, Spannvorrichtungen, Nacharbeitsteile) wurden an den Arbeitsplätzen identifiziert und entfernt. Maschine 243: großer Absaugschlauch über der Heizung Werkbank: große Holzplatte Maschine 286: Schraubzwinge	4	in Schrank einlagern entfernen zur Werkzeugausgabe	12.03.	P.Kl.-B. K.K K.K
	I.2	Nicht benötigte Transportmittel und Mobiliar (z.B. Kisten, Gitterboxen, Materialwagen, Stühle, Tische) wurden identifiziert und entfernt.	4			

Abb. 21.5 Beispielhafter Auszug einer 5S-Auditdokumentation inklusive Maßnahmenplan. (Quelle: eigene Darstellung)

benachbarten Abteilungen überzeugt werden. Insbesondere die Erkenntnis, dass sich nach der Einführung der 5S-Methode die Suchzeiten reduzieren, wurde oft als positives Argument genannt. Der interne Benchmark, der sich nach den firmeninternen Vorgaben zu 5S richtet und nach dem Reifegrad von Steier weiterentwickelt wird, führt auch zu einer guten Logik der Weiterentwicklung des Systems.

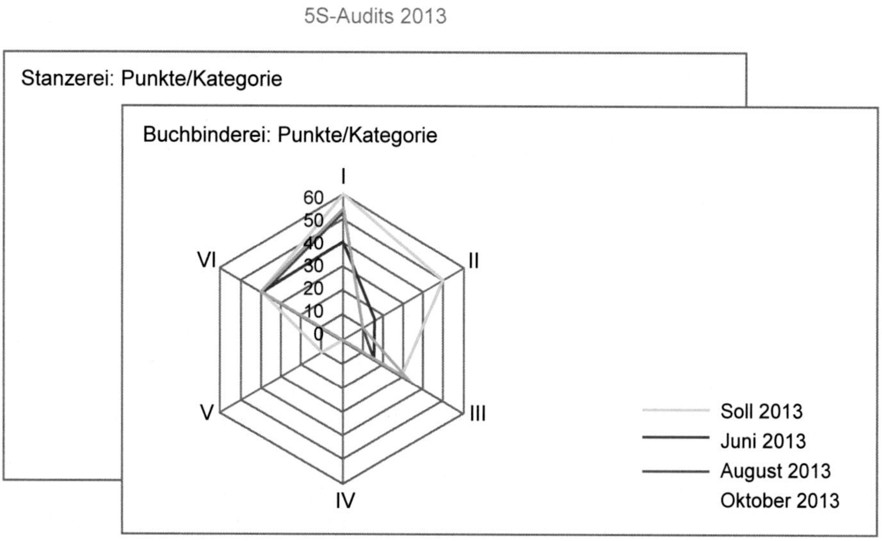

Abb. 21.6 Entwicklung der 5S-Erreichung (das sechste „S" im Diagramm steht für Sicherheit). (Quelle: Max Steier GmbH & Co. KG)

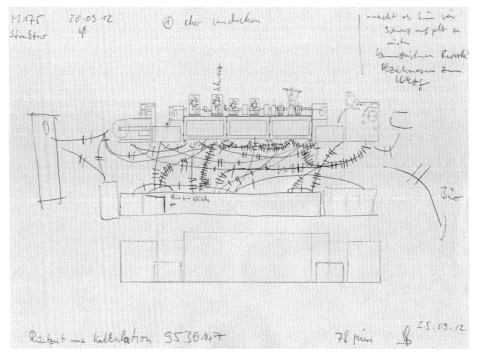

Abb. 21.7 Spaghetti-Diagramm aus einem SMED-Workshop. (Quelle: Max Steier GmbH & Co. KG)

Insgesamt bedarf es einer langen Zeit, bis die Denkweise, die der 5S-Systematik zugrunde liegt, von allen Mitarbeitern verinnerlicht ist. Je umfassender mit dieser Methode gearbeitet wird, desto eher steigen die Akzeptanz und die aktive Mitarbeit an der Weiterentwicklung der Methode.

Neben dem Training der Selbstdisziplin der auditierten Bereiche wird so eine Entwicklung sichtbar gemacht, die auch auf andere Bereiche ausstrahlen kann.

Aufbauend auf den ersten Optimierungen der Arbeitsplätze wurde dann bei einigen Maschinen als nächste Stufe der Entwicklung ein Rüstworkshop nach der SMED-Methode durchgeführt. Die Methode bietet ein großes Optimierungspotenzial, da die Rüstzeit zur nicht vermeidbaren Verschwendung zählt. Exemplarisch verdeutlicht das in Abb. 21.7 dargestellte „Spaghetti-Diagramm" die beim Rüsten durch die Mitarbeiter zurückgelegten Wege. Die Ergebnisse zeigen schnell, wie gut ein Arbeitsplatz auf den Prozess eingestellt ist und wie groß die Zeiteinsparungen sind, die sich durch die Optimierung der Abläufe erreichen lassen. Insbesondere die Fragestellung, welche Rüstschritte „extern" ausführbar sind oder welche Einzelschritte durch weitere Personen ausführbar sind, führen zu klaren Einsparungen in der Rüstzeit. Da die Umsetzung dieser Punkte eine dauerhafte Verhaltensänderung der Mitarbeiter an der Maschine erfordert, stellt sie aber auch eine besondere Herausforderung an die Führungskräfte dar.

Um auch außerhalb der Workshops die „kleinen" Störungen im täglichen Ablauf herauszufinden und abzustellen, wurden bei Steier speziell zu diesem Thema Teambesprechungen etabliert. Hier ist insbesondere die untere und mittlere Führungsebene gefragt, konstruktiv an diesem Prozess mitzuwirken. Für diesen Teilprozess ist sorgfältig abzuwägen, in welcher Häufigkeit regelmäßige Teambesprechungen sinnvoll sind. Zur Unterstützung dieser Teambesprechungen wurden in der Fertigung Teamboards angebracht. Beim Auftreten einer Störung oder eines Problems vermerken die Mitarbeiter bei Steier dies auf einer standardisierten Tafel in Form einer einfachen Strichliste. Zu den Besprechungen werden die aufgetretenen Störungen dann im Detail diskutiert und gemeinsam Lösungen zur Beseitigung der aufgetretenen Probleme erarbeitet. Die Schnittstellenprobleme zu anderen Bereichen, wie dem Verkauf oder dem Einkauf, die bei diesen Besprechungen zutage treten, müssen natürlich auch gelöst werden. Dadurch wirkt das StePS schnell in andere Unternehmensbereiche hinein.

21.4 Erkenntnisse und Erfahrungen

Zurzeit werden bei Steier zwei Entwicklungsrichtungen verfolgt. Zum einen wird das System in die Breite entwickelt. Nachdem einzelne Produktionsbereiche mit einzelnen Themen als Pilotprojekte fungiert haben, wird StePS jetzt in allen Produktionsbereichen auf ein gleiches Niveau angehoben sowie im Verkauf, als erstem Bereich der Verwaltung, eingeführt. Zum anderen wird mithilfe der 5S-Audits der Stand des Systems in die Tiefe entwickelt. Dabei werden durch die Geschäftsleitung Vorgaben zur Zielmarke der im Audit zu erreichenden Punkte gemacht, die mit der Zeit weiterentwickelt werden. Durch die Annäherung der einzelnen Produktionsabteilungen aneinander werden darüber hinaus Cross-Audits eingeführt, die zwischen den Produktionsabteilungen stattfinden. Damit wird eine Diskussion zum vierten „S", der Standardisierung angeregt und natürlich das fünfte „S" unterstützt. Die Unterstützung durch den Arbeitgeberverband lieferte dabei eine externe Sichtweise.

21.5 Fazit

Zusammenfassend lässt sich festhalten, dass durch die Einführung der 5S-Methode eine deutliche Verbesserung in der Prozessstandardisierung erzielt wurde. Die anfänglich bei einigen Mitarbeitern vorhandene Skepsis zur Einführung der Methode konnte mit Verweis auf erzielte Erfolge gemindert werden. Die Einbeziehung aller Mitarbeiter war dabei eine wichtige Voraussetzung für die erfolgreiche Etablierung von 5S im Unternehmen.

Hinweise zu den Methoden, die in diesem Praxisbeispiel vorrangig beschrieben werden, finden Sie in *Teil 1 – Methoden zur Prozessverbesserung* des Buches in folgenden Kapiteln:

- Kapitel 8: Single Minute Exchange of Die (SMED)
- Kapitel 10: Kanban

Jürgen Dörich und Achim Licht

22.1 Vorstellung des Unternehmens

Gegründet wurde die Spindelfabrik Suessen GmbH im Jahr 1920 in Süßen, einer kleinen Stadt am Rande der Schwäbischen Alb, die auch heute noch Hauptsitz der Firma ist. Durch seinen Standort in der Industrieregion Stuttgart ist das Unternehmen in eine solide wirtschaftliche Infrastruktur eingebettet. Das Unternehmen ist ein klassischer Serienfertiger mit ca. 250 Mitarbeitern, einem Umsatz von 70 Mio. € und weltweit eines der führenden Unternehmen der Spinnindustrie. Heute werden mehr als 10 % der weltweit geernteten Baumwolle mit Komponenten der Firma Suessen versponnen.

Die Spindelfabrik Suessen ist die Nummer 1 in der Kompakt-Ringspinn- und Rotorspinntechnik. Der Schlüssel zum Erfolg liegt in den erheblichen Anstrengungen im Bereich Forschung und Entwicklung. Kontinuierlich wird an neuen technischen Lösungen gearbeitet, die in den Werken der Kunden erprobt werden. Alle technischen Komponenten werden auf diese Weise, im Sinne einer konsequenten Kundenorientierung, weiterentwickelt. Schwerpunkte sind universelle Anwendbarkeit, optimale Garnqualität, lange Lebensdauer, geringe Wartung sowie hohe Betriebssicherheit und Zuverlässigkeit in der industriellen Anwendung.

J. Dörich (✉)
Südwestmetall Verband der Metall- und Elektroindustrie Baden-Württemberg e. V.,
Stuttgart, Deutschland
E-Mail: doerich@suedwestmetall.de

A. Licht
Spindelfabrik Suessen GmbH, Süßen, Deutschland

© Springer-Verlag Berlin Heidelberg 2016
Institut für angewandte Arbeitswissenschaft e.V. (ifaa) (Hrsg.), *5S als Basis des kontinuierlichen Verbesserungsprozesses,* ifaa-Edition, DOI 10.1007/978-3-662-48552-1_22

22.2 Ausgangssituation

Vor dem Hintergrund der bestehenden Rahmenbedingungen intensivierte das Management im Jahr 2011 den vor vielen Jahren eingeschlagenen Weg eines kontinuierlichen Veränderungs- und Verbesserungsprozesses. Die Situation wurde gründlich analysiert und folgende Handlungsfelder daraus abgeleitet:

- Steigerung der Kundenzufriedenheit
- Kontinuierliche Kostensenkungen
- Ausbau/Nutzung der Kernkompetenz
- Weiter- und Neuentwicklungen, Innovationen
- Optimierung der Organisation/Abläufe zur Schaffung höchster Flexibilität
- Realisierung kürzester Lieferzeiten
- Verbesserung/Sicherstellung gleichbleibender höchster Qualität
- Konsequente Führung der Mitarbeiter über Kennzahlen
- Verbesserung der Mitarbeiterqualifizierung/Flexibilität
- Erschließung neuer Beschaffungsmärkte und moderner Produktions-und Logistikkonzepte

Daraus ergaben sich für den Produktionsbereich konkrete messbare Ziele in Bezug auf die Steigerung der Produktivität, Verkürzung der Durchlaufzeiten und Verringerung der Umlaufbestände. Konfrontiert mit diesen Unternehmensvorgaben erarbeitete das Führungsteam des Produktionsbereiches im Rahmen eines Workshops einen Maßnahmenkatalog für kurz- und mittelfristige Lösungen, um diese Ziele erfüllen zu können. Daraus entstanden vier Projekte mit klar definierten Aufträgen, die in der Folge im Rahmen eines stringenten Projektmanagements abgearbeitet wurden. Ein Projekt, die Einführung eines Ideenmanagements, wird nachfolgend beschrieben.

Bisher existierte in der Spindelfabrik Suessen ein betriebliches Vorschlagswesen klassischer Art (smartidee), unterstützt durch ein EDV-System. Anfangs waren die Erfahrungen damit gut, aber in den letzten Jahren wurde ein deutlicher Rückgang der Verbesserungsvorschläge festgestellt. Bei einer Analyse wurde schnell klar, dass dieses System alleine den aktuellen Herausforderungen und den Ansprüchen an die Mitarbeiter nicht mehr gerecht werden konnte. Auch wurde deutlich, dass die Führungskräfte eine stärkere Rolle im Zusammenhang mit einem kontinuierlichen Verbesserungsprozess (KVP) einnehmen müssen. Damit standen die Ziele und Rahmenbedingungen für ein Ideenmanagement fest:

- Aktive Einbindung der Mitarbeiter
- Aktive Einbindung von Experten bei übergeordneten Problemen
- Sensibilisierung der Führungskräfte und Mitarbeiter zur Erkennung von Verschwendungsarten
- Geeignete einfache Methoden zur Unterstützung der Problemlösung
- Nachhaltigkeit in Prozess, Methoden und täglicher Vorgehensweise

22.3   Weg der Implementierung

Die aktive Einbindung der Beschäftigten in den KVP ist oberstes Ziel des Ideenmanagements der Spindelfabrik Suessen. Weitere Ziele, wie z. B. Produktivitätssteigerung, Erhöhung der Mitarbeitermotivation, Reduzierung von Rüst- und Störzeiten, Verbesserung von Sauberkeit und Ordnung, Steigerung der Qualität und die Erhöhung der Arbeitssicherheit müssen konsequent verfolgt und vom Management eingefordert und aktiv gefördert werden. Ein wesentliches Element ist die konsequente Verfolgung von Störungen und Verschwendungen entlang der Wertschöpfungskette (also nicht nur in der Produktion), die von Mitarbeitern und Führungskräften aufzuzeigen und unmittelbar zu eliminieren sind.

Es ist wichtig, deutlich zu machen, dass es hierbei nicht um Arbeitsverdichtung geht, sondern um die Steigerung der Produktivität z. B. durch den Austausch von Störungen und Stillständen gegen Wertschöpfung. Für alle Beteiligten ist klar, dass ein konsequenter KVP die Basis für alle weiteren Aktivitäten im Sinne der Zielerreichung sein muss. Das Fundament hierzu ist Ordnung und Sauberkeit am Arbeitsplatz (5S-Methode) und das Erkennen von Verschwendung im Arbeits- und Wertschöpfungsprozess sowie das permanente Hinterfragen aktueller Problemstellungen und bestehender Standards. Darin besteht eine große Herausforderung zum einen für die Mitarbeiter, welche die Wertschöpfung und Verschwendung erkennen müssen, und zum anderen insbesondere für die Führungskräfte, die erforderliche Disziplin von den Beschäftigten und sich selbst einzufordern und auch einzuhalten.

Das Projektteam war interdisziplinär und bereichsübergreifend zusammengesetzt und traf sich zu regelmäßigen Terminen. Der Projektleiter berichtete über den aktuellen Stand des Projektes in einem für alle Projekte festgelegten Lenkungsausschuss. Dort wurden die Konzepte genehmigt bzw. Änderungen vorgenommen.

Da dieser ganzheitliche Ansatz eines Ideenmanagements für die beteiligten Teammitglieder relativ neu war, besuchte man Firmen, die einen ähnlichen Weg gegangen sind. Dieser Erfahrungsaustausch zu Beginn des Projektes verhindert, Fehler zu wiederholen, die andere schon gemacht haben und bringt interessante Aspekte für die Konzeption eines Ideenmanagements. Schnell war auch hier klar, dass Kopieren nicht zielführend ist, sondern es wichtig ist, das Gelernte so zu modifizieren, dass es auf den Stärken des eigenen Systems aufbauen kann.

In relativ kurzer Zeit entstand ein Ideenmanagement (s. Abb. 22.1), das den Herausforderungen und den Rahmenbedingungen der Spindelfabrik Suessen gerecht wird.

Ideenmanagement als strategisches Konzept zur Erhöhung der Wettbewerbsfähigkeit

Das Ideenmanagement (s. Abb. 22.1) besteht aus drei gleichrangigen Säulen, dem bisherigen betrieblichen Vorschlagswesen (BVW), dem Mitarbeiter-KVP (m-KVP) und dem Experten-KVP (e-KVP).

Das **BVW** (smartidee) basiert auf spontaner Ideenfindung der Mitarbeiter über den eigenen Tätigkeitsbereich hinaus. Der Vorschlag wird in der Regel über den Vorgesetzten

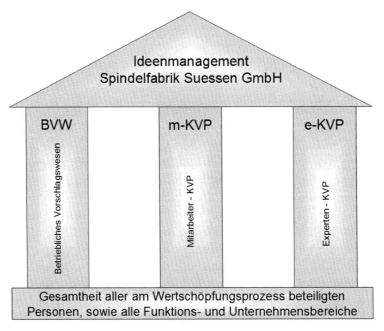

Abb. 22.1 Ideenmanagement Spindelfabrik Suessen. (Quelle: Spindelfabrik Suessen GmbH)

oder BVW-Koordinator in Papierform oder via Intranet eingereicht. Eine Prämierung der Vorschläge erfolgt nur dann, wenn diese im Rahmen des betrieblichen Vorschlagswesens eingereicht und von einem Expertenkreis besprochen und bewertet werden.

Der **m-KVP** ist in Verbindung mit der Verschwendungstafel (s. Abb. 22.2) zu sehen, an der die Mitarbeiter auf standardisierten Verschwendungskarten täglich Störungen, Qualitätsprobleme, Hinweise auf Abweichungen vom Standard und entdeckte Verschwendungsfelder aufzeigen. Vorschläge zur Verbesserung sind in dem Zusammenhang zweitrangig. Werden Vorschläge von den Mitarbeitern abgegeben, können diese zur Bewertung ins BVW mit aufgenommen werden. Die Tafel wurde in einem Pilotbereich eingeführt, um Erfahrungen zu sammeln. Täglich treffen sich die für die Produktion und produktionsnahen Bereiche zuständigen Verantwortlichen vor der Tafel, diskutieren die Hinweise auf den Verschwendungskarten und benennen einen Zuständigen für die Abarbeitung sowie einen Termin, bis zu dem das Problem beseitigt sein muss. Zur Einführung der Verschwendungstafel wurden die Mitarbeiter durch die Führungskräfte intensiv informiert und qualifiziert. Es war nicht erstaunlich, dass in dem Pilotbereich in kurzer Zeit ca. 80 Hinweise von den Mitarbeitern aufgezeigt worden sind. Eine besondere Herausforderung war dies nun für die Führungskräfte und Instandhaltung, da die Mitarbeiter den Anspruch hatten, dass die Hinweise schnell bearbeitet bzw. umgesetzt werden. Erfahrungen zeigen, wenn eine relativ schnelle Umsetzung nicht erfolgt, bleiben die Hinweise der Mitarbeiter aus. Nach einigen Wochen pendelten sich die Hinweise bei zwei bis sechs je Schicht und Tafel ein. Die erledigten Verschwendungskarten werden dokumentiert und regelmäßig ausge-

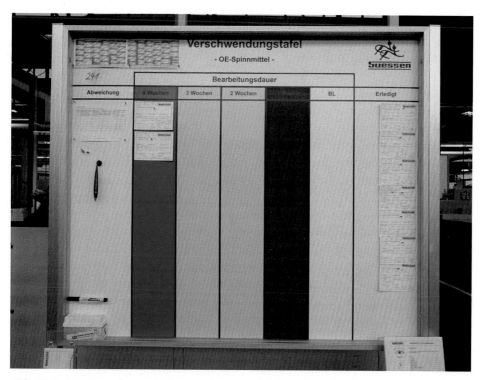

Abb. 22.2 Verschwendungstafel. (Quelle: Spindelfabrik Suessen GmbH)

wertet. Ebenso wird in einem festgelegten Zeitrahmen die Wirksamkeit der umgesetzten Verbesserungen überprüft. Ziel ist es, dass Störungen bzw. Abweichungen von Standards nur einmal ggf. zweimal auftreten und dann aber konsequent und nachhaltig beseitigt werden. Dieser m-KVP kann sich relativ schnell positiv auf die Produktivität und auch auf die Zufriedenheit der Mitarbeiter auswirken. Die Verschwendungstafel macht Störungen und Schwierigkeiten sichtbar.

Der **e-KVP** findet oft im Rahmen von Workshops oder Projektarbeit statt. Auslöser können Verschwendungskarten mit umfangreicheren Aktivitäten, Vorgaben der Geschäftsleitung, Zielvereinbarungsgespräche oder bereichsübergreifende Projekte sein. Ein Expertenteam setzt sich zusammen, um gemeinsam ein Problem zu lösen. Hier ist ein tiefes Expertenwissen gefragt, das temporär bereichsübergreifend zur Verfügung gestellt wird. Bestimmte Mitarbeiter aus dem Arbeitsteam werden aktiv und erarbeiten ggf. mit Experten Ideen und Maßnahmen, stimmen diese mit dem betroffenen Arbeitsteam ab und setzen die erarbeiteten Maßnahmen gemeinsam um oder lassen diese durch Fachabteilungen umsetzen. Es handelt sich hierbei um organisierte KVP-Projekte, Planungsprojekte, zeitwirtschaftliche Projekte, KVP-Workshops, Wertanalysen oder strategische Optimierungsprozesse. Führungskräfte, Optimierungsspezialisten und speziell ausgebildete Mitarbeiter treiben diesen KVP voran.

22.4 Erkenntnisse und Erfahrungen

Die Rolle der Führung

Die Qualifizierung der Beschäftigten findet unter Anleitung der Führungskräfte vor Ort im Rahmen der täglichen Problemlösung statt. Aus Arbeitsabläufen wird Verschwendung permanent herausgenommen. Ordnung und Sauberkeit, Verbesserung von Ergonomie und Arbeitssicherheit entlasten die Führungskräfte und Mitarbeiter deutlich. Bei Schwierigkeiten und Problemen stehen die Führungskräfte zur Verfügung. Eine sehr wirkungsvolle und einfache Methode, die von den Führungskräften eingesetzt wird, um der wirklichen Ursache eines Problems im Rahmen eines KVP auf den Grund zu kommen, ist die Methode „5W", also fünfmal „Warum?" fragen. Dadurch wird eine oftmals vordergründige Problemlösung zu einer konsequenten, ursachenorientierten Problemlösung, denn nicht selten liegt die Ursache eines Problems weit von dem Ort entfernt, wo das Problem letztlich auftritt. Häufig müssen hier im Sinne eines Kunden-Lieferanten-Verständnisses innerbetriebliche Schnittstellen überwunden oder auch neu definiert werden, was eine zusätzliche Herausforderung für alle Beteiligten darstellt. Bei der Lösung von Schnittstellenproblemen ist das obere Management besonders gefordert, da hier die Befugnis und Macht liegt, die Lösung von Schnittstellenproblemen konsequent einzufordern und ebenso durchzusetzen.

Dieser Verbesserungsprozess ist jedoch nur dann erfolgreich, wenn die Arbeitsprozesse und -abläufe, auch bereichsübergreifend eindeutig beschrieben und standardisiert sind. Standards sind auch bei der Spindelfabrik Suessen die Grundlage eines nachhaltigen KVP, da Standards jegliche Abweichungen (Probleme/Schwierigkeiten) sofort sichtbar machen und den Führungskräften ein schnelles Eingreifen am Ort des Geschehens, unter Beteiligung aller notwendigen Funktionsträger, ermöglichen.

Die Erfahrungen der Spindelfabrik Suessen zeigen, dass ein KVP im Sinne der Toyota-Philosophie nur dann erfolgreich ist, wenn die Führungskräfte und Beschäftigten sich mit viel Geduld und Disziplin an die vereinbarten Standards in den Prozessen und Aufgaben halten.

Anfangs ist es wichtig, nur einfachste Methoden, wie z. B. 5S, zur Verbesserung anzuwenden (s. Methodenbaukasten). Sind diese Methoden gut eintrainiert und bringen dauerhafte Effekte, dann können entsprechend den aktuellen Problemstellungen („Das Problem zieht die Methode!") komplexere Methoden, wie z. B. Wertstromdesign, SMED usw. erfolgreich eingesetzt werden.

Vorbildliche Mitarbeiter oder Führungskräfte sind diejenigen, die nach den bestehenden Standards handeln und auftretende Abweichungen (Probleme) aufzeigen. Hierbei kann 5S als Basismethode sehr hilfreich sein. Die Führungskraft ist aufgefordert, den Mitarbeiter insofern zu unterstützen, dass er das Problem analysiert, auf die Ursachen zurückführt und dafür Sorge trägt, dass dieses Problem nachhaltig abgestellt ist. Eine anschließende permanente Überprüfung der Prozessabweichungen und die Weiterentwicklung der Standards durch die Führungskräfte ist Tagesgeschäft.

Methodenbaukasten zur Problemlösung

Zur nachhaltigen Beseitigung von Störungen und Schwierigkeiten wurden durch das Projektteam Problemlösungsmethoden ausgewählt, auf die Rahmenbedingungen des Unternehmens angepasst und den Führungskräften zur Verfügung gestellt. Diese sollen helfen, schneller an den Kern der Probleme und Schwierigkeiten zu gelangen, um diese nachhaltig beseitigen zu können. Die Qualifizierung hierzu erfolgt bei Bedarf und individuell. Die modifizierten Problemlösungsmethoden sind:

- Deming-Kreis (Planen, Ausführen, Überprüfen, Verbessern)
- Ishikawa-Diagramm (Ursache-Wirkungs-Diagramm)
- fünfmal „Warum?" fragen

Ordnung und Sauberkeit als Basis

Die Sensibilisierung für die tägliche Steigerung von Wertschöpfung ist in Bezug auf Arbeitsplätze, Prozesse und Systeme sowie auch vor- und nachgelagerte Prozesse durch konsequentes Betreiben der 5S-Methode durch die Führungskräfte gelungen. Allerdings ist dies ein täglicher Kraftaufwand, insbesondere für die Führungskräfte, die die definierten Standards selbst einhalten und dies von den Mitarbeitern konsequent einfordern müssen. Durch regelmäßige 5S-Workshops und Audits erhalten die gemeinsam mit den Beschäftigten geschaffenen Standards die notwendige Stabilität und bilden die Grundlage zur permanenten Weiterentwicklung von Standards. Beim Audit festgestellte Mängel werden umgehend z. B. über organisierte 5S-Workshops abgestellt.

Der Grundgedanke ist hierbei:

▶ „Ein sauberer und aufgeräumter Arbeitsplatz ist Grundlage für die Produktion
   qualitativ hochwertiger Produkte zu richtigen und optimalen Kosten."

Durch regelmäßige kollegiale 5S-Audits erhalten die gemeinsam mit den Beschäftigten geschaffenen Standards die notwendige Stabilität, und sie sind die Basis zu der permanenten Weiterentwicklung von Standards. Beim Audit festgestellte Mängel werden umgehend ggf. über organisierte 5S-Workshops abgestellt.

22.5 Fazit

Der in der Produktion schon vor einigen Jahren eingeschlagene Weg wird vom Management und den Mitarbeitern weiterhin konsequent fortgesetzt. Die erzielten sichtbaren und messbaren Erfolge, wie z. B. Ordnung und Sauberkeit, Visualisierung und Verbesserung von Kennzahlen an den Maschinen und Anlagen, KVP-Workshops sowie die flächendeckende Einführung von Methoden des Ideenmanagements, sprechen für die Richtigkeit des Weges. Es ist gelungen, in relativ kurzer Zeit beachtliche Kosteneinsparungen zu realisieren und die Mitarbeiter für diesen nicht einfachen Veränderungsprozess zu gewinnen. Durch die Entpersonifizierung von Problemen können Schnittstellenpotenziale versachlicht und über eindeutige und klare Arbeitsprozesse nachhaltig verbessert werden. Es gilt nun die Funktionseinheiten auf ein prozessorientiertes Verhalten mit dem Fokus auf das gesamte Unternehmenssystem einzuschwören.

Hinweise zu der Methode, die in diesem Praxisbeispiel vorrangig beschrieben wird, finden Sie in *Teil I – Methoden zur Prozessverbesserung* **des Buches in folgendem Kapitel:**

• Kapitel 7: Kontinuierlicher Verbesserungsprozess (KVP)/Kaizen

Kontinuierlicher Verbesserungsprozess im administrativen Bereich – wie „Ordnung und Sauberkeit" im Büro einen Beitrag zur Prozesssicherheit leistet – Praxisbeispiel -August Brötje GmbH

Dirk Mackau, Burkhard Maier und Sonja Zablowsky

23.1 Vorstellung des Unternehmens

Brötje blickt auf fast 100 Jahre Erfahrung im Bereich Heiztechnik zurück. Eine Unternehmensgeschichte, die von innovativen und qualitativ hochwertigen Produkten geprägt ist und die auf einem großen Know-how sowie einer außergewöhnlichen Leistungsfähigkeit in der Heiztechnik basiert. Brötje entwickelte im Laufe dieser Geschichte neue Technologien und Produkte für Gas-, Ölheizsysteme, Wärmepumpen und Solartechnik. Mit diesen zukunftsweisenden Entwicklungen, insbesondere im Bereich der Brennwerttechnik, wurden stets neue Impulse gesetzt und große Erfolge gefeiert.

Brötje gehört heute zur BDR Thermea Gruppe, einer der weltweit führenden Heiztechnikhersteller. Als Systemtechnikanbieter werden marktgerechte Wärmeerzeugerprodukte auf dem neuesten Stand der Technik für Gas und Öl, Warmwasserspeichersysteme, Brenner für Gas und Öl, Wärmepumpen, Solartechnik und Heizkörper mit dem erforderlichen Zubehör entwickelt, produziert und über Vertriebspartner angeboten. Brötje Produkte werden ausschließlich über die Kooperationspartner, die GC- und Pfeiffer & May-Großhandelsgruppe, an das Fachhandwerk vertrieben.

Am Standort in Rastede werden mit etwa 450 Mitarbeitern jährlich über 55.000 Wärmeerzeuger gefertigt. Darüber hinaus befinden sich hier ein Trainingscenter mit modernen Schulungsräumen und das Kunden-Service-Center.

D. Mackau (✉)
NORDMETALL Verband der Metall- und Elektroindustrie e. V., Bremen, Deutschland
E-Mail: mackau@nordmetall.de

S. Zablowsky · B. Maier
August Brötje GmbH, Rastede, Deutschland

© Springer-Verlag Berlin Heidelberg 2016
Institut für angewandte Arbeitswissenschaft e.V. (ifaa) (Hrsg.), *5S als Basis des kontinuierlichen Verbesserungsprozesses,* ifaa-Edition, DOI 10.1007/978-3-662-48552-1_23

23.2 Ausgangssituation

Der Einstieg in eine nachhaltige Lean-Kultur in der Fertigung erfolgte u. a. mit einem an TWI (Training Within Industry) ausgerichteten Trainingsprogramm, dass Lean als systematischen Lernprozess auf individueller und organisatorischer Ebene versteht und nicht die Anwendung möglichst vieler Methoden oder Tools in den Vordergrund stellt. Die daraus abgeleiteten vier Kernthesen [1] sollten auch bei dem Einstieg in die administrativen Bereiche Berücksichtigung finden:

1. Niedrige Kosten und geringe Kapitalbindung sind keine primären Lean-Ziele, sondern sekundäre Effekte, die sich aus kurzer Durchlaufzeit, niedrigen Beständen, und hoher Qualität (Prozesssicherheit) ergeben.
2. Fehlerfreie Prozesse sind dynamisch und müssen ständig aktiv erarbeitet werden. Lean funktioniert deshalb auch nicht als Experten-System, sondern entwickelt sich nur auf einer möglichst breiten Basis an Problemlösungsfähigkeit in der Belegschaft.
3. Die Einbindung der Beschäftigten sowie die systematische interne Qualifizierung werden damit zur entscheidenden Größe für die erfolgreiche Arbeit mit Lean.
4. Lean verändert die Führung und Zusammenarbeit im Unternehmen. Die Bereitschaft zu ständiger Problemlösung und Übernahme von Verantwortung lässt sich nicht anordnen. Auf der obersten Führungsebene einschließlich des Geschäftsführers reifte rasch die Erkenntnis, dass die Lean-Kultur nicht an den Grenzen der Fertigungs- und Montagehallen enden darf, um nachhaltig erfolgreich am Standort Rastede zu sein, sondern alle Bereiche und Abteilungen erreichen muss. Letztlich kann das Unternehmen nur erfolgreich sein, wenn alle Prozesse und Schnittstellen, von der Produktentstehung bis zum After Sales Service, stabil, beherrschbar und transparent gestaltet und aufeinander abgestimmt sind. Bislang wurde mit der Fertigung und Montage nur ein kleiner Ausschnitt betrachtet.

23.3 Weg der Implementierung

In den folgenden Abschnitten wird ein möglicher Weg der Einführung von KVP in administrativen Bereichen am Beispiel der Abteilungen „Rechnungswesen" und „Produktmanagement" beschrieben. Das Vorgehen ist jedoch grundsätzlich auf alle Bereiche übertragbar. Zunächst wurde überlegt, wie den Beschäftigten – einschließlich Führungskräften – die Bedeutung des Themas „Lean-Kultur" näher gebracht werden kann. Bislang konnte sich die Mehrzahl der Beschäftigten unter dem Begriff wenig vorstellen oder brachte ihn nur mit der Fertigung in Verbindung. Im ersten Schritt wurde daher zu einer abteilungsinternen Informationsveranstaltung eingeladen, die von einem externen Prozessbegleiter moderiert wurde. Einige der Teilnehmer hatten den Begriff „Lean" und „KVP" im Vorfeld der Veranstaltung „gegoogelt", sodass beim Start ein diffuses, zum Teil negatives Bild über Sinn und Zweck der Veranstaltung bei den Teilnehmern vorlag.

Der Einstieg in die Thematik erfolgte mit einem Rundgang durch die Produktion. Vor Ort erfuhren die Teilnehmer, welche Veränderungen in den letzten Jahren erfolgt sind. Dies gilt im Speziellen hinsichtlich Ordnung und Sauberkeit, Verschwendung erkennen und der kontinuierlichen Verbesserung. Beispielsweise haben die Teilnehmer erfahren, dass an den Montagelinien nach jeder Schicht die Probleme an einer Tafel gesammelt und danach zeitnah Maßnahmen eingeleitet werden. Weiterhin fiel auf, dass jedes Werkzeug einen festen Platz hat, Ladungsträger beschriftet und Stellflächen markiert sind.

Nach Abschluss des Rundgangs überlegten die Teilnehmer, wie sich diese Prinzipien für ihre Abteilung und ihr Arbeiten nutzen lassen. Dabei war klar, dass Lean von Beginn an nicht als „Aufräumen im Büro" oder „Ausrichten von Kugelschreibern" übersetzt werden darf, sondern dass neben „Ordnung und Sauberkeit" die Prozesse im Fokus stehen müssen, sowie deren kontinuierliche Verbesserung. Folgende Punkte wurden als Handlungsmaxime herausgearbeitet:

- in Prozessen denken,
- Fehler als Chance nutzen,
- Problemursachen nachhaltig beseitigen,
- Prozesse auf Kundenanforderungen abstimmen und
- Schnittstellen definieren und Anforderungen beschreiben.

Zum Ende des ersten Workshops war allen Beschäftigten klar, dass die Analyse von Prozessen hinsichtlich Verschwendung einen Vorteil für das eigene Arbeiten bedeutet und damit gerade keine „Leistungsverdichtung" einhergeht. Weiterhin wurde deutlich, dass auch „Ordnung und Sauberkeit" im Büro einen Beitrag zur Prozesssicherheit leistet, wenn z. B. im Urlaubs- oder Vertretungsfall in den Unterlagen oder der Ablage der Kollegen das Suchen entfällt und klar ersichtlich ist, wo Unterlagen oder Material abgelegt werden und wie Prozesse ablaufen.

Zusammengefasst kann festgehalten werden, dass der Einstieg in das Thema KVP im administrativen Bereich sowohl über „Ordnung und Sauberkeit", als auch über die Prozesssicht erfolgen soll. Es bestand darüber hinaus Klarheit über die Gestaltungsmöglichkeiten jedes Einzelnen. Weiterhin wurde deutlich kommuniziert, dass es sich

a. um einen Verbesserungsprozess und nicht um ein Projekt handelt, d. h., es gibt im Idealfall kein Ende und
b. die Organisation muss Strukturen und Ressourcen für diesen Prozess bereitstellen.

Als „Hausaufgaben" wurde den Teilnehmern mit auf den Weg gegeben, zu reflektieren, wie die Abteilung aktuell zum Thema „Ordnung und Sauberkeit" aufgestellt ist. Darüber hinaus wurde vereinbart, dass über einen Zeitraum von 4 bis 6 Wochen täglich die aufgefallenen „Hindernisse" auf einem Flipchart gesammelt werden. Dabei wurde „Hindernisse" als „alles, was den Einzelnen oder die Abteilung von einem effizienten Arbeiten abhält", definiert. Beispielhaft könnte es sich um technische Hindernisse, unvollständige oder verspätete Lieferungen oder Suchzeiten handeln. Die Auswertung dieser „Problemsammlung" bildete den Einstieg in den nächsten Workshop.

23.4 Erkenntnisse und Erfahrungen

Beispiel Rechnungswesen
Zum nächsten Workshop brachten die Teilnehmer eine bereits nach „Inhalten" und „Verursachern" sortierte Matrix der „Hindernissammlung" der letzten Wochen mit. Täglich haben sich die Beschäftigten vor dem Flipchart getroffen und ihre „Hindernisse des Tages" sowie die Verursacher hinterlegt. Nach einigen Wochen wiederholten sich die ersten Themen. Die so geclusterten Einträge lassen sich grob in zwei Bereiche gliedern:

- Hindernisse, deren Ursachen offensichtlich im eigenen Bereich liegen und
- Schnittstellenprobleme.

Zu der ersten Gruppe gehören z. B. Suchzeiten im internen Ablagesystem. In die zweite, größere Gruppe fallen etwa mangelnde und nicht rechtzeitige Informationsweitergabe, Nichteinhaltung von Standards oder PC-Probleme.

Um den Einstieg in den Verbesserungsprozess zu trainieren und den begrenzten Ressourcen Rechnung zu tragen, wurde von den Beschäftigten ein Schnittstellenthema ausgewählt, dass als „mittelschwer" eingestuft wurde, da nur eine Schnittstelle betroffen ist. Konkret ging es um die Schnittstelle zwischen Wareneingang und Rechnungswesen. Aktuell führen fehlende Lieferscheine oder unvollständige bzw. nicht lesbare Angaben auf Lieferscheinen zu einem erheblichen Mehraufwand in der Abteilung Rechnungswesen. Als Einstieg in eine Diskussion mit dem Wareneingang wurde beschlossen, zunächst intern den aktuellen Ist-Prozess im Rechnungswesen mit allen Schnittstellen, Warte- und Suchzeiten etc. abzubilden.

Weiterhin wurde das Thema „Ordnung und Sauberkeit im Büro" besprochen. Hier stand ein Rundgang durch die Büros auf der Agenda, bei dem die Teilnehmer ihre Eindrücke schilderten. Diese wurden mit der Rückmeldung eines externen Prozessbegleiters abgeglichen. Es fiel auf, dass ein gemeinsames Bild von „Ordnung und Sauberkeit" fehlt und die sogenannte „Betriebsblindheit" stärker ausgeprägt war als zunächst vermutet. Die Teilnehmer vereinbarten sodann (a) Schränke, Ablagen und Rollcontainer nach den ersten drei Schritten der 5S-Systematik einer genauen Analyse zu unterziehen und (b) Beschriftungen und Ablagen zu standardisieren.

Das nächste Treffen begann mit einer Reflektion der o. g. Ist-Prozessaufnahme. Hier stellte sich heraus, dass die Beschäftigten sich schwer getan haben, die richtige Darstellungstiefe zu finden. In Gesprächen mit dem externen Prozessbegleiter wurde dieser Punkt erörtert, sodass zum Ende dieses Termins die Prozesssicht der Abteilung Rechnungswesen vorlag. Zum nächsten Termin wurde die Abteilung Wareneingang eingeladen mit der Bitte, gemeinsam die Schnittstelle „Lieferscheine" zwischen den beiden Abteilungen zu analysieren.

Im Anschluss wurden wieder die Aktivitäten zu „Ordnung und Sauberkeit" in Augenschein genommen. Hier zeigte sich, dass in nicht unerheblichem Maße z. B. Gegenstände identifiziert wurden, die nicht zur täglichen Arbeit benötigt werden. Weiterhin konnten Ordner ins Archiv gebracht werden, wodurch Platz für Ordner geschaffen wurde, die bislang keinen festen Platz hatten. Als Zielzustand wurde vereinbart, dass die Arbeitsplätze zukünftig so zu gestalten sind, dass sich ein neuer Beschäftigter bzw. ein Auszubildender dort sofort zurechtfindet. Weiterhin wurde Handlungsbedarf bei der Beschreibung und Strukturierung der eigenen Abläufe identifiziert. Auch hier soll durch mehr Transparenz eine standardisierte Einarbeitung sichergestellt werden.

Auf Einladung des Bereichsleiters Finanzen fand im nächsten Schritt die gemeinsame Sitzung mit Beschäftigten und Führungskräften aus dem Wareneingang und dem Rechnungswesen statt. In moderierter Form wurden zunächst die Beweggründe des Rechnungswesens für die Zusammenkunft erläutert, indem aus Sicht des Rechnungswesens der aufgenommene interne Ist-Prozess mit allen Verschwendungen vorgestellt wurde. Es entwickelte sich eine lebhafte, aber sachliche Diskussion, bei der die Schnittstelle zwischen den Bereichen im Fokus stand. Im weiteren Verlauf skizzierten die Mitarbeiter des Wareneingangs den zugehörigen Ist-Prozess aus ihrem Bereich. Zum Ende des Workshops wurde ein gemeinsamer Zielzustand beschrieben und vereinbart, dass der Wareneingang tiefer in die Problemanalyse einsteigt. Darauf aufbauend konnte durch den Wareneingang zum nächsten Termin ein neuer Soll-Prozess vorgestellt werden. Dieser wurde ausführlich erläutert und es wurde geprüft, ob durch die Veränderungen die aufgezeigten Verschwendungen dauerhaft abgestellt werden können, ohne dass neue Verschwendungen auftreten. Weiterhin wurde erläutert, welche konkreten Maßnahmen zur Erreichung des Soll-Prozesses notwendig sind sowie wer sich bis wann darum kümmert.

Das abteilungsübergreifende Arbeiten und Denken in Prozessen hat bei allen Beteiligten die Kunden-Lieferanten-Sichtweise gestärkt. Vielfach war gar nicht bekannt, wie der interne Kunde die gelieferten Daten verarbeitet, welche Anforderungen bestehen und letztendlich auch welche Probleme beim internen Kunden durch unvollständige oder verspätete Lieferungen auftreten.

Dieser Dialog zwischen den beiden Abteilungen wurde auf Arbeitsebene weitergeführt, bis im Wareneingang der neue Soll-Prozess zum stabilen Ist-Prozess geworden ist. Die gesamte Bearbeitungsdauer hat etwa 4 Monate betragen. Die Erreichung des vereinbarten Zielzustandes wurde über einen Zeitraum von weiteren 4 Monaten überwacht. Die ursprünglichen Warte-, Lauf- und Suchzeiten wurden erfolgreich eliminiert, sodass dieses Projekt intern dokumentiert und archiviert werden konnte.

Die offene Ansprache von Problemen führte zudem bei den Mitarbeitern des Wareneingangs zu einer Reflexion eigener Arbeitsprozesse, die überdacht und überarbeitet wurden. So wurde neben der Einrichtung von Formblättern zur Kommunikation mit Lieferanten (mit Kopie an die Kreditorenbuchhaltung) auch die Neuplanung, Kommunikation und strikte Einhaltung neuer Öffnungszeiten verfolgt.

Als zweites großes Thema wurde von der Liste der „Schnittstellenprobleme" das „Unfallmanagement" ausgewählt. Hinter diesem Prozess verbirgt sich die Aufnahme und Bearbeitung von Kfz-Unfällen des Fuhrparks und bei Mietwagen. Bei Einzelfällen betrug die Prozessdauer von der Meldung eines Unfalls, der Anreicherung mit relevanten Daten (Unfallbericht, Fotos und ggf. Gutachten), die Kommunikation mit der eigenen und/oder gegnerischen Versicherung bis hin zur Reparatur- und Zahlungsfreigabe mitunter mehrere Monate.

Zunächst wurden hier intern die im Rechnungswesen auflaufenden Probleme konkretisiert, ein zu erreichender Zielzustand definiert und der Weg dorthin skizziert. Dieser Weg begann mit der detaillierten Darstellung des Ist-Prozesses. Dieser Prozess wurde von den beteiligten Mitarbeitern auf Verschwendung durchleuchtet und es wurde ein neuer Soll-Prozess entworfen. Dazu gehörte auch das Aufzeichnen von Ist-Zeiten sowie das Hinterlegen von Soll-Zeiten für einzelne, beeinflussbare Prozessschritte. Auch dieser neue Soll-Prozess wurde mit ausgewählten Betroffenen (u. a. Kundendiensttechnikern) diskutiert und hinsichtlich der Machbarkeit analysiert. Vorrangig ging es auch hier wieder um die Sensibilisierung für die Kunden-Lieferanten-Beziehung, das Aufzeigen von Verschwendungen, die bei Nichtbeachtung eines Standards im Rechnungswesen auftreten bis zu den monetären Auswirkungen für das Unternehmen. Die Ergebnisse dieser Diskussionsrunden flossen in ein Maßnahmenpaket ein, dass es den Betroffenen zukünftig erleichtern soll, den neuen Soll-Prozess einzuhalten, im Besonderen auch hinsichtlich der Durchlaufzeiten. Zu den Maßnahmen gehörte u. a. eine Schulung durch die Mitarbeiter des Rechnungswesens, die Erstellung von Infokarten für die Fahrzeuge, auf der die relevanten Prozessschritte und Fristen dargestellt sind sowie ein interner Katalog mit Eskalationsstufen bei zukünftigen Abweichungen. Dieser Maßnahmenkatalog wurde bis zum Anfang des Jahres 2014 abgearbeitet und in der aktuellen Phase überwachen die Mitarbeiter des Rechnungswesens die Einhaltung des neuen Soll-Prozesses und messen die Durchlaufzeiten an den festgelegten Stellen.

Die Kommunikation mit den Fahrern der Firmenwagen, die Aushändigung der Infokarten sowie einzelne disziplinarische Maßnahmen bei Nichteinhaltung der Fristen in Einzelfällen führten insgesamt zu einer Verbesserung der Durchlaufzeiten und damit zur wesentlichen Vermeidung von Verschwendung im Bereich des Unfallmanagements. Aktuell ist das nächste Thema durch die Beschäftigten ausgewählt und mit der Bearbeitung wurde in gewohnter Form begonnen.

Bezüglich der Beschäftigung mit weiteren Prozessverbesserungen und der Thematik „Ordnung und Sauberkeit" wurden zwischenzeitlich zwei Beschäftigte aus der Abteilung ausgewählt, die als Koordinatorinnen den Prozess der kontinuierlichen Verbesserung planen, steuern und überwachen. Es wurden feste Strukturen in Form von regelmäßigen Abteilungstreffen, an denen die Mitarbeiter von der Führungskraft über laufende Rechnungswesen- und relevante Gruppenprojekte informiert werden und eine KVP-Pinnwand eingeführt. An dieser Tafel (s. Abb. 23.1) werden Probleme gesammelt, sortiert, bewertet,

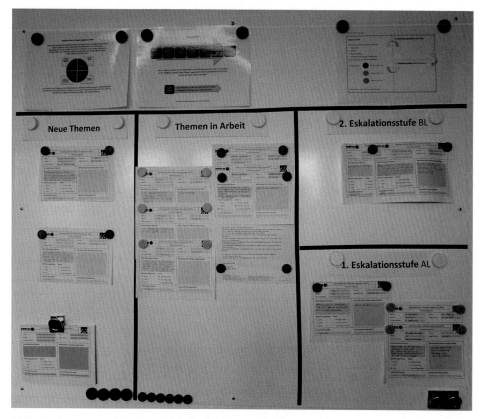

Abb. 23.1 KVP-Pinnwand. (Quelle: August Brötje GmbH)

interne Hindernisse analysiert und Lösungsvorschläge erarbeitet. Abgeschlossene be-arbeitete Themen werden in einem Ordner archiviert.

Beispiel Produktmanagement

Am Beispiel der Abteilung Produktmanagement wird erläutert, wie im Rahmen der kon-tinuierlichen Verbesserung mit einem komplexen Schnittstellenthema umgegangen wird. Die Beschäftigten und Führungskräfte im Produktmanagement sehen das größte Potenzial und zugleich dringlichste Problem in der Stammdatenpflege. Konkret wurde der Prozess „Stammdatenpflege und -verarbeitung" herausgegriffen und in einem ersten Schritt be-sprochen, wie ein derart umfangreicher und komplexer Prozess einschließlich „Input/Out-put", „Lieferant" sowie „Art der Datenbereitstellung" und „Ablageort" abgebildet werden kann. In der Diskussion stellte sich heraus, dass es bei den Mitarbeitern verschiedene Sichten auf den Prozess gibt, je nachdem, welche Aufgaben bzw. Rollen sie im Bereich des Produktmanagements einnehmen.

Da jedoch bei allen Mitarbeitern der Wille vorhanden war, sich dieser Herausforderung zu stellen, um zukünftig effizientere sowie transparente Arbeitsabläufe zu haben, wurde vereinbart, dass mit Bordmitteln – einer Papierrolle und Stiften – begonnen wird, den Prozess zu visualisieren (s. Abb. 23.2). Die Betroffenen waren überzeugt, dass die befürchteten Probleme bzw. Herausforderungen lösbar sind, sobald erst ein Anfang gemacht ist.

Sodann trafen sich die Mitarbeitergruppen selbstorganisiert regelmäßig in einem Besprechungsraum, um zur Darstellung des Ist-Prozesses ihr jeweiliges Wissen beizusteuern. Dabei ging es auch – wie im Beispiel des Bereichs Rechnungswesen beschrieben – z. B. um die Detaillierungsebene bzw. Genauigkeit der Darstellung. Im Laufe der Zeit wuchs die Prozesslandkarte zu einem beachtlichen Gesamtbild und die Beschäftigten wurden immer routinierter in der Denk- und Darstellungsweise.

Am Ende der Ist-Aufnahme wurde den Beschäftigten und den Führungskräften auf diese Art und Weise verdeutlicht, was alle vermutet haben: Der aktuelle Prozess enthält eine Vielzahl an Verschwendungen oder Warteschleifen aufgrund fehlender Informationen.

Im nächsten Schritt wurde diskutiert, wie die Soll-Prozessentwicklung ablaufen kann. Für die Beschäftigten lag es auf der Hand, dass sich die Soll-Prozess-Entwicklung an den Phasen des Konzernstandardprozesses New Product Creation Process (NPCP) orientieren muss. Parallel wurde vereinbart, dass für besonders relevante Stellen im aktuellen Prozess Durchlaufzeiten ermittelt werden sollen, um überprüfen zu können, ob die Neuausrichtung des Prozesses zu der erwarteten Durchlaufzeitverkürzung beiträgt. Analog zu der Ist-Aufnahme haben sich die Beschäftigten mehrfach getroffen und entsprechend den Vorgaben des NPCP-Prozesses einen Soll-Prozess „Stammdatenpflege und -verarbeitung" entwickelt (s. Abb. 23.3). Neben den bereits sorgfältig praktizierten NPCP-Stage-Gates gibt es im firmeninternen Warenwirtschaftssystem „Movex" verschiedene Stati, die sich im Laufe der Produktentwicklung verändern. Ziel war es nun, die NPCP-Stage-Gates als Raster zu nehmen und die Movex-Stati inklusive der erforderlichen Dienstleistungen einzuordnen.

Im Vordergrund standen dabei die Einhaltung der im NPCP-Prozess geforderten Stage-Gates sowie die zeitliche und inhaltliche Abfolge der einzelnen Schritte. Oberste Maxime bei der Neugestaltung war, dass keine Schleifen oder Sprünge in bereits abgearbeiteten Schritten vorkommen dürfen. Weiterhin wurde exakt analysiert, welche Daten bis zu welchem Zeitpunkt in welcher Form und an welchem (Ablage-)Ort zwingend vorhanden sein müssen.

Ebenso wurde die Qualität der Daten sowie die Lieferanten näher beschrieben. In gleicher Weise wurde zusammengestellt, an welche Abteilungen das Produktmanagement in welchem Prozessschritt zukünftig welche Daten liefert.

Sodann wurde aus den sehr umfangreichen Analysen eine Kurzdarstellung des KVP-Projektes für den obersten Führungskreis einschließlich Geschäftsführer erarbeitet. Auf diese Weise konnten in Gegenwart des Geschäftsführers und der Abteilungsleiter die Denkweise („Probleme sind Schätze" und „Nur gemeinsam können wir besser werden") sowie das bisherige und weitere Vorgehen erläutert werden. Dies erscheint gerade bei einem komplexen „Schnittstellenprozess" unabdingbar, da im nächsten Schritt mit den einzelnen internen Lieferanten Gespräche über den neuen Soll-Prozess anstehen. Ziel ist es, zeitnah in einzelnen internen Kunden-Lieferanten-Gesprächen die Soll-Prozessschritte zu erläutern, die Verfügbarkeit der benötigten Daten zu hinterfragen sowie eine

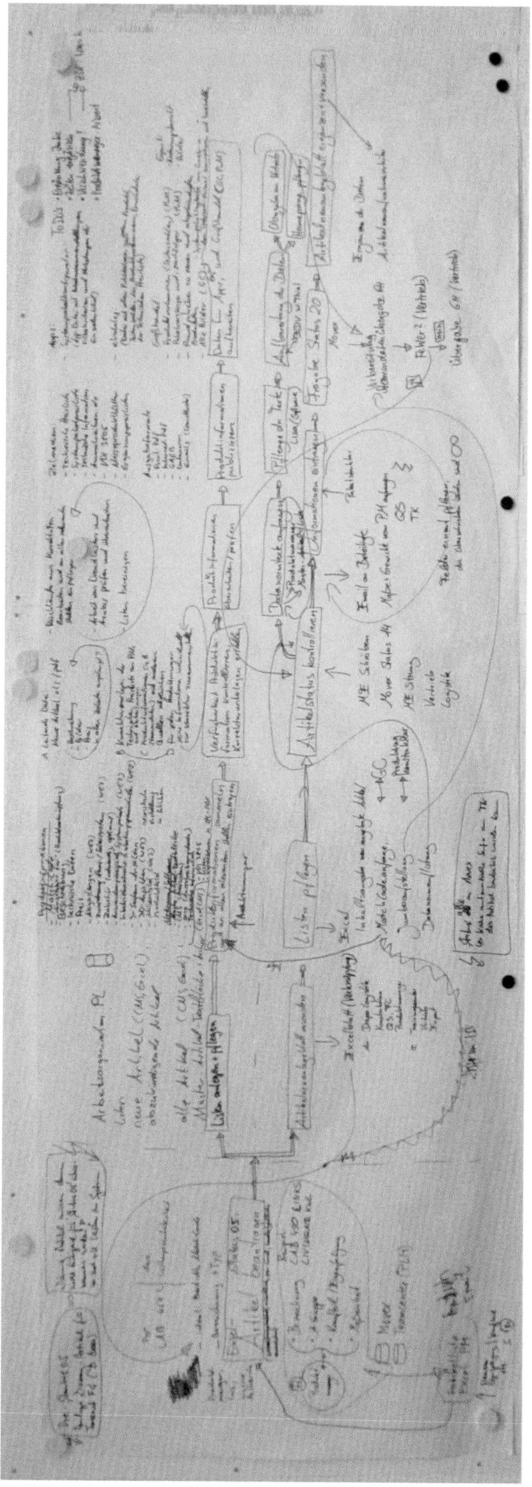

Abb. 23.2 Ist-Aufnahme des Prozesses. (Quelle: August Brötje GmbH)

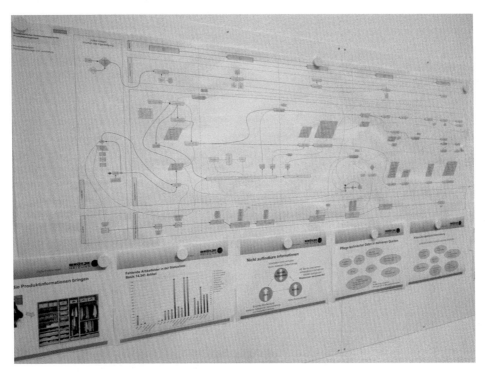

Abb. 23.3 Ist-Aufnahme des Prozesses. (Quelle: August Brötje GmbH)

Vereinbarung bezüglich Lieferzeitpunkt sowie Art und Güte anzuschließen. Im Idealfall wird ein Workflow aufgesetzt, der die Arbeitsabfolgen eindeutig regelt und die Prozesse erst dann weiter laufen lässt, wenn alle definierten Vorgängerschritte erfüllt sind. Werden erforderliche Leistungen nicht erbracht, erfolgt eine Eskalation innerhalb der Organisation durch die Einbindung der jeweils nächsten Führungsebene.

23.5 Fazit

Dem hier beschriebenen Vorgehen liegt die Idee zugrunde, dass die Beschäftigten im administrativen Bereich für das Thema Lean-Kultur zu begeistern sind, wenn sie zum einen vor Ort erleben, welche positiven Veränderungen in anderen Bereichen, hier der Fertigung, erzielt wurden und zum anderen eine gewisse Neugierde geweckt wird, sich intensiver mit den täglichen „Hindernissen" zu beschäftigen.

Grundlegende Voraussetzung für den erfolgreichen Einstieg in eine KVP-Kultur war im vorliegenden Fall, dass die oberste Führungsebene einschließlich des Geschäftsführers die Veränderungen nicht nur „verbal", sondern bei Problemen, Hindernissen etc. aktiv mit Rat und Tat die Betroffenen unterstützt und regelmäßig bei den Teilnehmern den Stand der Umsetzung hinterfragt haben.

Ebenfalls positiv hat sich ausgewirkt, dass die einzelnen Bereiche entsprechende Ressourcen für die KVP-Arbeit eingeplant haben bzw. die Arbeitspakete und den Zeitstrahl realistisch an die Ressourcen angepasst haben, da gerade zu Beginn eine erhebliche Mehrbelastung auf die Beschäftigten zukommt.

Weiterhin begünstigt eine pragmatische, „hemdsärmelige" Herangehensweise der Beteiligten den Einstieg und den weiteren Prozess. Sobald die Beschäftigten erkennen, dass es eben nicht um die sklavische Beherrschung bestimmter Methoden, sondern um die Verbesserung ihrer Arbeitsprozesse geht, findet das Thema KVP schnell Anklang. Jedoch ist – wie oben bereits erwähnt – zu beachten, dass neben der Prozessverbesserung auch „Ordnung und Sauberkeit" im Sinne von 5S nicht vernachlässigt werden, da hier gleichermaßen Potenziale gehoben werden können auf dem Weg zu stabilen, beherrschbaren und transparenten Prozessen.

Hinweise zu den Methoden, die in diesem Praxisbeispiel vorrangig beschrieben werden, finden Sie in *Teil I – Methoden zur Prozessverbesserung* **des Buches in folgenden Kapiteln:**

• Kapitel 7: Kontinuierlicher Verbesserungsprozess (KVP)/Kaizen
• Kapitel 9: Schnittstellenmanagement

Literatur

1. Harms et al. (2011) Einstieg in eine nachhaltige LEAN-Kultur bei der August Brötje GmbH. Betriebspraxis & Arbeitsforschung (207): 26–33

Rüstzeitminimierung – Praxisbeispiel Wengeler & Kalthoff Hammerwerke GmbH & Co. KG

24

Dirk Zündorff

24.1 Vorstellung des Unternehmens

Die Wengeler & Kalthoff Hammerwerke GmbH & Co. KG produziert seit mehr als 100 Jahren eine Vielzahl von Spezialwerkzeugen aus hochwertigen Stählen. Das Schmieden, Richten, Härten sowie Drehen, Fräsen und Bohren erfolgt mit ca. 50 Mitarbeitern am Standort Witten. Wengeler & Kalthoff ist ein kompetenter Ansprechpartner, wenn Bohr- und Meißelwerkzeuge für anspruchsvolle Anwendungssituationen benötigt werden. Die Kunden kommen vorrangig aus den Bereichen Bergbau, Tunnelbau, Hütten- und Stahlindustrie sowie dem Hoch- und Tiefbau. Das Unternehmen produziert in unterschiedlichsten Auflagenhöhen Werkzeuge exakt für den benötigten Anwendungsfall. Hohe Funktionalität und Standzeiten bieten die Werkzeuge durch eine Vielzahl von Bearbeitungsverfahren, die die notwendige Härte, Form und Zähigkeit geben, um die Anforderungen zu erfüllen.

24.2 Ausgangssituation

Für Wengeler & Kalthoff bestand eine Herausforderung u. a. darin, dass die gewachsenen Strukturen der mehr als 100-jährigen Firmengeschichte durch 5S, SMED und KVP/BVW zu reformieren waren. Die Belegschaft zeichnet sich durch lange Betriebszugehörigkeiten und ein hohes Durchschnittsalter aus. Der vorhandene, sehr umfangreiche Erfah-

D. Zündorff (✉)
Arbeitgeberverband der Eisen- und Metallindustrie für Bochum und Umgebung e. V.,
Bochum, Deutschland
E-Mail: Zuenclorff@agv-bochum.de

© Springer-Verlag Berlin Heidelberg 2016
Institut für angewandte Arbeitswissenschaft e.V. (ifaa) (Hrsg.), *5S als Basis des kontinuierlichen Verbesserungsprozesses,* ifaa-Edition, DOI 10.1007/978-3-662-48552-1_24

rungsschatz der Mitarbeiter resultiert daher aus langjähriger Beschäftigung mit einzelnen Arbeitsschritten, was vielfach zur Individualisierung betrieblicher Abläufe geführt hat.

24.3 Weg der Implementierung

Wie von Unternehmen mit erfolgreich implementierten Produktionssystemen regelmäßig betont wird, ist am Anfang aller Veränderungsprozesse ein hohes Maß an Ordnung und Sauberkeit unabdingbar. Wengeler & Kalthoff hat dies beherzigt. Wenngleich im Rahmen der 5S-Methode gute Ergebnisse erzielt wurden, so ist – realistisch betrachtet – die Möglichkeit zur Verbesserung nie gänzlich erschöpft. Aufbauend auf dem verbesserten Standard gilt es weitere Herausforderungen anzunehmen. So galt es, mit dem Projekt der Rüstzeitminimierung (Single Minute Exchange of Die – SMED), ein neues Handlungsfeld zu bearbeiten. Als Referenz hierzu wurde eine in Mehrmaschinenbedienung zu rüstende CNC-Drehmaschine für einen Rüstworkshop ausgewählt. Die Maschine wurde deswegen ausgesucht, weil bei der Behebung von Defiziten die Wahrscheinlichkeit sehr hoch ist, dass es gleichermaßen zu Synergieeffekten im gesamten CNC-Drehbereich kommen kann. Der Rüstworkshop wurde mit Geschäftsführung, Arbeitsvorbereitung, Produktionsleitung und unterschiedlichen Maschinenbedienern durchgeführt. Im Wesentlichen setzte sich der Workshop aus drei Tagesordnungspunkten zusammen:

- Vortrag „Methode und Systematik zur Rüstzeitminimierung"
- Videoaufnahme zum ausgewählten Rüstvorgang
- Gemeinsame Videoanalyse

24.4 Erkenntnisse und Erfahrungen

Geschäftsführung und Betriebsrat kamen vorab in einem Gespräch überein, dass die hohen Rüstaufwände zu nicht vertretbaren Stillstandszeiten teurer Produktionsmaschinen führen und eine höhere Maschinenauslastung erreicht werden muss. Gemeinsam mit der Belegschaft wurde hierzu diskutiert, dass Veränderungen hinsichtlich der Anlagenverfügbarkeit notwendig sind, um als KMU auch künftig im umkämpften globalen Markt bestehen zu können. Bereits um die Probleme wissend, konnte jedoch nicht im Einzelnen quantifiziert werden, welchen zeitlichen Umfang ein bestimmtes Problem im Ablaufprozess verursacht.

Unter Mitwirkung eines Vertreters des Arbeitgeberverbands Eisen- und Metallindustrie für Bochum und Umgebung e. V. wurde das Projekt „Rüstzeitminimierung" initiiert. Dieses Projekt galt unter allen Beteiligten von Anfang als gemeinsames Projekt der Belegschaft des CNC-Drehbereichs, bei dem die Produktionsleitung eine führende Rolle innehatte. Auf Grundlage der Ergebnisse des Rüstworkshops (s. Abb. 24.1) wurden aufgedeckte und gemeinsam erkannte Defizite in Form einer To-do-Liste dokumentiert

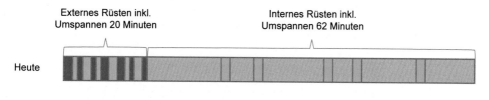

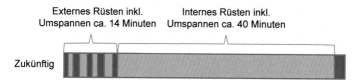

Abb. 24.1 Beispiel gemäß Rüstworkshop. (Quelle: Wengeler & Kalthoff Hammerwerke GmbH & Co. KG)

(s. Abb. 24.3) und sukzessive abgearbeitet, mit dem Ziel, die Rüstzeitanteile signifikant zu reduzieren.

Jedes Projektmitglied war gleichermaßen eingebunden und konnte seine Ideen einbringen, sodass uneingeschränkt von jedem Mitarbeiter die erreichten Teilergebnisse in regelmäßigen Treffen vor der Geschäftsführung und dem Verbandsvertreter dargestellt wurden. Mit jedem Schritt der Verbesserung wuchs ein „Wir-Gefühl", das die Gruppe stolz machte. In besonderer Weise sei noch hervorzuheben, dass gemeinsam definierte Vorgehensweisen auch nur mehrheitlich entschieden wurden, wenn möglich sogar einstimmig, ohne dass die Geschäftsführung den Entscheidungsprozess gelenkt oder in irgendeiner Form beeinflusst hat. Notwendige Veränderungen, insbesondere Investitionen, wurden von der Produktionsleitung aufgezeigt und die daraus resultierenden Effekte dargestellt.

24.5   Fazit

Vertrauen zwischen Geschäftsführung, Belegschaft und dem Verbandsvertreter, das im Rahmen der Projektarbeit 5S gewonnen wurde, bildete die Grundlage für interessierte und motivierte Mitarbeiter bei Wengeler & Kalthoff. Anknüpfend an den Erfolg der 5S-Aktivitäten konnten auch Standards für den Bereich des Rüstens mit Nachhaltigkeit erarbeitet werden. Diese sind nicht das Ergebnis Dritter oder das Ergebnis auferlegter Maßnahmen. Es ist der Verdienst ernst genommener und kompetenter Mitarbeiter, die für das Stehen, was sie selbst aufgebaut haben. Abbildung 24.2 dokumentiert den verbesserten Zustand. Die Aufrechterhaltung der Standards bedarf heute keiner Disziplin mit Nachdruck, sie wird im Betrieb gelebt. Ein aufgeräumter Rüstwerkzeugsatz hätte ein Jahr zuvor keine Akzeptanz in der Belegschaft gefunden, heute gehört er zum betrieblichen Alltag.

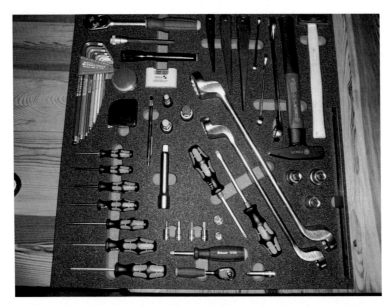

Abb. 24.2 Rüstwerkzeugsatz. (Quelle: Wengeler & Kalthoff Hammerwerke GmbH & Co. KG)

Disziplin wird zum Selbstläufer, zumal auch erkannt wurde, dass seitens der Geschäftsführung, wie auch bei der Ordnung und Sauberkeit des Unternehmens, eine Grundlage für alle weiteren Aktionen im Sinne eines erfolgversprechenden Produktionssystems geschaffen wurde.

Hinweise zu der Methode, die in diesem Praxisbeispiel vorrangig beschrieben wird, finden Sie in *Teil I – Methoden zur Prozessverbesserung* **des Buches in folgendem Kapitel:**

• Kapitel 8: Single Minute Exchange of Die (SMED)

Literaturempfehlungen, Links

1. Jürgens U, Malsch T, Dohse K (1989) Moderne Zeiten in der Automobilfabrik. Springer, Heidelberg

Lfd. Nr.	Aktionen/Maßnahmen/Vereinbarungen	Ziel/Ergebnis	Status in %			
			25	50	75	100
1.	Einheitliche WZ-Einrichteblätter schaffen. Unabhängig von den WZ-Einrichteblättern sind Basisdaten, wie Maschine und Rohteilmaße zu dokumentieren. Ggf. sind zusätzlich Fotos zur Verdeutlichung der Aufspannsituation einzubinden. Allgemein verständliche Beschreibung wählen, dass die Einbindung aller Mitarbeiter erfordert.	Eindeutige und vollständige Informationen gewährleisten.				
2.	CNC-Programmnummern in Arbeitsplänen hinterlegen.	Schnelle Identifikation für den Abruf von CNC-Programmen am Maschinenrechner.				
3.	Hardwarevoraussetzungen schaffen, um CNC-Programme zentral auf einem Programmspeicher (Server) ablegen zu können.	Zentraler Zugriff vom Maschinenrechner auf den Server für den schnellen Programmabruf (Entfall Disketten).				
4.	Programmspeicher der Maschinen nur mit benötigten CNC-Programmen ausstatten.	Löschen aller nicht mehr benötigten Programme unmittelbar nach der Fertigstellung eines Fertigungsauftrages.				
5.	Umstellung der Werkstück-Nullpunkte von derzeit "Plus ins Null" auf "Null ins Minus".	Übliche Werkstück-Nullpunktsetzung, was das Arbeiten im Umgang mit dem Programmaufbau erleichtert, dies gilt insbesondere für von Kunden bereitgestellte Werkstückzeichnungen.				
6.	Vereinheitlichung von spezifischen Werkzeugen auf einheitlichen WZ-Plätzen z.B. Bohrstangen mit Innenkühlung auf Platz 1.	Vereinfachung und Transparenz bei flexiblen Maschineneinsatz für die Mitarbeiter.				
7.	Belegung verschlissener WZ-Aufnahmen mit ständig zu nutzenden WZ, die maschinen- spezifisch zu dokumentieren sind.	Einmaliges, z.T. aufwendiges Ausrichten von WZ, die ihren Platz behalten.				
8.	Ersatzinvestitionen für neue WZ-Taschen.	Definition für ein Mindest-Invest an WZ-Taschen, das sich zunächst einmal auf 10 Stück begrenzt. (4 WZ-Taschen sind bereits geliefert, weitere 6 sind bestellt).				
9.	Einheitliche Befestigungssysteme auswählen und nachfolgend umbauen.	Notwendige WZ-Auswahl reduzieren und unnötiges Handling realisieren.				
10.	Rüstwerkzeuge auf einem Schubladeneinsatz platzieren, der für den Rüstvorgang herauszunehmen ist und im Rüstbereich Verwendung findet.	Direkten Zugriff auf benötigte Rüstwerkzeuge schaffen.				
11.	Umspannarbeiten 2. Maschine während des Rüstvorgangs nur bei Programmlaufzeiten ≥ 10 Min.	Störungsfreies und risikominimiertes Rüsten schaffen.				
12.	Werkerselbstprüfung organisieren.	Werkereigenprüfungen dürfen nicht zum Stillstand der Maschine führen. Hier gilt entsprechendes im QS-Handbuch zu regeln, wie zu verfahren ist und entsprechende Schulungen sind durchzuführen.				
13.	Dokumentation Auftragsabschluss.	Dokumentationen sind mit dem Vor- und Folgeauftrag hauptzeitparallel abzuschließen.				
14.	Internen Transport organisieren.	Materialtransporte von fertiggestellten Fertigungsaufträgen dürfen nicht zum Stillstand der Maschinen führen.				
15.	Unterweisung Säge-Personal.	Beachtung der Arbeitsanweisung hinsichtlich der Aufmaße.				
16.	"Sinnvolle" Zusammenfassung von Fertigungsaufträgen.	Zusammenfassung zur Rüstzeitminimierung, sofern keine Termingefährdung erzeugt wird.				
17.	Ausbau des bestehenden Kanban-Systems "Dauerläufer".	Fertigen von Kanban-Aufträgen (Dichtungen), aus denen 3-4 Kundenaufträge bedient werden können.				
18.	LED-Beleuchtung in Maschineninnenräumen installieren.	Versuchsweise eine ideale Ausleuchtung an einer zu definierenden Maschine installieren, um zu einem sicheren Einrichtebetrieb (Qualität, Kollisionsvermeidung) zu kommen.				

Abb. 24.3 Ergebnisse des Rüstworkshops mit Status 11/2013. (Quelle: Wengeler & Kalthoff Hammerwerke GmbH & Co. KG)

PROBAT entwickelt probates „PRO-FiT"-Konzept – mit 5S clever arbeiten – Praxisbeispiel PROBAT-Werke von Gimborn Maschinenfabrik GmbH

Jürgen Paschold und Reinhard Tiemann

25.1 Vorstellung des Unternehmens

Wer Kaffee liebt, muss „Probat" nicht unbedingt kennen. Aber: Bei zwei von drei Tassen, die weltweit getrunken werden, haben die Kaffeebohnen ihr Aroma in den Röstern des Emmericher Traditionsunternehmens entwickelt. Die PROBAT-Werke von Gimborn Maschinenfabrik GmbH bauen seit mehr als 140 Jahren Röstmaschinen und -anlagen. Das umfangreiche Know-how und die Leidenschaft bei der Herstellung erstklassiger Maschinen bilden die Grundlage für das, wofür PROBAT-Röster und -Anlagen heute weltweit bekannt sind: ihre Wirtschaftlichkeit, Flexibilität, hohe Qualität, lange Lebensdauer und schnelle Verfügbarkeit. Am Hauptsitz in Emmerich (Niederrhein) sind ca. 400 Mitarbeiter beschäftigt, insgesamt gehören rund 600 Mitarbeiter zur PROBAT-Gruppe. Das Unternehmen ist weltweit in über 40 Ländern vertreten.

Zu den Kernkompetenzen des Unternehmens zählen Konstruktion und Fertigung von Röstmaschinen und Walzenmühlen sowie Planung und Produktion kompletter Produktionsanlagen einschließlich der zugehörigen Maschinen- und Anlagensteuerungen (s. Abb. 25.1). Neben der Maschinentechnik bietet PROBAT auch vielfältigste Dienstleistungen wie Wartungen, Montagen und Inbetriebnahmen, Revisionen und natürlich eine breite Auswahl an Trainings an.

J. Paschold (✉)
Unternehmerverband – Die Gruppe, Duisburg, Deutschland
E-Mail: paschold@unternehmerverband.org

R. Tiemann
PROBAT-Werke von Gimborn Maschinenfabrik GmbH, Emmerich am Rhein, Deutschland

© Springer-Verlag Berlin Heidelberg 2016
Institut für angewandte Arbeitswissenschaft e.V. (ifaa) (Hrsg.), *5S als Basis des kontinuierlichen Verbesserungsprozesses,* ifaa-Edition, DOI 10.1007/978-3-662-48552-1_25

Abb. 25.1 Typisches Produkt bei PROBAT. (Quelle: PROBAT-Werke von Gimborn Maschinenfabrik GmbH)

25.2 Ausgangssituation

Im Allgemeinen bezeichnet der englische Begriff „profit" einen Gewinn. Dreht sich bei
PRO-FiT also auch alles nur ums Geld? Nein, PRO-FiT steht für „PROBAT – Fertigung
im Team". Die Emmericher PROBAT-Werke von Gimborn Maschinenfabrik GmbH initiierten vor knapp zwei Jahren ein Projekt, um Prozesse in der Fertigung, genauer zwischen
den Fertigungsbereichen Vorfertigung, Lackierung, Montage, Elektrowerkstatt und Logistik, schnittstellenübergreifend zu analysieren und zu optimieren, um effizientere Abläufe
zu schaffen und die Arbeitsumgebung zu vereinfachen. Es ist die Fortsetzung eines bereits
in 2010 initiierten Projektes, das sich im Schwerpunkt mit der Kooperation, zwischen Vertrieb und Technik auseinander gesetzt hatte.

▶   „Es geht um ständige Anpassungen und Verbesserungen. Alles was Verschwen-
        dung darstellt, soll eliminiert werden. Oder einfacher ausgedrückt: Es geht
        darum, cleverer zu arbeiten."

Mit diesen Worten fasst der Fertigungsleiter Reinhard Tiemann die Ausgangsidee zusammen, die zur Vision aller Mitarbeiter werden soll.

25.3   Weg der Implementierung

Kick-off-Veranstaltung

Die Geschäftsleitung hatte sich entschieden, dieses Projekt zu beginnen, um eine effizientere Form des Zusammenarbeitens zu erreichen. Für den Erfolg eines solchen Prozesses ist ausschlaggebend, dass den Mitarbeitern Veränderungen nicht aufgezwungen oder verordnet werden, nur weil schlanke Strukturen „in" sind. Veränderung kann nur aus Überzeugung aller Mitarbeiter entstehen und macht eine neue Form des Zusammenarbeitens erforderlich. Die Mitarbeiter wurden bei PROBAT über die anstehenden Veränderungsprozesse informiert, statt sie mit ihren Überlegungen und Ängsten allein zu lassen. Bei einer Informationsveranstaltung für alle Fertigungsmitarbeiter haben sich Geschäftsführung und Betriebsleitung klar positioniert und die Zielsetzung erläutert. Hiernach war allen Beteiligten deutlich: Wir müssen an einem Strang ziehen.

Die ersten Schritte im Projekt „PRO-FiT"

Aus dem „mal eben aufräumen", ist mithilfe der 5S-Methode viel mehr geworden. PROBAT hat in den Pilotbereichen Rohrleitungsbau und Montage begonnen, die bisherigen Strukturen und Abläufe zu hinterfragen, zu optimieren und ein neues Miteinander und einen Teamgeist zu entwickeln. Zunächst wurde der Ist-Zustand mit pragmatischem Ansatz betrachtet und beschrieben. Welcher Missstand führt zu Verschwendung und Abweichungen in den Arbeitsabläufen und Prozessen? Nicht produktive Zeiten wurden aufgedeckt, sowie Schnittstellen und Wechselwirkungen analysiert. Es wurden die Themen ermittelt, die aktuell nicht zufriedenstellend laufen und Ursachen für Verschwendung darstellen: Fehlende Auftragsübersicht, Platzmangel am Arbeitsplatz, Materialfluss, Änderungen im laufenden Fertigungsprozess, sowie generell die Punkte Ordnung, Sauberkeit und Übersichtlichkeit.

Mit der Methode „5S" haben die Führungskräfte und Mitarbeiter einen guten Einstieg gefunden, um Verschwendung zu vermeiden und einen neuen Standard für sich zu definieren.

Führungskräfteschulung

Der Umgang mit den Anforderungen an den Führungsprozess bei veränderten Arbeitsbedingungen muss erlernt werden. Führungskräfte müssen hierfür den Weg ebnen. Zur Bewältigung der Aufgabenstellung wurde deutlich, dass es darauf ankommt, in welchem Umfang die Führungsmannschaft die neue Rolle bei der Umsetzung von Veränderungen mit tragen wird. Das Arbeiten im Team sollte daher als Lösungsansatz für Veränderungen verstanden werden (s. Abb. 25.2). Letztendlich sollen Mitarbeiter Probleme und Lösungsansätze für ihren Bereich aufzeigen – Führungskräfte geben dabei Hilfestellung.

Die Meister wurden in den grundlegenden Zusammenhängen wie z. B.

- Veränderung im Team gestalten,
- Verantwortung abgeben,
- Führen über Ziele,

Abb. 25.2 Regeln für Teamarbeit aufstellen. (Quelle: PROBAT-Werke von Gimborn Maschinenfabrik GmbH)

- mehr Kommunikation und Coaching und
- in der Auseinandersetzung mit Veränderungsprozessen

im Unternehmen geschult.

Fertigung im Team und Teamgedanken
Warum bedarf es veränderungsbereiter Mitarbeiter? Ein Unternehmen ist ständig angehalten, die Produktivität der einzelnen Mitarbeiter aber auch des ganzen Unternehmens zu erhöhen, um Wachstum zu sichern und gegen die Konkurrenz bestehen zu können. Hierzu setzt PROBAT auf neue Techniken, Programme und Arbeitsmethoden. Durch die permanente Optimierung des Arbeitsprozesses müssen Mitarbeiter sich kontinuierlich weiterbilden und sich dem „Neuen" anpassen. Nicht immer sind Mitarbeiter von Veränderungen begeistert. Es gibt verschiedene Faktoren welche eine Abwehrhaltung hervorrufen können:

- Angst vor den Auswirkungen von Veränderungen und steigender Kontrolle, wie z. B. Zielerfüllung oder Termineinhaltung in der Umsetzung,
- Bedrohung liebgewonnener Gewohnheiten und
- Angst vor Kompetenzverlust und Furcht vor mehr Arbeit/Überarbeitung.

Dies kann zu einer negativen Wahrnehmung von Veränderungen führen. Deshalb sollte ein Weg gefunden werden, den alle Mitarbeiter aus den Fertigungsbereichen, als Team, mitgehen und in dem sich alle wiederfinden.

Die Teams wurden für Verschwendungssuche sensibilisiert und in der Methode 5S geschult (s. Abb. 25.3a, b).

Erste Arbeitsergebnisse aus den beiden Pilotbereichen konnten bald präsentiert werden. Die Vorteile der Veränderung wurden bewusst erlebt, indem sich die beiden ersten Teams mit dem Thema von Verschwendung und Sauberkeit bzw. Ordnung auseinandersetzen konnten. Da Teamarbeit kein Selbstläufer ist, muss die Arbeit im Team immer wieder bewusst gefördert und fortlaufend unterstützt werden. Den Teams obliegen im Einzelnen folgende Aufgaben:

- auftragsbezogene Fertigung von Röstern mit Verantwortung für die Qualität,
- Steuern der Aufgaben innerhalb des Fertigungsbereiches (Vorschläge zu Arbeitszeit, Urlaub, Arbeitsplatzordnung, Sauberkeit, Arbeitssicherheit, Pflege von Werkzeugen und Maschinen, Einarbeitung und Anlernen neuer Mitarbeiter und die Beteiligung am KVP).

Letztendlich geht es um das Bewusstmachen dieser Themen bei den Mitarbeitern. In Workshops sind die Kernziele ausgemacht und erste Maßnahmen erarbeitet worden. Dazu gehörte u. a. die 5S-Methode im Sinne von Aussortieren, Aufräumen, Arbeitsplatzsauberkeit, Anordnung zur Regel machen sowie alle Punkte einhalten und verbessern (s. Abb. 25.4a, b).

Gerade durch die systematische Analyse der Schwachstellen und Eliminierung von Verschwendung hat sich die 5S-Methode als Basis für weitere grundlegende Veränderungen bestens bewährt. Sie unterstützt dabei, Störungen im Prozessablauf sichtbar zu machen.

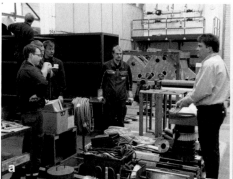

Abb. 25.3 a und **b** Sehen vor Ort – was ist das Ergebnis? (Quelle: PROBAT-Werke von Gimborn Maschinenfabrik GmbH)

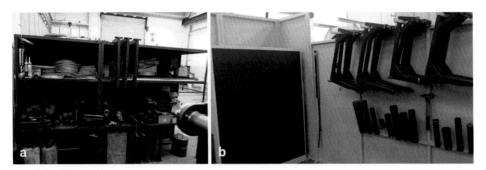

Abb. 25.4 a vorher. **b** nachher „Regal im Bereich des Montagearbeitsplatzes". (Quelle: PROBAT-Werke von Gimborn Maschinenfabrik GmbH)

Im nächsten Schritt wurden die Logistik und angrenzende Bereiche analysiert. Es erfolgt eine Aufnahme des Ist-Zustandes mit pragmatischen methodischen Werkzeugen: Aufgabenbeschreibung und Beschreibung von Abweichungen, Gesamtüberblick der Abläufe, Schnittstellen, Wechselwirkungen, Identifikation von Problembereichen und deren Interessen- und Zielkonflikten und Klärung von Fragen, die sich aus den ersten Untersuchungstagen ergeben haben. Definition der Schnittstellen zwischen den Fertigungsbereichen sowie zum Vertrieb und dem Projektmanagement. Zwecks weiterer Konkretisierung war es erforderlich, aus dem Ist-Zustand die Analyse und Lösungsentwicklung bis hin zur Realisierung/Umsetzung mit den Mitarbeitern vorzubereiten. Die nachfolgenden Aspekte sind hierbei besonders beleuchtet worden.

Schnittstellenoptimierung
Das Problem ist, dass bei PROBAT jede Abteilung nur für einen Teilprozess verantwortlich ist und klare, verbindliche Absprachen der Schnittstellen untereinander nicht immer zu gewährleisten sind. Es kommt zu Missverständnissen und Verzögerungen an den Schnittstellen. In moderierten Workshops haben sich die Abteilungen getroffen und zunächst einmal ihre Kunden-Lieferanten-Struktur formuliert („Wer ist mein Kunde, wer ist mein Lieferant und was erwarten Kunde und Lieferant?").

Die während der Bestandsaufnahme geführten Gespräche mit den Verantwortlichen der Fertigung machten deutlich, dass an den Schnittstellen großer Handlungsbedarf gegeben war. Schnittstellen erschwerten die bereichsübergreifende Zusammenarbeit, weil Prozesse und Verantwortlichkeiten nicht klar definiert waren.

Als Ziel wurde deshalb die aktuelle und vollständige Bereitstellung von Informationen, Dienstleistungen und Teilprodukten an den internen Übergabestellen gesetzt. Aber auch die Durchlaufzeiten sollten verkürzt und die Rahmenbedingungen für neue Formen der Zusammenarbeit geschaffen werden, um Verschwendung zu vermeiden:

- Welche Abteilung ist wofür verantwortlich?
- An welchen Schnittstellen gibt es „Reibungsverluste"?
- Was genau läuft nicht so gut?
- Welche Handlungsfelder werden daraus abgeleitet?

- Welche Lösungen und Maßnahmen können gefunden werden?
- Welche zusätzlichen Informationen werden benötigt?

Auf diese Fragen suchten die Mitarbeiter Antworten und entwickelten bei Probat gemeinsame Standards, um einfacher, besser, sicherer und stressfreier zu arbeiten. Auch der Kommunikations- und Informationsfluss wurde durch interne Kunden- bzw. Lieferantenorientierung verbessert. In dem Zusammenhang sollte die Teamarbeit im Mittelpunkt stehen. Arbeiten als Team ermöglicht sozusagen im Training nebenbei, sich für die Unternehmensziele stark zu machen.

Kunden-Lieferanten-Beziehung als Basis für eine verschwendungsarme Gestaltung der Arbeitsabläufe und Prozessgestaltung
In der Fertigung
Die Fertigungsbereiche Zuschnitt, Kanten, Sägen, Montage, Warenein- und ausgang wollen ihre Zusammenarbeit verbessern, indem sie sich zunächst mit ihren internen Kunden und Lieferanten bewusst auseinander gesetzt haben.

Im Folgenden wird dies am Beispiel des Zuschnitts verdeutlicht (s. Abb. 25.5). Der Mitarbeiter an der Kantbank ist beispielsweise der interne Kunde des Mitarbeiters, der im Blechzuschnitt die Rohmaterialien zuschneidet. Der interne Lieferant (im Blechzuschnitt) muss natürlich darauf achten, dass der interne Kunde (Kantbank) a) das richtige Material und b) auch in den richtigen Abmaßen erhält. Der Mitarbeiter Kantbank wird in dem Moment zum internen Lieferanten für den internen Kunden Schweißen, wenn er sein Teil von der Kantbank an die Abteilung Schweißen weitergibt, natürlich nach Warenausgangsprüfung – es erfolgt eine Werkereigenprüfung durch den Mitarbeiter Abkanten. Der

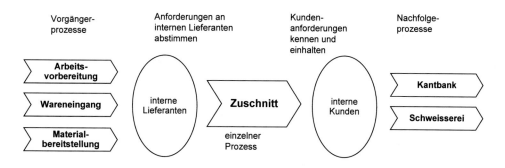

Abb. 25.5 Wer ist Kunde, wer ist Lieferant vom Zuschnitt? (Quelle: eigene Darstellung)

Schweißer verlässt sich darauf und kann sich dann als interner Kunde auf eine stichprobenartige Wareneingangsprüfung beschränken.

Zu diesen Fragestellungen wurden Lösungen erarbeitet:

- Welche Anforderungen habe ich an meine internen Lieferanten?
- Was erwarten meine internen Kunden?
- Welche Konsequenzen haben meine Fehler für die Arbeit meiner Kunden?
- Welche Kosten entstehen durch die Weitergabe fehlerhafter Teile?
- Warum muss ich in meinem Bereich immer wieder umpacken?

Im nächsten Schritt wurden dann erste Leistungsabsprachen getroffen:

- Stapelhöhe der Blechlieferungen,
- Anlieferorte durch Markierungen und Schilder kennzeichnen und
- geplante/definierte Anlieferung der Zuschnitte.

Außerdem wurde grundsätzlich in allen Fertigungsteams überlegt, wie der Umfang der Fertigungsunterlagen reduziert werden kann.

In der Logistik
Die Logistikbereiche Warenausgang, Zentrallager, Ressourcenplanung, Wareneingang sowie die Arbeitsvorbereitung und das Projektmanagement haben zunächst ihre Kunden-Lieferanten-Beziehungen formuliert und die Erwartungshaltung an die internen Kunden und Lieferanten bzw. daraus resultierende Aufgaben beschrieben. So wurde ein Maßnahmenkatalog aus der Definition der Anforderungen an Kunden und Lieferanten erstellt. Abbildung 25.6 stellt exemplarisch die Kunden- Lieferanten-Beziehungen des Wareneingangs dar.

Die internen Kunden und Lieferanten erarbeiteten in moderierten Workshops ihre Anforderungen zu konkreten Prozessschritten (s. Abb. 25.6).

Aus den getroffenen Leistungsabsprachen resultierten u. a.:

- Verbesserung des Informationsaustausches und Reduzierung des Suchaufwandes,
- sofortige Informationen über eingegangene Zukaufteile,
- sofortige Auskunft über Lagerorte durch Kennzeichnung,
- sofortige Information nach Durchführung der Qualitätsabnahmen,
- vollständige und termingerechte Bereitstellung vom Wareneingang, Lager, Fertigung,Warenausgang als Auskunftstelle für das Projektmanagement.

Die Rolle des Warenausgangs in der Prozesskette

Welche Anforderungen formuliert der Prozess Warenausgang an seine Kunden und Lieferanten?

Vorgänger-
prozesse

Anforderungen an
internen Lieferanten
abstimmen

Kunden-
anforderungen
kennen und
einhalten

Nachfolge-
prozesse

Arbeits-
vorbereitung

Projektmanager

Ressourcen-
planung

Wareneingang
Zentrallager

Fertigung

Interne
Lieferanten

**Waren-
ausgang**

einzelner
Prozess

Interne
Kunden

Versand/EX PACK

Monteure

Gemeinsam Standards entwickeln und einfacher,
besser, sicherer und ohne Stress arbeiten!

Abb. 25.6 Wer ist Kunde, wer ist Lieferant vom Warenausgang? (Quelle: eigene Darstellung)

Ein weiteres Ergebnis aus der Konsequenz des Schnittstellenmanagements und des bewussten Zusammenspiels der Kunden-Lieferanten-Beziehungen sind die seit Anfang Juni 2013, zweimal wöchentlich stattfindenden Arbeitsbesprechungen mit den Meistern (s. Abb. 25.7). Auch neu sind die täglich nach der Mittagspause stattfindenden

Abb. 25.7 Arbeitsbesprechungen am Ort des Geschehens. (Quelle: PROBAT-Werke von Gimborn Maschinenfabrik GmbH)

Auftragsbesprechungen, die entscheidenden Einfluss auf die kontinuierliche Verbesserung in der Fertigung haben. Diese recht einfache, integrierte Methode wurde als Teil eines neu installierten Abweichungsmanagements eingeführt. Die Verantwortlichen aus allen Fertigungsbereichen kommen täglich zusammen, um mit Blick auf den Liefertermin, den aktuellen Auftragsstatus und eventuelle Abweichungsszenarien die richtigen Schritte einzuleiten. Der Fokus liegt auf Qualität, Termin und Produktivität und hoher Transparenz zum aktuellen Auftragsfortschritt in der Fertigung.

Die Arbeitsbesprechungen führen dazu, dass der Materialfluss fertiger Baugruppen/ Bauteile zum Lackieren und zur Übergabe an den Versand, bzw. zur zeitnahen Weiterleitung an die mechanische Montage bzw. Rücklieferung an den elektrischen Installationsplatz und zum Zusammenbau im Trocknungsbereich reibungslos und optimiert abläuft.

Aus dem Blickwinkel des Projektmanagements (Vertrieb) wird durch das interne Kunden-Lieferanten-Verhältnis mit dem Warenausgang eine unmittelbare Verknüpfung zum externen Kunden hergestellt. Die Resultate sind eine zeitnahe Auskunft über den Auftragsfortschritt des Fertigungsauftrages und frühzeitige Mitteilung über Terminangaben bei Kundenabnahmen im Haus.

25.4   Ausblick – wie geht es nun mit PRO-FiT weiter?

Ablaufanalysen sollen als wichtiges Instrument genutzt werden. Noch intensiver soll mithilfe der Prozessanalyse auf die Kunden-Lieferanten-Beziehung innerhalb der Prozessfolgen eingegangen werden. Die Verbesserung der Abläufe durch Ablaufanalysen und Optimierung der Prozesse gemeinsam mit den Führungskräften bieten einen hohen Wirkungsgrad. In moderierten Workshops/Schulungen werden die Prozesse transparent gemacht, nachstehende Aktivitäten sind in den einzelnen Bereichen geplant.

Weiterhin sind geplant: Aufnahme des Ist-Zustands, Aufgabenbeschreibung, Klärung der zu untersuchenden Abläufe, Gesamtüberblick über Abläufe, Schnittstellen und Wechselwirkungen, Identifikation von Problembereichen und deren Interessen- und Zielkonflikte, Klärung von Fragen in Form von Mitarbeiterinterviews sowie weitere Definition der Schnittstellen zwischen den Unternehmensbereichen. Die unten aufgeführten Punkte sind hierbei besonders zu beleuchten:

- bisherige Arbeitsabläufe (Ist-Zustand) aufzeigen, klären und optimieren,
- neue optimierte Arbeitsabläufe festlegen,
- konkrete Verabredungen zwischen den Fertigungsbereichen treffen,
- Kompetenzverteilung überprüfen, unter Umständen neu regeln,
- Einsatz von organisatorischen Hilfsmitteln regeln,
- Verbindlichkeit des gemeinsamen Handelns erhöhen,
- Schnittstellen und fließenden Übergang schaffen und
- Aufwandsabschätzung für die Erarbeitung konkreter neuer Lösungen in den jeweiligen Fertigungsbereichen durchführen.

25.5 Fazit

Die Anfänge sind gemacht. Das erklärte Ziel ist es, noch konsequenter Verschwendung in allen Facetten aufzuspüren. Die Mitarbeiter haben gelernt, mit Methode einen verbesserten Weg zu gehen. Die Methode 5S ist somit die Basis geworden, um effizienter zu arbeiten und Transparenz in den Prozessen zu schaffen. Erste Erfolge haben sich somit eingestellt. Das Projekt PRO-FiT verbesserte unter anderem die Qualität der Arbeitsbedingungen und erhöhte die Zufriedenheit der Mitarbeiter. Vereinbarte Regeln werden eingehalten und auch eingefordert und das ist ein Zeichen dafür, dass PROBAT mit „probater Methode" einen Schritt weiter nach vorne gekommen ist. Dieses konnte im Zusammenspiel aller Kräfte bei PROBAT erreicht werden.

Hinweise zu der Methode, die in diesem Praxisbeispiel vorrangig beschrieben wird, finden Sie in *Teil I – Methoden zur Prozessverbesserung* **des Buches in folgendem Kapitel:**

- Kapitel 9: Schnittstellenmanagement

Literaturempfehlung

1. AKNA REFA (Hrsg) (1993) Teamarbeit in der Produktion. Carl Hanser Verlag, München
2. AWF (Hrsg) (2008) Produktivitätsmanagement in Produktion und Administration. AWF-Selbstverlag, Groß-Gerau
3. Eppler MJ, Reinhardt R (2004) Wissenskommunikation in Organisationen. Methoden, Instrumente, Theorien. Springer, Berlin
4. Neuhaus R (2012) Produktionsmanagement und Kernelemente im Produktionssystem. In: Gesellschaft für Arbeitswissenschaft (Hrsg) Angewandte Arbeitswissenschaft für kleine und mittelständische Unternehmen. Herbstkonferenz 2012 der Gesellschaft für Arbeitswissenschaft, ifaa, Düsseldorf, 27. und 28. September 2012. GfA-Press, Dortmund: 31–34
5. Papmehl A, Gastberger G, Zoltan B (2009) Die kreative Organisation. Gabler Verlag, Wiesbaden
6. Vahs D (1997) Organisation – Einführung in die Organisation. Change Management Programme, Projekte und Prozesse. Schäffer-Poeschel Verlag, Stuttgart

Prozessreorganisation in einem Stahlhandel auf der Grundlage der Wertstromanalyse – Praxisbeispiel

Michael Pfeifer und Giuseppe Ausilio

26.1 Vorstellung des Unternehmens

Das Unternehmen beschäftigt sich mit Stahlbau, Anlagenbau und allgemeinem Maschinenbau. Darüber hinaus werden auch Ingenieursdienstleistungen im Bereich Planung und Engineering angeboten.

In den 1950er-Jahren als Zulieferer für den Bergbau gegründet, beschäftigt das Unternehmen heute ca. 65 Mitarbeiter und gehört einer Unternehmensgruppe an, die sich im Familienbesitz befindet. Das Unternehmen verfügt über spezifisches Know-how in der Schweißtechnik sowie im kundenspezifischen Anlagenbau. Eine wesentliche Differenzierung zum Wettbewerb ist die hohe Fertigungstiefe. Das Unternehmen deckt das gesamte Spektrum von der mechanischen Bearbeitung über die Schweißtechnik, den Stahl- und Anlagenbau bis hin zur Endmontage von Komponenten und Maschinen im eigenen Haus ab.

26.2 Ausgangssituation

Das Unternehmen hat seit vielen Jahren ein Qualitätsmanagementsystem eingeführt und ist zertifiziert. Im Rahmen dieses Managementsystems sind die Wertschöpfungsprozesse sowie die Lenkungs- und unterstützenden Prozesse beschrieben. Obwohl auch ein kontinuierlicher Verbesserungsprozess installiert ist, war man mit der Ausgestaltung und

M. Pfeifer (✉)
Verband der Metall- und Elektroindustrie des Saarlandes e. V. (ME Saar),
Saarbrücken, Deutschland
E-Mail: pfeifer@mesaar.de

G. Ausilio
Köln, Deutschland

© Springer-Verlag Berlin Heidelberg 2016   199
Institut für angewandte Arbeitswissenschaft e.V. (ifaa) (Hrsg.), *5S als Basis des
kontinuierlichen Verbesserungsprozesses,* ifaa-Edition, DOI 10.1007/978-3-662-48552-1_26

Organisation an vielen Arbeitsplätzen nicht mehr zufrieden, da sich das Produktspektrum aufgrund der Kundenanforderungen verändert hat.

Aus diesem Grund sollten in zwei ausgewählten Pilotbereichen, dem Wareneingang und dem Maschinenbau, die Arbeitsplätze zunächst mithilfe der 5S-Methode strukturiert und neu organisiert, standardisiert und diese neuen Standards visualisiert werden. Im Verlauf dieses 5S-Projektes wurde auch Verschwendung bei der internen Materiallogistik, dem Fertigungsfluss und der Auftragsdokumentation erkennbar.

Man beschloss nun den gesamten Wertstrom mithilfe einer Wertstromanalyse zu betrachten. Die Ergebnisse sollten genutzt werden, um Prozesse wo nötig zu reorganisieren und diese verbesserten Prozesse und Abläufe dann mithilfe des Qualitätsmanagementsystems zu installieren, zu beschreiben und zu sichern.

26.3 Weg der Implementierung

Zunächst analysierte das Projektteam die Auswirkungen durch die Veränderungen des Produktspektrums auf die Fertigungsabläufe in den Bereichen Warenein- und Warenausgang, mechanische Bearbeitung sowie Stahl und Maschinenbau. Es zeigte sich, dass insbesondere in den Bereichen Wareneingang und Warenausgang sowie im Bereich Maschinenbau die Arbeitsplatzorganisation nur noch wenig effizient war. Deutlich wurde dieses durch hohe Lagerbestände, aber auch viele Pufferlager an den einzelnen Arbeitsplätzen. Darüber hinaus fanden Prüfarbeiten und Vor- bzw. Komponentenmontagen nicht zeitnah im Fertigungsfluss statt, sondern jeweils dann, wenn die Mitarbeiter von den Führungskräften dafür eingeteilt wurden. Somit standen die zeitliche Auslastung der Mitarbeiter im Vordergrund und nicht die Durchlaufzeit der Gewerke sowie die Bestände im Wareneingang und Warenausgang beziehungsweise an den Arbeitsplätzen. Mit diesem Analyseergebnis als Grundlage entschloss man sich, zunächst mit einem Audit in das 5S-Projekt einzusteigen.

Ausgewählt wurden Arbeitsplätze der Qualitätssicherung, der Lagerung und Kommissionierung im Wareneingang, die Arbeitsplätze Verpackung und Versand im Warenausgang und zwei Montagearbeitsplätze im Bereich Maschinenbau. Die Auditkriterien für die 5S-Audits waren vom Projektteam in einer Auditcheckliste festgelegt worden.

Für die Auditdurchführung vor Ort wurde das Projektteam von Herrn Prof. Dr. Neuhaus vom ifaa unterstützt. Nach der Begehung aller Arbeitsplätze fand eine Abschlussbesprechung statt, in der alle protokollierten Ergebnisse zusammengeführt und ausgewertet wurden. Im weiteren Verlauf der Besprechung wurden Verbesserungsmaßnahmen für die einzelnen Arbeitsplätze besprochen und festgelegt.

Die Umsetzung der festgelegten Maßnahmen im Warenein- und Warenausgang sowie, die Detailplanung der Maßnahmen erfolgte im Rahmen einer Bachelorthesis. Ziel war es, die Arbeitsplätze soweit als möglich zu standardisieren und durch entsprechende Visualisierung der Standards, Abweichungen für die Führungskraft sofort erkennbar zu machen. Im Zuge der Umsetzung wurde ein Kleinteilelager eingerichtet sowie das Materiallager neu organisiert und gekennzeichnet. Darüber hinaus war es notwendig, die Bereiche

Wareneingang und Kommissionierung von dem Bereich Verpackung, Versand räumlich getrennt anzuordnen und den Arbeitsplatz Qualitätssicherung zu reorganisieren und ausschließlich für Prüftätigkeiten bereitzustellen.

Nachdem die Verbesserungsmaßnamen in diesem Bereich umgesetzt waren, wurde mit dem Bereich Maschinenbau begonnen. Dort koordinierte und steuerte der Betriebsleiter die Umsetzung der Maßnahmen. In diesem Bereich gelang es in einem ersten Schritt, Materialzonen für die benötigten Bauteile und Baugruppen kommissionsbezogen einzurichten. Eine Standardisierung der Montagearbeitsplätze soll in einem zweiten Schritt in Zusammenarbeit mit den Montagemitarbeitern umgesetzt werden. Durch die Einrichtung der Materialzonen wurde im Prozess der Materialversorgung festgestellt, dass es viel Verschwendung gab. Diese zeigte sich insbesondere wieder in zu hohen Beständen, aber auch in zu hohem Flächenbedarf, unnötigem Transport und unnötiger Bewegung an den Montagearbeitsplätzen.

Bei einem weiteren Audit wurde daraufhin der gesamte innerbetriebliche Logistikprozess betrachtet. Im Verlauf der Ergebnisbesprechung dieses Audits entschloss man sich dann, die gesamte Wertschöpfungskette für den Maschinenbau mit einer Wertstromanalyse zu untersuchen.

Die Wertstromanalyse wurde in diesem Fall etwas modifiziert angewendet, um die Gesamtheit der Prozesse im Bereich Maschinenbau zusammenhängend darzustellen. Hierbei galt es, sowohl den Material- als auch den Informationsfluss abzubilden. Im Vordergrund stand hierbei, das Zusammenwirken der beteiligten Betriebsbereiche deutlich zu machen. Vor dem Hintergrund, dass sich die gesamte Planung der Maschinen auf wenige Mitarbeiter verteilte und nicht als Prozess dokumentiert war, bestand die Notwendigkeit, dass der Erstellungsprozess respektive die Zuarbeit aller Betriebsbereiche erfasst und dokumentiert werden sollte. Hierzu wurden alle Mitarbeiter aus den betroffenen Abteilungen gefragt, welches Material und welche Informationen sie benötigen, um ihren Teil zum Bau der jeweiligen Maschine beizutragen. Darüber hinaus sollten die Mitarbeiter angeben, von wem sie die Materialien und Informationen bekamen und wohin sie ihr Arbeitsergebnis liefern. Alle Mitarbeiter wurden separat befragt, um Schnittstellenprobleme und etwaige Verschwendungen auf einen Blick ersehen zu können. Die Informationsflüsse sind in rot und die Materialflüsse in schwarz in ein Diagramm aufgenommen worden (s. Abb. 26.1).

Aus diesem Diagramm lässt sich unschwer erkennen, dass der Informationsfluss (rote Pfeile) einen Großteil des Gesamtprozesses ausmacht. Darüber hinaus lässt sich erkennen, dass die Informationen von einigen wenigen Stellen ausgehen. Weiter tritt ans Tageslicht, dass zum Betriebsleiter (BL) kaum Informationen hinführen und von ihm, laut den Angaben der Mitarbeiter, auch keine ausgehen.

Das zeigt, dass der Betriebsleiter in die Prozesse im Bereich Maschinenbau nicht eingebunden ist. Was die Grafik nicht zeigt, aber bei der Auswertung der Wertstromanalyse deutlich wurde, ist eine Vielzahl an Doppelarbeiten insbesondere bei der Erstellung der Auftragsdokumente. In einigen Fällen wurden Informationen an Betriebsbereiche weitergegeben, die dort nicht benötigt wurden. Andererseits standen Informationen dort, wo sie

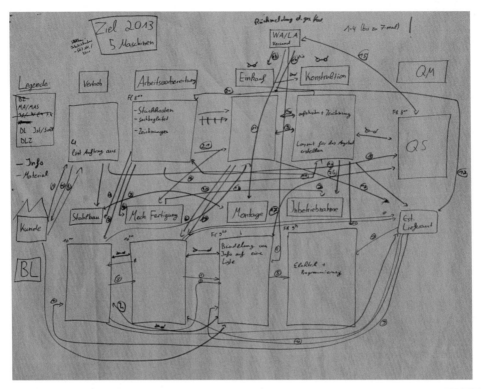

Abb. 26.1 Visualisierung der Material- und Informationsflüsse. (Quelle: eigene Darstellung)

benötigt wurden, nicht zur Verfügung. In diesen Fällen hat man sich dann auf Basis von Erfahrungswerten eigene Dokumente erstellt und damit weitergearbeitet.

26.4 Erkenntnisse und Erfahrungen

Im Verlauf des Projektes wurde sehr deutlich, dass es dem Unternehmen nicht gelungen war, mit dem im Qualitätsmanagementsystem verankerten kontinuierlichen Verbesserungsprozess die sich veränderten Kundenanforderungen in den Wertschöpfungsprozessen hinreichend abzubilden. Dies wiederum führte dazu, dass die von den Mitarbeitern gelebten Abläufe mehr und mehr von den im System beschriebenen Prozessen abweichen mussten, um die Kundenanforderungen zu erfüllen. Da sich diese gelebten Abläufe mit dem Managementsystem nicht mehr effizient steuern lassen, ist die Zunahme der Verschwendung geradezu vorgegeben. Auch die gefundenen Schwerpunkte, wie hohe Bestände im Lager und an den Arbeitsplätzen, keine standardisierten Arbeitsabläufe an den Arbeitsplätzen und schlecht zu planende Materialversorgung und Fertigungsabläufe passen in dieses Bild. Die Entscheidung, die Wertstromanalyse als übergreifende Methode zu benutzen, um die Wertschöpfungsprozesse – wo nötig – zu reorganisieren, hat sich als richtig und sehr hilfreich erwiesen.

Während der Umsetzungsphase des Projektes ist es aber genauso wichtig, immer wieder die Ergebnisse des 5S-Autdits zu berücksichtigen und gegebenenfalls auch Re-Audits an einzelnen Arbeitsplätzen durchzuführen. Die Voraussetzungen für die Umsetzung eines solchen Projektes müssen jedoch im Unternehmen geschaffen werden. Die Führungskräfte müssen sich des Projektes annehmen und ihre Mitarbeiter dafür gewinnen.

26.5 Fazit

Das Projekt hat gezeigt, dass die recht einfache 5S-Methode durchaus geeignet ist, um in eine Reorganisation der Wertschöpfungsprozesse einzusteigen. Sie lieferte in diesem Projekt nicht nur Verbesserungspotenziale für die einzelnen Arbeitsplätze, sondern auch die Erkenntnis, dass weitere prozessorientierte Maßnahmen erforderlich waren. Die Ergebnisse der 5S-Methode sowie die Wertstromanalyse bildeten die Basis, um die im Qualitätsmanagement verankerten Wertschöpfungsprozesse zu reorganisieren. Inwieweit der im Management beschriebene kontinuierliche Verbesserungsprozess durch die systematische Nutzung dieser Methoden nachhaltig unterstützt werden kann, muss die Zukunft zeigen.

Hinweise zu den Methoden, die in diesem Praxisbeispiel vorrangig beschrieben werden, finden Sie in *Teil I – Methoden zur Prozessverbesserung* **des Buches in folgenden Kapiteln:**

- Kapitel 9: Schnittstellenmanagement
- Kapitel 11: Wertstrommanagement

Shopfloor Management – Praxisbeispiel myonic GmbH

Jürgen Dörich und Jochen Gassner

27.1 Vorstellung des Unternehmens

Die myonic GmbH wurde im Jahr 1939 in Leutkirch im Allgäu gegründet. Leutkirch ist auch heute noch der Hauptsitz der Firma. Das Unternehmen entwickelt und produziert hochpräzise Spezialkugellager, Rotationssysteme und Baugruppen für sensible Anwendungen in der Dental-, Medizin-, Luft- und Raumfahrtindustrie sowie im Werkzeugmaschinenbau und gilt weltweit als einer der Marktführer. Dabei liegt der Fokus auf kundenspezifischen Lösungen, Nischenmärkten und Anwendungen im High-End-Bereich.

Rund 280 Mitarbeiter fertigen am Hauptstandort in Leutkirch die hochpräzisen Teile. Zur myonic-Gruppe zählen zudem ein Montagewerk in Rožnov pod Radhoštěm (Tschechien) mit ca. 135 Mitarbeitern und Vertriebsniederlassungen in Österreich, Großbritannien und in den USA. Im Jahr 2012 wurde ein ca. 3000 m^2 großer, vollklimatisierter Neubau neben dem Leutkircher Hauptgebäude fertiggestellt, welcher in Zukunft mehr Platz für weiteres Wachstum am Standort bietet.

Ursprünglich aus einem Schweizer Uhrenproduktionsbetrieb kommend, wurden 1968 die ersten Miniaturkugellager mit nur wenigen Mitarbeitern in einer Leutkircher Garage montiert. Daraus entwickelte sich myonic, ehemals MKL GmbH, nach und nach zu einem modernen und trotzdem bodenständigen Unternehmen. Mutterkonzern ist die japanische Minebea Co., Ltd. mit ca. 55.000 Mitarbeitern in 18 Ländern.

J. Dörich (✉)
Südwestmetall Verband der Metall- und Elektroindustrie Baden-Württemberg e. V.,
Stuttgart, Deutschland
E-Mail: doerich@suedwestmetall.de

J. Gassner
myonic GmbH, Leutkirch, Deutschland

© Springer-Verlag Berlin Heidelberg 2016
Institut für angewandte Arbeitswissenschaft e.V. (ifaa) (Hrsg.), *5S als Basis des kontinuierlichen Verbesserungsprozesses,* ifaa-Edition, DOI 10.1007/978-3-662-48552-1_27

Produkte

Neben der Spezialität von myonic, der Entwicklung und dem Vertrieb von Miniaturkugel-
lagern und Systemen für Dentalinstrumente, finden die hochpräzisen Produkte inzwischen
in vielen weiteren Bereichen Anwendung. Beispiele dafür sind Schalter für Satelliten,
Beinprothesen oder Ferngläser. Für die Medizinindustrie liefert myonic Kugellager für
Röntgenröhren, welche im Hochvakuum und unter extremen Bedingungen funktionieren müssen. Auch in Anwendungen für die Luft- und Raumfahrt finden Lagereinheiten
von myonic Verwendung z. B. in Navigations- oder Stabilisierungsinstrumenten für viele
Airbus-Flugzeugtypen. Große Potenziale bieten aktuelle Projekte im Automobilbereich
für Turboladerlagerungen sowie das neu etablierte Standbein „Rundtischsysteme" für die
Werkzeugmaschinenindustrie.

Das Fertigungsspektrum der Kugellager reicht von 1 mm Bohrungsdurchmesser bis zu
einem Außendurchmesser von 800 mm. Die Lager müssen zum Teil Geschwindigkeiten
von bis zu 500.000 Umdrehungen pro Minute standhalten und sind Temperaturen von
−273 °C bis +550 °C ausgesetzt. Im Jahr 2008 gelang es myonic sogar, in Zusammenarbeit mit dem Leutkircher Motorenhersteller ATE und Forschern der Eidgenössischen
Technischen Hochschule Zürich die magische Drehzahlgrenze von 1 Mio. Umdrehungen
pro Minute zu erreichen, was Weltrekord ist.

Myonic ist ein klassischer Kleinserienfertiger und weltweit eines der führenden Unternehmen der Lagertechnik. Der Schlüssel zum Erfolg liegt in den erheblichen Anstrengungen im Bereich Forschung und Entwicklung. Kontinuierlich wird an neuen technischen
Lösungen, die gemeinsam mit dem Kunden erprobt werden, gearbeitet. Alle technischen
Komponenten werden auf diese Weise, im Sinne einer konsequenten Kundenorientierung,
weiterentwickelt. Dabei liegt der Schwerpunkt auf universeller Anwendbarkeit, optimaler
Qualität, langer Lebensdauer, geringer Wartung sowie hoher Betriebssicherheit und Zuverlässigkeit in der industriellen Anwendung.

27.2 Ausgangssituation

Auf Basis einer stabilen wirtschaftlichen Situation hat die Geschäftsleitung Ende 2010 den
begonnenen Veränderungsprozess intensiviert, in dem sie konkrete Ziele für die nächsten Jahre vorgab. Es bestand kein akuter betriebswirtschaftlicher Druck, jedoch machten
sich zunehmend Preiswettbewerb und Konkurrenz durch asiatische Hersteller bemerkbar.
Durch die Stabilität des Marktes waren nur noch Wachstumschancen in sehr begrenztem
Umfang zu erwarten.

Da myonic kein Massenfertiger ist, war und ist zukünftig noch mehr eine hohe Flexibilität nicht nur in der Produktion, sondern im gesamten Unternehmen erforderlich. Die
Kunden sind es gewohnt, sehr individuelle Produkte, modifiziert auf die jeweilige Anwendungsart, schnell und in höchster Qualität zu erhalten. Dies hat eine hohe Varianz
und geringe Stückzahlen (Lose) zur Folge, was wiederum eine große Herausforderung
für den gesamten Produktentstehungsprozess bedeutet. Die Geschäftsleitung und die

Arbeitnehmervertretung erkannten frühzeitig, dass auch durch die Steigerung der Attraktivität des Unternehmens, zum einen für den Kunden und zum anderen auch für die Mitarbeiter, der Standort Leutkirch wettbewerbsfähig gehalten werden kann.

Um den Standort Leutkirch auch zukünftig zu sichern, waren aus Sicht der Geschäftsleitung folgende strategischen Unternehmensziele notwendig:

- Permanentes Wachstum > 10 %/p. a.
- Nachhaltige Steigerung des Profit before Tax > 10 %/p. a.
- Produktneuentwicklungszeit bis zur Serienreife auf 6 Monate reduzieren
- Agile, hochflexible Struktur, Organisation und Fertigung
- Flexibles Engineering für Produktionen kleinerer und mittlerer Stückzahlen, größere Stückzahlen in Asien und Osteuropa
- Breitere Aufstellung der Produktpalette
- Klare Verantwortlichkeiten in den Funktionseinheiten
- myonic zählt zu den Top 100 der kleinen und mittleren Unternehmen in Deutschland

27.3 Weg der Implementierung

Die intensive Einbindung des gesamten Managements in Veränderungsprozesse war schon immer Praxis bei myonic. Auch die Beteiligung der Arbeitnehmervertretung an strategischen Überlegungen ist üblich. So wurde in einem ersten Workshop im engeren Führungskreis die Vision von myonic mit den neuen strategischen Unternehmenszielen abgeglichen. Es entstanden eine den aktuellen Rahmenbedingungen angepasste neue Formulierung der Vision und ein Leitsatz zur emotionalen Bindung der Beschäftigten an das Unternehmen (s. Abb. 27.1).

Ein weiteres Ergebnis dieses Workshops waren strategische Projekte, die gemeinsam von den Führungskräften zur Erreichung der Unternehmensziele definiert worden sind

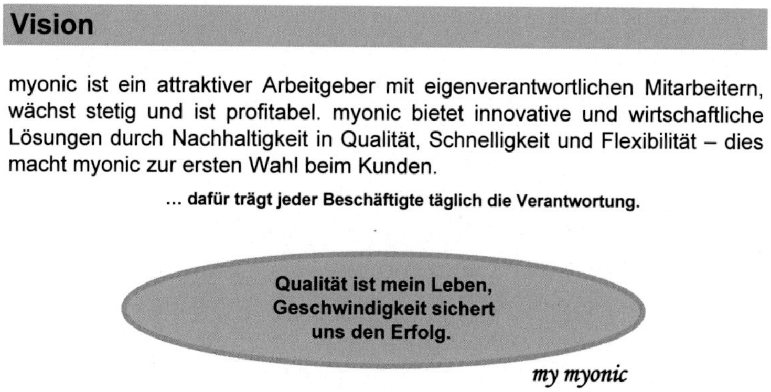

Vision

myonic ist ein attraktiver Arbeitgeber mit eigenverantwortlichen Mitarbeitern, wächst stetig und ist profitabel. myonic bietet innovative und wirtschaftliche Lösungen durch Nachhaltigkeit in Qualität, Schnelligkeit und Flexibilität – dies macht myonic zur ersten Wahl beim Kunden.

... dafür trägt jeder Beschäftigte täglich die Verantwortung.

Qualität ist mein Leben, Geschwindigkeit sichert uns den Erfolg.

my myonic

Abb. 27.1 Vision und Leitsatz. (Quelle: myonic GmbH)

und die interdisziplinär und bereichsübergreifend abgearbeitet werden müssen. Zur Sicherstellung dieser Projektarbeit wurde ein Lenkungsausschuss berufen, der sich anfangs monatlich, später vierteljährlich, über den Stand der Projektarbeit berichten lässt und die erforderlichen Entscheidungen trifft. Die Projektarbeit konzentrierte sich auf Themen zur Kosteneinsparung, Verbesserung des Produktentstehungsprozesses, die Definition eines Unternehmenssystems und die Steigerung der Unternehmensattraktivität.

Die von der Geschäftsleitung und dem Führungskreis formulierte neue Unternehmensstrategie erfordert auch eine veränderte Orientierung der Denk- und Handlungsweisen der Arbeitspolitik, d. h. in der Gestaltung der Arbeitsabläufe und Arbeitsbeziehungen vor Ort in den Produktionsbereichen und produktionsnahen Bereichen, aber auch in den Dienstleistungsfunktionen des Unternehmens. So war es vorrangiges Ziel, eine Effizienz- und Lernoffensive im gesamten Unternehmen zu starten. Die Effizienzoffensive beschränkte sich dabei in der ersten Phase auf klassische Ansätze der Expertenrationalisierung, z. B. e-KVP, im Rahmen eines stringenten Projektmanagements. Durch die Lernoffensive gelang es im Rahmen des m-KVP die Mitarbeiter vor Ort in produktivitätssteigernde Maßnahmen mit einzubinden, um brachliegende Rationalisierungspotenziale (Verschwendung) in der täglichen Arbeit abzuschöpfen. Hierbei wurde schon früh erkannt, dass die Produktivität und das Leistungsverhalten der Mitarbeiter dauerhaft nur verbessert werden können, wenn es gelingt die Mitarbeiter, unterstützt durch geeignete Methoden (z. B. 5S, Verschwendungstafel), selbst aktiv in den Prozess der Gestaltung der eigenen Arbeit und der kontinuierlichen Verbesserung einzubinden.

Nach eingehender Diskussion der überarbeiteten Vision, der vorgegebenen Unternehmensziele und der Unternehmensstrategie im engeren Führungskreis sowie der Konzentration auf die Abarbeitung der strategischen Projekte, konnten sich alle Führungskräfte in weiteren Workshops mit der überarbeiteten Vision, den strategischen Unternehmenszielen und den laufenden Projekten auseinandersetzen. So gelang es, auf dieser Basis gemeinsam im gesamten Führungskreis die strategischen Überlegungen zu operationalisieren. Es wurden Kleinprojekte definiert in den Themenfeldern Führung, Arbeitsorganisation, Verbesserungsmanagement, Logistik, Unternehmensschnittstellen, Feedbackkultur usw. Die Führungskräfte entwickelten ein gemeinsames Verständnis zur Vision und zum strategischen Weg zur Zielerreichung. Dies wurde dokumentiert und in Workshops mit den Mitarbeitern intensiv diskutiert. Daraus leiteten die Mitarbeiter aller Unternehmensbereiche ihre individuellen Jahresziele ab (s. Abb. 27.2).

Generell ist festzustellen, dass es auch beim Shopfloor Management keinen „Königsweg" gibt und jedes Unternehmen seinen eigenen, den firmenspezifischen Rahmenbedingungen angepassten Weg finden muss. Es kann jedoch hilfreich sein, sich zu einem kollegialen Erfahrungsaustausch mit anderen Unternehmen zu treffen, bspw. an technischen Arbeitskreisen eines Arbeitgeberverbandes regelmäßig teilzunehmen oder sich im Rahmen von Studienreisen andere Unternehmen z. B. in Japan oder China anzuschauen, um Anregungen für den eigenen Veränderungsprozess aufzunehmen. Diese waren und sind auch zukünftig wichtige Qualifizierungsinhalte des Managements von myonic. So konnten viele Erfahrungen und Erkenntnisse in die Konzeption des eigenen Shopfloor Managements mit eingebracht werden, ohne teure Beratungsleistungen abrufen zu müssen.

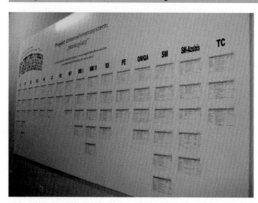

„Marktplatz" mit ca.122 Aufgaben

Abb. 27.2 Wandtafel mit den individuellen Teamzielen. (Quelle: myonic GmbH)

Die aktive Einbindung aller Beschäftigten in den sehr umfangreichen und intensiven Veränderungsprozess, so wie hier bei myonic, ist ein wichtiger Schlüssel zum nachhaltigen Erfolg. Es wurden flächendeckend Workshops, moderiert durch die entsprechende Führungskraft, mit dem Ziel, die Beschäftigten für die zukünftigen Herausforderungen zu sensibilisieren und um die Meinungen und Ideen der Beschäftigten abzufragen. Ein Baustein der daraus resultierenden Qualifizierung ist die Methode 5S, die sehr konsequent trainiert und eingeführt worden ist und regelmäßig kollegial auditiert wird. Diese Methode ist bei myonic die Basis für alle weiteren Aktivitäten in diesem Veränderungsprozess.

27.4   Erkenntnisse und Erfahrungen

Die ersten Stufen der Methode, Aussortieren, Aufräumen und Standardisieren, waren nicht schwierig umzusetzen. Probleme entstanden erst dann, als es darum ging, die gemeinsam definierten Standards einzuhalten. Hier wurden die besondere Rolle, die Aufgaben und die Verantwortung der Führungskräfte deutlich, die diese Standards selbst konsequent einhalten und auch einfordern und im Rahmen des kontinuierlichen Verbesserungsprozesses permanent weiterentwickeln müssen. Sehr schnell war klar, dass es hier zur zeitlichen Überforderung der unteren Führungsebene kommt und es nicht alleine reicht, eine Methode zu trainieren und einzuführen. So wurde die schon länger laufende Diskussion in Bezug auf die Führungsstruktur der unteren Führungsebene intensiviert und versucht, wie bei Toyota vor Ort in Japan besichtigt und gelernt, eine „Hancho-Ebene" (untere Führungsebene bei Toyota mit kleiner Führungsspanne) zu definieren.

Die unteren Führungsebenen wurden analysiert, bewertet und entsprechend den neuen Anforderungen eines Teamleiters benannt und arbeitsinhaltlich definiert. Als Steuerungselement für die Kernaufgabe des Teamleiters, den „kontinuierlichen Verbesserungsprozess" zu betreiben, wurden sogenannte „Verschwendungstafeln" aufgestellt. Auf dieser Tafel sollen die Mitarbeiter ihr Abweichungsmanagement einfach und präzise dokumentieren, sodass die Führungsmannschaft gezielt und schnell Maßnahmen zur Verbesserung ergreifen kann. Im Zusammenspiel mit den Mitarbeitern muss sich der Teamleiter als Coach seiner Gruppe verstehen, der für die Koordination des Teams mit den Umfeldbereichen sorgt. Neben Kontrolle, Steuerung und Qualifizierung ist auch die permanente Unterstützung der Mitarbeiter zur täglichen Zielerreichung eine Kernaufgabe des Teamleiters. Er sorgt dafür, dass die definierten Standards konsequent eingehalten und immer weiter verbessert werden. Die „Werkzeuge" hierzu sind Ordnung und Sauberkeit am Arbeitsplatz (5S-Methode) und das Erkennen von Verschwendung im Arbeits- und Wertschöpfungsprozess sowie das permanente Hinterfragen aktueller Problemstellungen und bestehender Standards. In diesem Zusammenhang ist darauf hinzuweisen, dass es hierbei nicht um Arbeitsverdichtung geht, sondern um die Steigerung der Produktivität z. B. durch den Austausch von Störungen und Stillständen gegen Wertschöpfung.

Weitere Ziele, wie z. B. die konsequente Verfolgung von Störungen und Verschwendungen entlang der Wertschöpfungskette, Produktivitätssteigerung, Erhöhung der Mitarbeitermotivation, Reduzierung von Rüst- und Störzeiten, Verkürzung der Durchlaufzeiten, Steigerung der Qualität und die Erhöhung der Arbeitssicherheit müssen konsequent verfolgt und vom gesamten Management und in allen Funktionsbereichen eingefordert und aktiv gefördert werden. Um die Erfolge transparent machen zu können, werden den Mitarbeitern zukünftig geeignete Kennzahlen zur Verfügung gestellt, die aus den strategischen Unternehmenszielen abgeleitet sind.

27.5 Fazit

Der eingeschlagene Weg im Veränderungsprozess hat inzwischen mehrheitlich Akzeptanz gewonnen, wird konsequent vom Management vorgelebt und eingefordert und bei veränderten Rahmenbedingungen gemeinsam angepasst. Es wurde erkannt, dass die Art und Qualität der Information, Qualifizierung und Prozessbetreuung, seitens der Führungskräfte, die wesentlichen Elemente für das Gelingen eines Veränderungsprozesses sind. Die Veränderungsprozesse sind so zu gestalten, dass Akzeptanz und Identifikation bei allen Beteiligten für die gemeinsamen Ziele entstehen. Dafür sind oft mehrere Informations- oder Qualifikationsschleifen erforderlich, die auch eine Geschäftsleitung „aushalten" muss. In der Fläche des Unternehmens kann dies nur dann erfolgreich sein, wenn die Ziele in der Führungskaskade sorgfältig vorbereitet und heruntergebrochen werden. Alle Beteiligten haben gelernt, dass so ein Veränderungsprozess nicht statisch ist, sondern sich im Sinne einer lernenden Organisation kontinuierlich weiterentwickelt. Dabei sind sowohl die gewonnenen Erfahrungen zu beachten als auch die Veränderungen von äußeren und inneren Rahmenbedingungen.

Eine weitere Erkenntnis ist, dass der Einsatz der richtigen Methoden einen motivierenden Effekt bei den Mitarbeitern auslöst. Im Sinne „Problem zieht Methode" kamen anfangs einfachste Methoden zum Einsatz, um die Sinnhaftigkeit der täglichen Arbeit und des kontinuierlichen Verbesserungsprozesses zu unterstreichen. Dies waren 5S, 7 Arten der Verschwendung und 5W (fünfmal „Warum?": fünfmal hintereinander „Warum?" zu fragen, ist eine einfache und effiziente Methode für die Suche nach den tatsächlichen Ursachen von Problemen und Abweichungen) als Basis zur Erkennung von Potenzialen und der Erleichterung der täglichen Arbeit. Der Reifegrad der Organisation wird zukünftig darüber entscheiden, bei welchen Problemen auch anspruchsvollere Methoden zum Einsatz kommen können.

Hinweise zu der Methode, die in diesem Praxisbeispiel vorrangig beschrieben wird, finden Sie in *Teil I – Methoden zur Prozessverbesserung* des Buches in folgendem Kapitel:

• Kapitel 7: Kontinuierlicher Verbesserungsprozess (KVP)/Kaizen

Umzugsvorbereitungen durch methodische 5S-Anwendung – Praxisbeispiel KST Kraftwerks- und Spezialteile GmbH

Uwe Radloff und Heiko Dittmer

28.1 Vorstellung des Unternehmens

Die KST Kraftwerks- und Spezialteile GmbH (KST) mit Sitz in Berlin ist ein mittelständisches Unternehmen mit ca. 50 Beschäftigten im Produktionsbereich, 15 Beschäftigten im Kunden-/Verwaltungsbereich und Auszubildenden. KST ist darauf spezialisiert, in Serviceprojekten Ersatzteile bzw. Baugruppenkleinserien für Kraftwerkskomponenten zu produzieren. Die Bearbeitung der Kundenaufträge erfolgt in einem modernen Maschinenpark mit erfahrenen, geschulten Mitarbeitern. Der Wettbewerbsvorteil von KST besteht darin, Kundenprojekte innerhalb von kurzer Lieferzeit mit hoher Termintreue und höchster Qualität zu realisieren. Zum Dienstleistungsumfang gehört die Abwicklung globaler Aufträge. Hierzu zählen individuelle Beratung, Materialbeschaffung/-bevorratung, Fertigung, Prüfung, Dokumentation, Verpackung und Versand.

28.2 Ausgangssituation

KST ist Mitte der 90er-Jahre aus einem Management-Buy-out eines größeren Industrieunternehmens entstanden. In den Betriebsräumen bestand eine über Jahrzehnte gewachsene Werkstattstruktur mit neuen und modernen Maschinen sowie gut ausgebildeten und

U. Radloff (✉)
Verband der Metall- und Elektroindustrie in Berlin und Brandenburg e. V. (VME),
Berlin, Deutschland
E-Mail: radloff@uvb-online.de

H. Dittmer
KST Kraftwerks- und Spezialteile GmbH, Berlin, Deutschland

© Springer-Verlag Berlin Heidelberg 2016
Institut für angewandte Arbeitswissenschaft e.V. (ifaa) (Hrsg.), *5S als Basis des kontinuierlichen Verbesserungsprozesses,* ifaa-Edition, DOI 10.1007/978-3-662-48552-1_28

erfahrenen Mitarbeitern. Zu den Rahmenbedingungen gehörte auch die Fertigung in einer „älteren" Fabrikhalle. Dies war der Grund, eine neue, größere und moderne Fabrikhalle zu bauen. Ende 2013 fand der Umzug in die neue Fabrikhalle statt.

Herr Uwe Radloff vom Verband der Metall-und Elektroindustrie in Berlin und Brandenburg e. V. (VME) sprach mit Herrn Dr. Heiko Dittmer, dem Geschäftsführer der Firma KST Kraftwerks- und Spezialteile GmbH, über die Nutzung von 5S im Zusammenhang mit dem Umzug der Produktion.

Frage an Herrn Dr. Dittmer

„Schildern Sie uns bitte die Ausgangssituation, gerade in Bezug auf den 5S-Prozess. Was hat Sie motiviert, mit KVP zu beginnen?"

Antwort

„Wir haben mit der 5S-Methode quasi als Vorbereitung auf den Umzug in die neue Halle begonnen. Der Ausgangspunkt war, dass unsere Kunden und wir selber den Eindruck hatten, dass in unserer alten Fabrikhalle die Arbeitsumgebung/-prozesse zu verbessern sind (s. Abb. 28.1). Insofern war der Grundsatz geboren, mehr Ordnung und Sauberkeit (s. Abb. 28.2) zu schaffen und – was auch mein Wille war und ist – schnellstmöglich damit zu beginnen.

Wir sind eine typische mechanische Fertigung und da gilt der Grundsatz: „Wo gearbeitet wird, fallen Späne" Durch unsere spezielle Fertigungsweise, schnell und effizient Kundenaufträge zu realisieren, liegen wir mit unserer Fertigung fernab von labormäßigen Bedingungen für Montage- oder Serienfertigungsprozesse, wie sie in anderen Betrieben zu bewundern sind. Dort läuft es heute „lean" in gekapselten Maschinen-/Arbeitsumgebungen sauber und ordentlich ab. Zugegeben, die Steuerung ist bei uns eher chaotisch. Wir wollten eine standardisierte Umgebung, in der effizienter, sicherer und qualitativ hochwertiger gearbeitet werden kann."

Die folgenden Abb. 28.1 und 28.2 zeigen, dass dies auch in der Umgebung der alten Fabrikhalle nach Anwendung von 5 S-Methoden-Workshops gut gelungen ist.

Frage an Herrn Dr. Dittmer

„Wie wurde aus Sicht der Mitarbeiter die Methode aufgenommen bzw. umgesetzt? Wie wurden Ihre Führungskräfte und Mitarbeiter bei der Schulung und Anwendung der 5S-Methode in den Produktionsbereichen der ‚alten' Halle unterstützt?"

Antwort

„Ganz unterschiedlich. Es gab skeptische Mitarbeiter, die fanden den Ansatz, sagen wir mal vorsichtig, distanziert-interessant. Ein bisschen aufräumen kann nicht schaden. Weiterhin gab es Mitarbeiter, die die Idee richtig und nachvollziehbar fanden und auch die Anwendung der 5S-Methode aktiv mitgestaltet haben. Wenige Mitarbeiter fühlten sich

Abb. 28.1 Umgebung alte Produktionshalle vor dem Umzug. (Quelle: KST Kraftwerks- und Spezialteile GmbH)

dagegen angegriffen und haben sich gegen die methodische Anwendung gesperrt. Ihre Auffassung war: ‚Ihr haltet mir also vor, dass ich unordentlich bin!'

Wir haben mit den Führungskräften im Vorfeld versucht herauszufinden, wer für die Anwendung der Methode offen ist. Bei diesen haben wir angefangen und gehofft – und so kam es ein Stück weit auch, dass sich die Skeptiker positiv an dem entstehenden bzw. gruppendynamischen ‚Sog' der ‚Befürworter', nicht entziehen konnten und folgten. Schön war, dass diese Mitarbeiter selbst im Prozess ihre persönliche Einstellung verändert haben. Abschließend gab es nur ganz wenige Mitarbeiter, die vom Thema nichts wissen wollten."

Frage an Herrn Dr. Dittmer

„Wie wurde der angestoßene KVP im Bezug auf 5S von den Führungskräften aufgenommen und umgesetzt?"

Antwort

„Die Werkstattleiter, also unsere Führungskräfte, haben den Auftrag erhalten, die Mitarbeiter methodisch dabei zu unterstützen, den 5S-Prozess ‚gewissenhaft' durchzuführen. Es hat sich jedoch herausgestellt, dass wir die Führungskräfte aus unterschiedlichsten

Abb. 28.2 Arbeitsplatz nach Anwendung des 5S-Methodenworkshops. (Quelle: KST Kraftwerks-und Spezialteile GmbH)

Gründen intensiv betreuen mussten, um den Ordnungsgedanken in ihnen zu verankern, damit sie diesen wiederum übertragen können. Die Praxis hat allerdings gezeigt, dass die Ideen zum Ordnungs-/Sauberkeits- bzw. Standardisierungsprozess zum Teil noch nicht verinnerlicht wurden. Typische Argumente waren: ‚Wir müssen hier Teile bearbeiten und reinhauen!‘, ‚Da fliegen schon mal einfach die Werkzeuge zur Seite!‘, ‚Hier haben wir keine Zeit, noch aufzuräumen!!‘…

Die These, dass ein aufgeräumter bzw. sauberer Arbeitsplatz mit dahinterliegenden Arbeitsprozessen und etablierten Standards effizientere ‚Arbeit‘, mehr Bewegungsfreiheit und höhere Qualität ermöglichen, wurde teilweise in Abrede gestellt.“

28.3 Weg der Implementierung

Die besondere Herausforderung bestand darin, die bisher gesammelten Erfahrungen, im Bezug auf die Anwendung der 5S-Methode und im Kontext zum Umzug, nahtlos auf die Arbeitsumgebung der neuen Fabrikhalle zu übertragen. Diesbezüglich sollte alles Überflüssige und nicht mehr Verwendbare in der alten Halle belassen werden. Das Benötigte und Erforderliche sollte geordnet für den Produktionsprozess in die neue Fabrikhalle überführt werden. Die Idee war, die neuen Arbeitsbereiche/-plätze mit neuer Struktur, schnellstmöglich und ohne Qualitäts-/Kosten- und Zeitverlust in Funktion zu nehmen. Für diesen Prozess wurden alle beteiligten Führungskräfte und Mitarbeiter entsprechend informiert und geschult.

Frage an Herrn Dr. Dittmer

„Können Sie uns darstellen, wie sich der Umzug im Hinblick auf die Anwendung des KVP gestaltet hat?"

Antwort

„Die einzelnen Arbeitsplätze, die wir in der alten Halle hatten und in der neuen Halle strukturiert einrichten wollten, sind, wie zu erwarten war, prinzipiell die Gleichen. Doch aufgrund des breiten Teilespektrums und der unterschiedlichen Fertigungsabläufe hat sich herausgestellt, dass es am ‚grünen Tisch' schwerlich möglich ist, die Standardausstattungen von Arbeitsplätzen zu definieren. Auch der Ansatz, von den Beteiligten zu erwarten, folgerichtige Entscheidungen zu treffen, was bleibt/geht und diese dann auch ganz einfach umzusetzen, war nicht möglich.

In der Serienfertigung mag dies vielleicht praktikabler sein. Bei uns in der Einzelfertigung waren wir davon abhängig, dass jeder Mitarbeiter im Grunde aus seiner Erfahrung sagt, welche Werkzeuge er für seine speziellen Tätigkeiten benötigt. Doch genau da lag der Kern des Problems. Der eine Mitarbeiter war bereit zu sagen, dieses oder jenes kann weg, der andere sagte, dass er absolut alles benötigt.

Wir wollten nicht am ‚grünen Tisch' das Vorhaben mittels ‚KVP-Filtermethoden' vorplanen und quasi über die Köpfe der Mitarbeiter hinweg die Arbeitsplätze neu aufbauen. Wir waren auch auf deren Mithilfe angewiesen und es hat auch etwas Gutes, wenn die Mitarbeiter mit entscheiden dürfen. Die Gefahr dabei ist, dass am Ende doch alles mitgenommen wird, was vorhanden ist. So haben es einige getan, man kann auch sagen, sie haben es geschafft, obwohl wir aufgepasst haben. Wenn ich dieses Ergebnis betrachte, hätten wir konsequenter sein müssen. Allerdings hätte das wiederum unsere Idee konterkariert. Erst darf jeder selbst entscheiden und dann wird gesagt, dass doch alles in der alten Halle verbleiben soll."

Frage an Herrn Dr. Dittmer

„Wie sind Sie mit den Widerständen im Umzugsprozess umgegangen?"

Antwort

„Es war sehr hilfreich, dass wir die Unterstützung des VME hatten, der die unangenehme Aufgabe übernommen hat, mit den Mitarbeitern zu diskutieren, ob dieser ‚alte Schraubstock' jetzt noch gebraucht wird oder nicht.

Vor dem Umzug haben wir uns bereits vom Ballast in einzelnen Bereichen/Arbeitsplätzen befreit. Doch das war noch nicht ausreichend. Insofern sollte der Umzug auch dafür verwendet werden, sich von weiterem Ballast zu befreien.

Das ist ein Stück weit gelungen, aber mein Eindruck war, dass der Ehrgeiz bei einzelnen Mitarbeitern eher darin bestand, möglichst viel mit in die neue Halle zu nehmen. Wir haben überlegt, eine Art ‚Torwächter' aufzustellen, um als neutrale Stelle zu entscheiden, was in die neue Halle darf bzw. was nicht.

Aber darauf haben wir verzichtet. Wir hatten das Ziel, den Umzug bei laufender Produktion zu schaffen. Das ist auch gut gelungen. Die Grundidee war, dass wegen der kurzen Wege zwischen den Hallen immer nur eine Maschine mit dazugehörigem Arbeitsplatz umzieht. Zwischendurch war es logistisch etwas schwierig, weil ein Teil der Maschine schon in der neuen Halle stand, ein anderer Teil der Maschine aber noch in der alten Halle war.

Wenn ich jetzt auf das letzte Halbjahr zurückblicke, war im Tagesgeschäft der Umzug nicht zu bemerken. Auch dies ist eine sehr positive Leistung. Insofern wollten wir den Prozess nicht komplizierter machen, als er ohnehin schon war, indem wir über jeden ‚Schraubenzieher' diskutieren.

Nach erfolgtem Umzug und vorangegangenen Betrachtungen ergibt sich die Konsequenz, dass wir nun den KVP-Gedanken erneut aufnehmen wollen. Dies bedeutet: Lernen aus den gesammelten Erfahrungen sowie Aufräumen, Ordnung halten, Standards schaffen und Verschwendungen eliminieren. Dies soll nun ein beständiges Thema werden.“

Neue Wege – Lernen und Verbessern
Bei KST wurde der KVP symbolisch damit begonnen, den „Schreibtisch“ von Herrn Dr. Dittmer aufzuräumen. Hierzu wurden Mitarbeiter aus der Produktion und dem Bürobereich eingeladen. So wurde deutlich, dass nicht nur im Produktionsbereich, sondern auch im „Büro“ der KVP begonnen wird und mittels Ordnung und Sauberkeit seine Wirkung entfalten kann.

Frage an Herrn Dr. Dittmer

„Wenn Sie nochmals vor der gleichen Herausforderung stehen, was müsste aus Ihrer Sicht besser laufen?“

Antwort
„Ich würde für den gesamten Veränderungsprozess mehr Zeit einräumen. Auch würde ich gezielter die Workshops und Seminare vorbereiten und Leuchtturmprojekte inszenieren, die gut sichtbar sind. Die Ergebnisse nach der methodischen 5S-Anwendung sind mit anderen zu diskutieren, um aus den Erfahrungen zu lernen. Jede Aktion ist ein kleines dauerhaftes Werkstattprojekt, welches mit anderen Mitarbeitern diskutiert und betrachtet werden sollte.

Wir haben die Um- und Aufräumaktionen fast im Tages- oder Wochentakt durchgeführt, ohne die Ergebnisse mit anderen Mitarbeitern auszuwerten und zu präsentieren. Diese Ansätze würden zwar länger dauern, aber bessere Ergebnisse erzielen. Gerade auch im Hinblick darauf, Pilotprojekte zur Gestaltung von Arbeitsplätzen zu generieren, an denen das Niveau gehalten werden kann. Das große Problem daran ist, dass die Erfolge schnell versanden können, wenn entwickelte und eingeführte Standards nicht konsequent eingehalten werden. Die Unterstützung und Begleitung des KVP ist Sache der Führungskräfte. Wenn Führungskräfte wirklich ‚führen‘, entwickelt sich auch der Wunsch bei denjenigen, die vor der Aufgabe stehen, jetzt mit ihrem ‚Pilotprojekt‘ bzw. der 5S-Methode endlich zu beginnen. Hier ist klar, ‚ich‘ werde in der Sache unterstützt, schaffe mir meine Arbeitsumgebung selbst und werde vor allem nicht alleine gelassen. Andernfalls bleibt dies alles nur eine hübsche Idee.“

28.4 Kontinuierliche Verbesserungsprozesse enden nie

Der komplette Umzug und ein Erweiterungsbau des Bürokomplexes sind abgeschlossen. Die Arbeitsbereiche/-plätze in der Produktion sind für den Tagesbetrieb eingerichtet. Dies zeigen die Abb. 28.3 und 28.4.

In diesem Jahr soll im Produktionsbereich nochmals der KVP-Gedanke aufgenommen und fortgeführt werden. Diesbezüglich ist geplant, die einzelnen Bereiche zu analysieren und bisherige Erkenntnisse dafür zu verwenden, „Standards“ im Bezug auf die Verschwendungsarten, zu implementieren.

Frage an Herrn Dr. Dittmer

„Was sind die nächsten Schritte, um Standards weiterzuentwickeln bzw. Verschwendungen zu identifizieren und zu beseitigen?“

Antwort

„Im Grunde genommen sind wir heute auf dem Weg dahin, dass jeder Mitarbeiter diese Ideen verinnerlicht sowie den Nutzen akzeptiert und kontinuierlich anstrebt.

Der Begriff Verschwendung ist auch ein besonderer Begriff. Wenn dieser Begriff in einem Workshop verwendet wird, denkt jeder Mitarbeiter, es wird ihm vorgeworfen, dass er mit Material oder Werkzeugen verschwenderisch umgeht. Doch wir wissen, dass es darum nicht geht. Der Begriff ist der richtige, aber er ist erst einmal inhaltlich zu erklären und darzustellen. Verschwendungen bieten konstruktives Potenzial für eine ‚Sache‘, die ganz einfach zu unterlassen ist. Aus den daraus gewonnenen Erkenntnissen lassen sich Maßnahmen ableiten, um die Arbeitsabläufe besser gestalten zu können.

Da ist nicht jeder Opfer der Umstände, sondern jeder ist selber in der Lage etwas in der ‚Verschwendungssache‘ zu verändern. Aber es braucht Zeit, bis sich dieser Begriff in den Köpfen Einzelner verankert hat. Und genau darum geht es auch im KVP. Der KVP ist eben

Abb. 28.3 Neue Produktionshalle nach dem Umzug. (Quelle: KST Kraftwerks- und Spezialteile GmbH)

ein langer und anhaltender Prozess. Das muss auch bei uns noch besser verstanden werden. KVP heißt ja keinesfalls, wir ziehen jetzt ein Projekt durch, danach ist alles ordentlich und wir müssen uns nicht mehr kümmern. Die Botschaft lautet insofern nicht, einen großen Schritt zu tun, sondern jeden Tag z. B. fünf kleine Schritte zu absolvieren und damit niemals aufzuhören. Das ist die wesentliche Erkenntnis. Und wie gesagt, der Umzug ist noch nicht in allen Details abgeschlossen. Dies ist beim Rundgang durch die Halle zu sehen. Es existieren noch ‚hundert' kleine Ecken, in denen Optimierungspotenziale zu entdecken sind. Ich muss mich selber auch noch disziplinieren: Ich muss aufhören, an einer zerbrochenen Europalette ein Vierteljahr vorbeizugehen."

Frage an Herrn Dr. Dittmer

„Abschließend ist festzustellen, dass der KVP auch gewissermaßen Bestandteil einer Führungskultur ist, in der die Führungskräfte die Beschäftigten in der Erfüllung der Veränderungsprozesse coachen. Was ist Ihrer Auffassung nach die Kernbotschaft für Führungskräfte?"

Abb. 28.4 Neue Arbeitsplätze. (Quelle: KST Kraftwerks- und Spezialteile GmbH)

Antwort

„Wie dargestellt, sind Werkstattleiter kaum in der Lage zu sagen, was zur Arbeitsplatzausstattung gehört, aber die Führungskraft muss dafür sorgen, dass der Mitarbeiter die
KVP-Idee verinnerlicht und verfolgt. Was das für seinen Arbeitsplatz bedeutet, muss der
Mitarbeiter selbst bestimmen. Nur er kann das richtig machen. Das ist die Herausforderung. Es geht nicht darum, die Werkstattausstattung zu bestimmen, sondern es geht darum,
die Idee und Erfüllung des KVP in die Herzen und Köpfe der Mitarbeiter zu bekommen."

**Hinweise zu der Methode, die in diesem Praxisbeispiel vorrangig beschrieben
wird, finden Sie in *Teil I – Methoden zur Prozessverbesserung* des Buches in folgendem Kapitel:**

• Kapitel 12: Räumliche Veränderung von Arbeitsplätzen, Montagesystemen, einer Fabrik

Subjektive Führungstheorien: Wie Vorstellungen über Führung das Führungsverhalten prägen

Jan Schilling und Dirk Mackau

29.1 Einführung

Obwohl die Rolle der Führungskräfte bei Veränderungsprozessen im Allgemeinen und bei der Einführung von Unternehmenssystemen (die üblicherweise die Implementierung von 5S und anderen im Teil I dieses Buches beschriebenen Methoden umfasst) im Speziellen unbestritten ist, beschäftigen sich vergleichsweise wenig Beiträge oder Schulungsinhalte rund um Unternehmenssysteme bzw. Produktionssysteme tiefergehend mit der Frage, was gute bzw. schlechte Führung ausmacht, welche Wechselwirkungen zwischen Führungstaxonomien bestehen und wie möglicherweise auf erkannte Defizite erfolgreich reagiert werden kann.

Dörich und Neuhaus [6] stellen zum Beispiel fest, dass der Führungsalltag in deutschen Industrieunternehmen häufig durch „Troubleshooting" oder „Feuerlöschen" gekennzeichnet ist. Zu große Führungsspannen, diffuse Verantwortlichkeiten oder zu viele parallele Projekte gleichzeitig werden als Gründe für einen – durch die Führungskräfte getriebenen – fehlenden kontinuierlichen Verbesserungsprozess identifiziert. Weiterhin führen die Autoren unter der Überschrift „Herausforderungen an die Führung im ‚deutschen' Produktionssystem" aus, dass es zu einschneidenden Veränderungen im Führungsverhalten sowie in Bezug auf das Führungsverständnis im gesamten Management kommen muss.

Hier setzt dieses Kapitel an, in dem ein möglicher Weg aufgezeigt wird, wie subjektive Führungstheorien als Ausgangspunkt für individuelle Beratung z. B. in Form von Coaching oder für Organisationsentwicklungsprozesse genutzt werden können.

J. Schilling (✉)
Kommunale Hochschule für Verwaltung in Niedersachsen (HSVN), Hannover, Deutschland
E-Mail: jan.schilling@nds-sti.de

D. Mackau
NORDMETALL Verband der Metall- und Elektroindustrie e. V., Bremen, Deutschland

© Springer-Verlag Berlin Heidelberg 2016
Institut für angewandte Arbeitswissenschaft e.V. (ifaa) (Hrsg.), *5S als Basis des kontinuierlichen Verbesserungsprozesses,* ifaa-Edition, DOI 10.1007/978-3-662-48552-1_29

29.2 Was ist Führung?

Führung ist ein Phänomen, dass praktisch jeden im Arbeitsleben betrifft: diejenigen, die Führungspositionen innehaben genauso wie diejenigen, die von Führungspersonen in ihrer Arbeit beeinflusst werden. Eine zynische Alltagsdefinition von Personalführung besagt, dass dies die Kunst sei, den Mitarbeiter so schnell über den Tisch zu ziehen, dass dieser die dabei entstehende Reibungsenergie als Nestwärme empfinde. Die Definition steht beispielhaft dafür, dass im Alltag viele Personen den Einfluss von Führungskräften nicht als ausschließlich (oder auch nur sonderlich) positiv erleben. Die Führungsforschung hat sich traditionell eher mit konstruktiver Führung beschäftigt und versucht, die Personenmerkmale, die Situationsfaktoren und Verhaltensweisen zu identifizieren, die zur persönlichen und organisationalen Effizienz und Effektivität beitragen [27]. In den letzten Jahren hat es verstärkt Forschungsbemühungen gegeben, auch die ineffektiven und negativen Seiten von Führung zu beleuchten [28]. Für die Beantwortung der Frage, ob ein Führungsverhalten als positiv oder negativ angesehen wird, spielen die subjektiven Vorstellungen der Beteiligten eine maßgebliche Rolle: welche Erwartungen habe ich an eine Führungskraft, was verstehe ich unter guter und schlechter Führung, welche Eigenschaften kennzeichnen eine gute oder schlechte Führungskraft? Die nachfolgenden Abschnitte geben einen (theoretischen) Überblick über den Bereich der subjektiven Führungstheorien, bevor zum Abschluss des Kapitels über Erfahrungen in der praktischen Anwendung berichtet wird.

Auch wenn in vielen Lehrbüchern kolportiert wird, es gäbe mehr Führungsdefinitionen als Führungsforscher, lassen sich aus den verschiedenen Begriffsbestimmungen einige Kernmerkmale herausfiltern, die den Begriff verdeutlichen. Yukl [33] macht deutlich, dass der Aspekt der Beeinflussung von anderen Personen zu den Kernmerkmalen der meisten Definitionen von Führung gehört. Insoweit soll Führung im Weiteren verstanden werden als

▶ ein Prozess gezielter Einflussnahme durch eine Person, die eine formelle Führungsposition haben kann, gegenüber einer oder mehreren anderen Personen, die die Person des Einflussnehmenden in bestimmter Weise bewerten, was Auswirkungen darauf hat, ob die Einflussversuche dieser Person erfolgreich sein werden.

Diese Definition macht Folgendes deutlich:

- Einfluss: Führung ist eine Interaktion, bei der die Führungsperson sich bemüht, andere Personen zu beeinflussen, es aber nicht selbstverständlich ist, dass dieser Versuch gelingt.
- Führungsposition: Es ist nicht notwendigerweise so, dass eine Führungsperson auch eine formelle Führungsposition innehat, auch informelle Führung (d. h., wenn eine Person ohne formelle Führungsbefugnisse kraft ihrer Autorität und/oder Initiative andere, gleichgestellte Personen beeinflusst) wird durch die Definition mit umfasst.
- Bewertung der Führungsperson: Bei der Interaktion zwischen Führungskraft und Geführten ist es wichtig, wie die Führungsperson von den anderen wahrgenommen wird,

inwieweit sie zum Beispiel den Vorstellungen der Geführten von einer „typischen" Führungskraft entspricht. Dies hat Auswirkungen darauf, ob die Führungsperson sich leicht oder schwer tut, die Geführten zu beeinflussen.

In der Definition (im Gegensatz zu vielen anderen; vgl. z. B. Yukl [33], für einen Überblick) ist explizit nicht festgelegt, dass Führung zum Erfolg einer Organisation oder dem Erreichen von bestimmten Zielen beitragen muss. Damit wird ausgedrückt, dass Führung nicht grundsätzlich positiv in ihren Intentionen, Mitteln und Folgen sein muss [27], sondern neben konstruktiven auch ineffektive und sogar destruktive Verhaltensweisen aufweisen kann [28].

In der traditionellen Führungsforschung (vgl. [34]) wurde häufig per Definition daran festgehalten, dass Personen, die Machtmittel wie Zwang, Informationsvorenthaltung, Belohnungs- und Bestrafungskontrolle nutzen, nicht im eigentlichen Sinne „führen". Diese Überlegung zeigt sich auch bei Bennis und Nanus [1], die zwischen Managen („die Dinge richtig tun") und Führen („die richtigen Dinge tun") differenzieren. Tatsächlich ist diese Unterscheidung und Eingrenzung aber nicht wirklich hilfreich, da sie wichtige Aspekte der alltäglichen Erfahrung von Mitarbeiterinnen und Mitarbeitern, wie sich Führungskräfte verhalten können, ausblendet, indem sie sie mit einem anderen Label versieht. Zusammenfassend macht diese Diskussion deutlich, dass unsere Alltagsvorstellungen im starken Maße unsere Sicht auf das Thema Führung prägen:

- Mitarbeiter haben Vorstellungen darüber, wie eine typische (oder auch ideale) Führungskraft sein sollte und lassen sich auf dieser Grundlage leichter bzw. schwerer von einer Person beeinflussen, die diesem Bild mehr bzw. weniger entspricht.
- Vorgesetzte und unbeteiligte Dritte haben ebenfalls Vorstellungen von typischen oder idealen Führungskräften, vor allem aber ziehen sie (da sie das tatsächliche Führungsverhalten häufig nicht unmittelbar beobachten können) Rückschlüsse auf Führung aufgrund von erbrachten Ergebnissen. Damit stellt sich für sie die Frage, wie verantwortlich Führungskräfte für bestimmte Ergebnisse und Leistungen sind.
- Führungskräfte selbst haben Alltagstheorien darüber, was für sie gute und schlechte Führung ausmacht und wählen auf dieser Grundlage aus ihrer Sicht passende Verhaltensweisen aus bzw. bewerten ihre eigene Führungsarbeit.

Subjektive Führungstheorien von Geführten
Robert Lord und seine Kollegen [13, 14, 21] entwickelten zur erstgenannten Variante subjektiver Führungstheorien die grundlegende Idee, dass Menschen (z. B. Mitarbeiter) eine Zielperson (z. B. ihren Vorgesetzten) einordnen, indem sie ihn oder sie mit einer prototypischen Vorstellung einer effektiven Führungskraft vergleichen. Prototypische Eigenschaften einer Führungskraft sind laut verschiedener Befragungen zum Beispiel „intelligent", „ehrlich", „verständnisvoll", „entscheidungsfreudig" sowie „überzeugend" und verfügen über „gute verbale Fertigkeiten". Je stärker eine Person diesen Eigenschaften entspricht, desto eher wird sie von den wahrnehmenden Personen als Führungskraft akzeptiert. Wäh-

rend diese Persönlichkeitseigenschaften in einem nachvollziehbaren Zusammenhang zu den Anforderungen von Führungspositionen stehen, können auch andere, äußere Merkmale ebenfalls den Eindruck einer typischen oder untypischen Führungskraft untermauern. Das am stärksten belegte Merkmal ist in dieser Hinsicht die Körpergröße. Größeren Personen wird häufig mehr Führungskompetenz zugeschrieben. Judge und Cable [10] machen in einer Zusammenschau bisheriger Studien deutlich, dass sich dies auf die Chancen, eine Führungsposition zu erhalten, auswirken kann.

Nye und Forsyth [19] zeigen, dass Mitarbeiter, die eine hohe Ähnlichkeit zwischen den Merkmalen ihrer Führungskraft und ihren Vorstellungen einer typischen Führungskraft sehen, diese als effektiver und erfolgreicher einschätzen. Interessanterweise findet sich dies aber vor allem für männliche Führungskräfte. Hier könnten klassische Vorurteile eine Rolle spielen, die Frauen als untypisch für die Rolle als Führungskraft sehen (das sogenannte „think manager – think male"-Phänomen; [23–25]). Die Wichtigkeit einer Übereinstimmung zwischen Prototyp und Führungskraft unterstreichen Epitropaki und Martin [7] in einer Längsschnittstudie: je näher sich die subjektiven Führungstheorien der Geführten und deren Bild von ihrer Führungskraft sind, desto positiver entwickelt sich die Führungsinteraktion zwischen Führungskraft und Geführten. Die Zuordnung einer Person als typische oder untypische Führungskraft hat darüber hinaus Auswirkungen auf die weitere Wahrnehmung von deren Verhalten. Wenn jemand als Führungskraft eingeordnet wurde, dann fällt es beispielsweise Beobachtern schwer, dessen Verhalten korrekt wiederzugeben. Beobachter neigen in diesem Fall dazu, einer Person typische Führungsverhaltensweisen zuzuschreiben, die diese in der Realität gar nicht gezeigt hat [12]. Insgesamt lässt sich also sagen, dass innere (Persönlichkeitseigenschaften) und äußere Merkmale (z. B. Größe und Geschlecht) sich auf die Wahrnehmung der Mitarbeiter von ihrer Führungskraft, ihre Einstellung und ihr Verhalten auswirken können.

Subjektive Führungstheorien von Vorgesetzten und Dritten

Die subjektive Zuschreibung von Führungskompetenz und positivem Führungsverhalten kann neben äußeren Merkmalen auch durch bestimmte Ereignisse ausgelöst werden. So hat sich verschiedentlich gezeigt, dass die Information, dass unter Leitung einer Führungskraft ein positives Ergebnis (z. B. erfolgreiches Projekt, hohe Verkaufszahlen, Produktivitätssteigerungen) erzielt wurde, sich in positiveren Einschätzungen des Führungsverhaltens niederschlägt (der sog. „performance cue"-Effekt; [2]). Diese Einschätzungen repräsentieren dabei weniger (wie Studien zeigen konnten: gelegentlich sogar überhaupt nicht) das tatsächliche Verhalten, sondern vielmehr die impliziten Annahmen der Beobachter in Bezug auf Führung (d. h., wenn er/sie gute Ergebnisse erzielt, muss er/sie gut geführt haben; z. B. [3, 11, 17, 22]). Dieser Befund ist insoweit interessant als er eine zusätzliche Erklärung bietet, warum destruktives Führungsverhalten in Organisationen auch über einen längeren Zeitraum akzeptiert wird. Neben der bewussten Wahrnehmung des destruktiven Verhaltens, das aber stillschweigend hingenommen wird, weil die Führungskraft „ihre Zahlen bringt" (vgl. [30], zu dieser Problematik), rückt die Möglichkeit ins Blickfeld, dass das destruktive Führungsverhalten möglicherweise selbst kaum wahrgenommen, sondern aus den Leistungen positives Verhalten geschlussfolgert wird.

Diese Befunde verweisen aber auch auf eine grundsätzlichere Frage. Es lässt sich im Alltag oft beobachten, dass Führungskräfte in starkem Maße für Ergebnisse verantwortlich gemacht werden, die sie gemeinsam mit ihren Mitarbeitern erarbeitet haben. Streng genommen werden die Verkaufszahlen, Produktionszahlen und sonstige Ergebnisse in der Regel direkt von Mitarbeitern erarbeitet, die Führungskraft verantwortet diese zwar, arbeitet aber nicht unbedingt direkt operativ mit. Insoweit ist die Frage berechtigt, warum sie in der öffentlichen Wahrnehmung dann stärker (teilweise sogar fast vollständig) für diese Resultate verantwortlich gemacht wird. James Meindl [15, 16] hat hierzu einige faszinierende Überlegungen angestellt. Er geht davon aus, dass die meisten Menschen eine Neigung haben, Ereignisse in Organisationen vorwiegend mit guter oder schlechter Führung zu erklären, während andere Erklärungsmuster (z. B. Konjunktur- und Marktentwicklungen, Stärke oder Schwäche der Konkurrenz, Qualifikation und Motivation der Mitarbeiter) kaum herangezogen werden. Meindl spricht hierbei von einer romantischen Vorstellung von Führung („romance of leadership"). Pfeffer [20] vermutet, dass sich hinter diesem Phänomen der Glaube an die Wichtigkeit individuellen Handelns verbirgt. Es entspricht insoweit dem menschlichen Kontrollbedürfnis, da Aspekte wie etwa gesellschaftliche und wirtschaftliche Entwicklungen schwer kontrollierbar sind. Im Bereich des Fußballs ist dieses Phänomen immer wieder in Form von Trainerentlassungen bei schlechten Ergebnissen zu beobachten, auch wenn Studien (z. B. [8]) darauf hinweisen, dass dies keinen nachweisbaren Effekt auf die Leistung des Teams hat.

Subjektive Führungstheorien von Führungskräften
Brown und Kollegen [2] machen deutlich, dass subjektive Führungstheorien von Führungskräften selbst interessanterweise bisher deutlich weniger häufig untersucht worden sind als die ihrer Mitarbeiter. Sims und Lorenzi [29] berichten über die Ergebnisse einer Befragung, bei der Führungskräfte die Charakteristika erfolgreicher bzw. nichterfolgreicher Manager nennen sollten. Die entstandenen Listen enthielten sowohl Eigenschaftsbegriffe (z. B. introvertiert, Bereitschaft zur Übernahme von Verantwortung, intelligent) als auch Verhaltensweisen (z. B. Schulen und Entwickeln von Mitarbeitern). In einer umfassenden Interviewstudie untersuchte Schilling [26] den Inhalt und die Struktur von subjektiven Führungstheorien bei Managern. Er fand eine Konfiguration von subjektiven Führungskonzepten, die sich in Form von zwei Dimensionen (Aufgaben- versus Mitarbeiterorientierung, Partizipation versus Autonomie im Handeln als Führungskraft) abbilden lassen. Hierbei beinhaltet die erste Dimension die Frage: „Was macht eine Führungskraft täglich?" und die zweite Dimension die Frage „Wie wird von der Führungskraft gehandelt?". Insoweit zeigt sich, dass subjektive Vorstellungen von Führungskräften eine ähnliche Grundstruktur aufweisen wie klassische wissenschaftliche Führungsmodelle.

Die Analyse der Inhalte solcher subjektiver Vorstellungen von Führungskräften ist natürlich vor allem dann sinnvoll, wenn sich subjektive Führungstheorien auch tatsächlich auf das Führungsverhalten auswirken. Wofford und Kollegen [31, 32] haben genau dies in zwei Studien untersucht und können Verknüpfungen zwischen den Vorstellungen der Führungskräfte und den (unabhängig gegebenen) Einschätzungen des Führungsverhaltens durch deren Mitarbeiter nachweisen. Darüber hinaus weisen weitere Studien [4, 5, 18] darauf hin, dass Führungskräfte mit subjektiven Führungstheorien größerer Komplexität (d. h. mehr und unterschiedliche Aspekte ansprechende Vorstellungen über gute und schlechte Führung) bessere Leistungen erbringen als Personen mit weniger ausgearbeiteten subjektiven Führungsmodellen [9]. Zusammenfassend lässt sich damit festhalten, dass subjektive Führungstheorien insoweit nicht einfach nur Meinungen sind, sondern direkte Auswirkungen auf die Wahrnehmung und Einschätzung von Führenden und schließlich auch auf das Führungshandeln haben.

29.3   Vorgehen in einem Pilotprojekt

Die bisherigen Ausführungen haben verdeutlicht, dass das Führungsverhalten von Vorgesetzten im starken Maße durch ihre Vorstellungen geprägt wird, was erfolgreiche und nicht erfolgreiche Führung ausmacht. Diese Vorstellungen oder auch subjektive Theorien sind durch die eigenen Erfahrungen als Mitarbeiter genauso geprägt wie durch die tägliche Führungspraxis und das Führungsklima im Unternehmen. Subjektive Führungstheorien sind häufig nicht bewusst, können aber über Befragung bewusst gemacht werden. Dies kann dann als Ausgangspunkt für persönliche Beratung zum Beispiel in Form von Coaching aber auch als Organisationsentwicklungsprozess genutzt werden in dem die Befragten in Workshops ihre subjektiven Führungstheorien miteinander diskutieren und gemeinsame Vorstellungen für ein erwünschtes Führungsklima entwickeln.

Vor diesem Hintergrund hat NORDMETALL, der Arbeitgeberverband der Metall- und Elektroindustrie in Bremen, Hamburg, Mecklenburg-Vorpommern, Schleswig-Holstein und im nordwestlichen Niedersachsen, im Jahr 2012 ein Pilotprojekt mit dem Lehrstuhl für Arbeits- und Organisationspsychologie der Kommunalen Hochschule für Verwaltung in Niedersachsen durchgeführt. Ziel des Projektes war es, Wissen über subjektive Führungstheorien aufzubauen und die eigenständige Durchführung von Befragungen zu subjektiven Führungstheorien zu trainieren, um auf betrieblicher Ebene den Einstieg in Coaching-Aktivitäten vorzubereiten. Im Anschluss fand eine Beurteilung des Vorgehens hinsichtlich der Erkenntnisse und des Aufwands für die betriebliche Praxis statt. Das Projekt gliederte sich in die folgenden Schritte:

1. Vorbereitung von Interviewbefragungen zu subjektiven Führungstheorien,
2. Durchführung von Interviews zu subjektiven Führungstheorien,
3. Auswertung und Aufbereitung der Interviews,
4. Durchführung von Feedbackgesprächen zu den Interviews.

Zunächst fand eine umfassende Schulung der NORDMETALL-Mitarbeiter hinsichtlich der o. g. Theorieteile statt. Diese umfasste auch die Erstellung des Interviewleitfadens sowie die Durchführung von Interviews. Der letzte Punkt beinhaltete zudem das Interviewverhalten und mündete in Probeinterviews. Die Interviews fanden als teilstandardisierte Interviews statt mit folgenden drei Leitfragen

- Was ist für Sie gute Führung?
- Wann würden Sie von schlechter Führung sprechen?
- Welche Faktoren im betrieblichen Umfeld oder in der Person beeinflussen Ihrer Meinung nach Führung?

Zusätzlich wurden personenbezogene Daten erhoben. Die Dauer der einzelnen Interviews betrug zwischen 40 und 60 min. Die einzelnen Aussagen der interwieten Personen wurden protokolliert und zusätzlich die Kernaussagen auf Karten festgehalten und dem Gesprächspartner vorgelegt, um seine Aussagen besser zu visualisieren. Die so protokollierten Aussagen wurden im Nachgang ausgewertet und für Feedbackgespräche aufbereitet.

29.4 Erfahrungen und Nutzen für die Praxis

Die im Rahmen des Pilotprojektes durchgeführten Interviews haben gezeigt, dass es über Befragungen von Führungskräften gelingt, die unterschiedlichen Strukturen von subjektiven Führungstheorien der befragten Führungskräfte herauszuarbeiten und transparent darzustellen. Es hat sich dabei jedoch auch gezeigt, dass die Auswertung der qualitativen Daten (Mitschriften der Interviews) zeitlich aufwendig und inhaltlich anspruchsvoll ist. Die Auswertung verläuft in mehreren Schritten: zunächst werden alle für das Verständnis irrelevanten Wörter gelöscht sowie Statements generalisiert und reduziert. Sodann werden die Statements Kategorien zugeordnet. Im ersten Schritt kann z. B. zwischen Führung und Konsequenzen oder Folgen von guter bzw. schlechter Führung unterschieden werden. Anschließend können die Aussagen, die Führung betreffen, Führungstaxonomien (vgl. [26]) zugeordnet werden. Hieran schließt sich eine Misfit-Analyse an, d. h. eine Analyse von nicht kategorisierbaren Aussagen („Sonstiges": warum konnten diese nicht kategorisiert werden, z. B. abstrakt, unverständlich). Zum Abschluss erfolgt die finale Interpretation einschließlich Schlussfolgerungen. Hierzu gehört neben einer Darstellung in Form von Konzeptkarten (s. Abb. 29.1, 29.2, 29.3) auch eine deskriptive quantitative Analyse bezüglich

- des Umfangs (d. h. Anzahl der Aussagen) sowie
- der Komplexität (d. h. Anzahl der angesprochenen Kategorien).

Die Feedbackgespräche haben gezeigt, dass die Mehrheit der Teilnehmer des Pilotprojektes großes Interesse an dem Thema hat und sich gerne intensiver mit ihrem eigenen

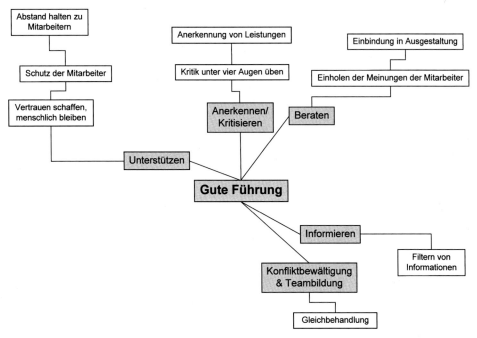

Abb. 29.1 Konzeptkarte „Gute Führung". (Quelle: eigene Darstellung)

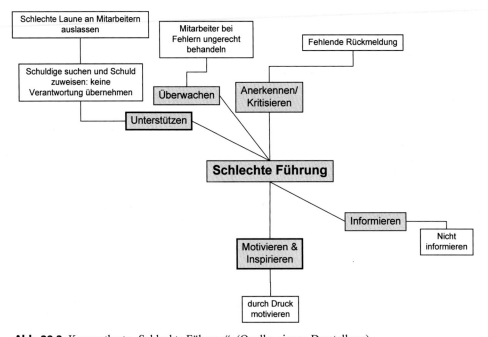

Abb. 29.2 Konzeptkarte „Schlechte Führung". (Quelle: eigene Darstellung)

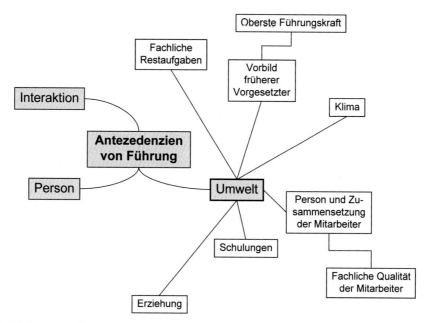

Abb. 29.3 Konzeptkarte „Antezedenzien von Führung". (Quelle: eigene Darstellung)

Führungsverhalten sowie den Konsequenzen von guter bzw. schlechter Führung beschäftigen möchte. Gleichwohl haben die Gespräche aber auch aufgedeckt, dass dazu in den
wenigsten Unternekhmen aktuell Ressourcen (i. S. v. Zeit und Wissen) sowie Rahmenbedingungen (i. S. v. Führungskultur oder Führungsleitbild) vorhanden sind. Die Teilnehmer
haben mehrheitlich den Wunsch nach einem Führungsleitbild im Sinne von Leitplanken
oder No-Gos geäußert sowie nach individuellen Unterstützungsmaßnahmen.

Die durch die Interviews gewonnenen Erkenntnisse bieten hier einen Ansatz, da individuelle Stärken und Potenziale in Bezug auf das eigene Führungsverhalten deutlich werden. Die Anzahl der Aussagen und der angesprochenen Kategorien lassen Rückschlüsse
über das bisherige Verständnis der eigenen Führungsrolle zu. Weiterhin wird deutlich,
ob bzw. in welchem Umfang sich Führungskräfte über die Wechselwirkungen einzelner
Führungstaxonomien bewusst sind. Das Pilotprojekt hat gezeigt, dass die Ergebnisse sich
sowohl als Einstieg in individuelle Coaching-Maßnahmen als auch für weitergehende
Workshops eignen.

Literatur

1. Bennis WG, Nanus B (2007) Leaders: Strategies for taking charge. HarperCollins, New York
2. Brown DJ, Scott KA, Lewis H (2004) Information processing and leadership: A review and
   implications for application. In: Sternberg R, Antonakis J, Cianciolo AT (Hrsg) The nature of
   leadership. Sage, Thousand Oaks, CA, S 125–147

3. Bryman A (1987) The generalizability of implicit leadership theory. Journal of Social Psychology 127(2):129–141
4. Connelly MS, Gilbert JA, Zaccaro SJ, Threfall KV, Marks MA, Mumford MD (2000) Exploring the relationship of leadership skills and knowledge to leader performance. Leadership Quarterly 11(1):65–85
5. Day DV, Lord RG (1992) Expertise and problem categorization: The role of expert processing in organizational sense-making. Journal of Management Studies 29(1):35–47
6. Dörich J, Neuhaus R (2009) Führung und Unternehmenskultur. Industrial Engineering 62(4):14–18
7. Epitropaki O, Martin M (2005) From ideal to real: A longitudinal study of the role of implicit leadership theories on leader-member exchanges and employee outcomes. Journal of Applied Psychology 90(4):659–676
8. Heuer A, Müller C, Rubner O, Hagemann N, Strauss B (2011) Usefulness of dismissing and changing the coach in professional soccer. PLoS ONE, 6(3), e17664. doi:10.1371/journal.pone.0017664
9. Hoojiberg R, Schneider M (2001) Behavioral complexity and Soc intelligence: How executive leaders use stakeholders to form systems perspective. In: Zaccaro SJ, Klimoski RJ (Hrsg) The nature of organizational leadership: Understanding the performance imperatives confronting today's leadership. Jossey-Bass, San Francisco, S 104–131
10. Judge TA, Cable DM (2004) The effect of physical height on workplace success ad income: Preliminary test of a theoretical model. Journal of Applied Psychology 89(3):428–441
11. Larson JR (1982) Cognitive mechanisms mediating the impact of implicit theories of leader behavior on leader behaviors ratings. Organizational Behavior and Human Performance 29(1):129–140
12. Lord RG, Emrich CG (2001) Thinking outside the box by looking inside the box: Extending the cognitive revolution in leadership research. Leadership Quarterly 11(4):551–579
13. Lord RG, Maher KJ (1991) Cognitive theory in industrial and organizational psychology. In: Dunnette MD, Hough LE (Hrsg) Handbook of industrial and organizational psychology. Consulting Psychologists Press, Palo Alto, S 1–62
14. Lord RG, Foti RJ, De Vader CL (1984) A test of leadership categorization theory: Internal structure, information processing, and leadership perceptions. Organizational Behavior and Human Performance 34(3):343–378
15. Meindl JR (1990) On leadership: An alternative to the conventional wisdom. Research in Organizational Behavior 12:159–203
16. Meindl JR (1995) The romance of leadership as a follower-centric theory: A Soc construction approach. Leadership Quarterly 6(3):329–341
17. Mitchell TR, Larsen JR, Green SG (1977) Leader behaviour, situational moderators, and group performance: An attributional analysis. Organizational Behavior and Human Performance 18:254–268
18. Mumford MD, Marks MA, Connelly MS, Zaccaro SJ, Reiter-Palmon R (2000) Development of leadership skills: Experience and timing. Leadership Quarterly 11:87–114
19. Nye JI, Forsyth DR (1991) The effects of prototype biases on leadership appraisal: A test of leadership categorization theory. Small Group Research 22:360–379
20. Pfeffer J (1977) The ambiguity of leadership. Academy of Management Review 2(1):104–112
21. Phillips JS, Lord RG (1986) Notes on the practical and theoretical consequences of implicit leadership theories for the future of leadership measurement. Journal of Management 12(1):31–41
22. Rush MC, Thomas JC, Lord RG (1977) Implicit leadership theory: A potential threat to the internal validity of leader behavior questionnaires. Organizational Behavior and Human Performance 20(1):93–110

23. Schein VE (1973) The relationship between sex role stereotypes and requisite management characteristics. Journal of Applied Psychology 57(2):95–100
24. Schein VE, Mueller R (1992) Sex role stereotypes and requisite management characteristics: A cross cultural look. Journal of Organizational Behavior 13(5):439–447
25. Schein VE, Mueller R, Lituchy T, Liu J (1996) Think manager-think male: A global phenomenon? Journal of Organizational Behavior 17(1):33–41
26. Schilling J (2001) Wovon sprechen Führungskräfte, wenn sie über Führung sprechen? Eine Analyse subjektiver Führungstheorien. Dissertation, RWTH Aachen i. H.
27. Schilling J (2009) From ineffectiveness to destruction – A qualitative study on the meaning of negative leadership. Leadership 5(1):102–128
28. Schyns B, Schilling J (2013) How bad is bad leadership? A meta-analysis of destructive leadership and its outcomes. Leadership Quarterly 24(1):138–158
29. Sims HP, Lorenzi P (1992) The new leadership paradigm: Soc learning and cognition in organizations. Sage, Newbury Park
30. Sutton RI (2007) The no asshole rule: Building a civilized workplace and surviving one that isn't. Warner Business Books, New York
31. Wofford JC, Goodwin VL (1994) A cognitive interpretation of transactional and transformational leadership theories. Leadership Quarterly 5(2):161–186
32. Wofford JC, Goodwin VL, Whittington JL (1998) A field study of a cognitive approach to understanding transformational and transactional leadership. Leadership Quarterly 9(1):55–84
33. Yukl G (2012) Leadership in organizations (8th ed). Prentice Hall, Upper Saddle River, NJ
34. Yukl G, Van Fleet DD (1992) Theory and research on leadership in organizations. In: Dunette MD, Hough LE (Hrsg) Handbook of industrial and organizational psychology. Consulting Psychologists Press, Palo Alto, CA, S 147–197

5S – Putzen und Saubermachen oder mehr?

30

Ein Erfahrungsbericht der anderen Art, aus
langjähriger Unterstützung in der Sache.

Wolfgang Feldhoff

30.1 Aufbruch

Im Jahr 2006 fragte erstmals ein Unternehmen an, ob mein Verband bei der Einführung
und Umsetzung von 5S unterstützen könne. Kein Problem – so nahm alles seinen Lauf!
Eckdaten des Unternehmens:

- Automobilzulieferer
- ca. 750 Beschäftigte
- 2 Standorte, Entfernung ca. 10 km

Aber was sind die 5S?
Flugs die CD vom ifaa mit dem Titel: „Methodensammlung zur Unternehmensprozessoptimierung" zur Hand genommen, in der Suchfunktion 5S eingeben und schon wurde
ich fündig!
Auf den Punkt gebracht:

S – Sortieren,
S – Stelle hin,
S – Säubern,
S – Standardisieren und
S – Ständig wiederholen.

W. Feldhoff (✉)
Unternehmensverband Westfalen-Mitte e.V., Hamm, Deutschland
E-Mail: w.feldhoff@uvwm.de

© Springer-Verlag Berlin Heidelberg 2016
Institut für angewandte Arbeitswissenschaft e.V. (ifaa) (Hrsg.), *5S als Basis des
kontinuierlichen Verbesserungsprozesses,* ifaa-Edition, DOI 10.1007/978-3-662-48552-1_30

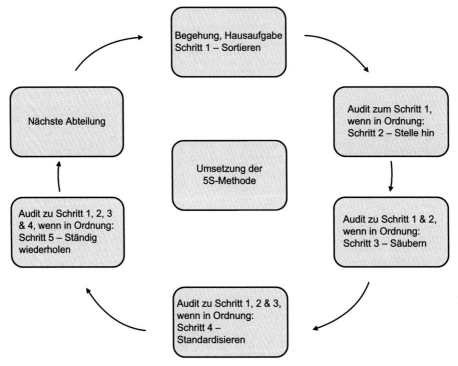

Abb. 30.1 Umsetzung der 5S-Methode. (Quelle: eigene Darstellung)

Das kann ja so schwierig nicht sein, dachte ich mir – ran an den „Speck"!
Die Kick-off-Veranstaltung hielt ich nach alt bewährter Sitte ab:

Warum? Das Tun
Ziel? Erzeugen von Betroffenheit …
Ergebnis? „ja" zum Projektstart …

Plan war, mittels folgender Vorgehensweise (s. Abb. 30.1) Lorbeeren zu ernten:
Aus heutiger Sicht birgt die dargestellte Vorgehensweise folgende Chancen, aber auch
Risiken:

Chancen

- Schnell in der Praxis
- Zügig sichtbare Erfolge
- Ein Schritt ist schnell vermittelt
- Betrieb bekommt positiven „Druck" durch schnelle Umsetzung

Risiken

- Vorgehen von „oben nach unten"
- Audit im Fokus
- Veränderungsprozess in den „Köpfen" nicht erreicht

Insbesondere das zielgerichtete Herbeiführen des Veränderungsprozesses in den Köpfen stellt ein Risiko dar, denn wird die Umsetzung der Methode als Kampagne empfunden, gibt es zukünftig Probleme mit der Nachhaltigkeit.

Danach war ich für verschiedene Unternehmen „Sparringspartner" bei der Umsetzung von 5S, was meinen Erfahrungsschatz entsprechend erweiterte. Bilanz und Erfahrungen hier waren:

- 75 % der Unternehmen nutzten 5S in der Produktion
- 25 % der Unternehmen nutzten 5S in der Produktion und in der Verwaltung

Eine ganz besondere Herausforderung war es, die Methode in die Verwaltung zu portieren. Das Interesse daran ist in der Regel gering. Schulen, Vormachen, Nachmachen lassen und Üben bis zur Selbstständigkeit. Eigentlich einfach, sollte man meinen. Was für den Werker die Werkbank, ist für den „Schreiber" der Schreibtisch! Sollte man ebenfalls meinen. Die Praxis zeigt – weit gefehlt! In der Verwaltung begann sogar die Diskussion mit Führungskräften über Sinn und Unsinn der Methode – dies noch vor Publikum mit der entsprechenden Auswirkung für das Unternehmen. Kurz, im Verwaltungsbereich war die Umsetzung der Methode oft schneller tot, als man glaubte, da diese nur gut für andere Bereiche und Personen scheint!

30.2 Erfahrungen

Die nachfolgenden Ausführungen stellen meine späteren Erfahrungen als Unterstützer dar. Hier sollen zunächst die Veränderungen am eigenen vorhergehend beschriebenen Vorgehen hervorgehoben werden.

- Der Standard war oft nicht am Kunden ausgerichtet. Das Handeln muss unternehmensorientiert und genau auf die Strategiefelder abgestimmt sein (Kundenorientierung, Prozessorientierung, Mitarbeiterorientierung).
- Der Veränderungsprozess muss verknüpft sein mit
  - der Vision – dem Warum,
  - den Zielen – dem Weg,
  - den Werten und zwischenmenschlichen Beziehungen – der Unternehmenskultur/ Einstellung.

Kurz: Vorgehensweisen, welche im Rahmen der Einführung der 5S-Methode in einem Unternehmen schon mal erfolgreich angewandt wurden, können in einem anderen Unternehmen gar nicht oder gegensätzlich wirken oder das Projekt gar zum Scheitern bringen!
Weitere Erkenntnisse:

- Die Gestaltung der Aufbau-/Ablauforganisation zum Projekt 5S ist oft lückenhaft.
- Das Üben kommt zu kurz, Akteure wurden sich selbst überlassen.
- Audits sind aufwendig, der Nutzen mäßig.
- Qualifizierung beschränkt sich auf Mitarbeiterschulung und Diskussionen während eines Audits.
- Erfolge und Weiterentwicklung der Methode stocken oft im Laufe der Zeit infolge mangelnder Unterstützung durch die Führungskräfte.
- Erfahrungsaustausch oft nur auf eigener, betrieblicher Ebene, Wunsch vom Besten zu lernen und Netzwerkgedanke sind nicht gegeben.

Besonders hervorzuheben sind die Erfahrungen mit dem Top-Management. Häufig wurde die Haltung „Wasch mich, aber mach mich nicht nass" angetroffen, hinsichtlich:

- Vision und Zielen
- Budget
- Zeit, Geld und Kompetenzerlangung

Zudem wurde oft festgestellt „5S ist gewollt, aber ohne den persönlichen Einsatz" hinsichtlich:

- Abfragen, Abfordern, Unterstützen und Motivieren
- Kontinuierlicher Verfolgung des Stands von Maßnahmen:
    - Eigenmittel und Fremdmittel
    - Neu, erledigt und offen
    - Warum? Was wird benötigt? Wie kann geholfen werden?

Darüber hinaus gab es oft forderndes Verhalten im Sinne von alles muss „schneller, besser, billiger" werden, ohne konstruktive Einbindung von Führungskräften, ohne Leben der Vorbildfunktion sowie Konsequenz und Unterstützung in der Umsetzung. Dies konnte zudem um divergierende Ziele ergänzt werden.
Auch die Erfahrungen mit Projektleitungen offenbaren einige Defizite bei der Umsetzung:

- Im „Dürfen"
    - Planen, Veranlassen, Durchführen, Prüfen, Sichern und Verbessern
- In der Sache hinsichtlich
    - Fachkompetenz ➜ Um was geht es, mit welchem Nutzen?
    - Methodenkompetenz ➜ Dem systematischen Arbeiten

- In der Person hinsichtlich
  - Sozialkompetenz und Vorbildfunktion
  - „Biss" ➔ Nachhaken, Unterstützen und Schulen
  - Spaß am Veränderungsprozess ➔ Erfahrung sammeln wollen
  - Persönliche Einstellung zum Projekt ➔ Überzeugung
  - Engagement ➔Wo ich bin, ist vorn!

Kurz: Die Projektleitung ist leider oft eine Zusatzaufgabe für:

- „Den größten Schreihals",
- „Den besten Mann …" (….der verfügbar ist),
- „Den, der nicht „Nein" sagen kann" oder
- „Den, der noch einen gewissen Welpenschutz genießt".

30.3   Konsequenzen und Schlussfolgerungen

Bei der Aufbau- und Ablauforganisation zur Umsetzung der 5S-Methode gilt es, die Unternehmenskultur im „Machen" zu berücksichtigen. Dazu wurden die Einflussgrößen zur gezielten Potenzialsuche mittels den 8M (Mensch, Maschine, Methode, Material, Mitwelt, Moneten, Management und Messbarkeit) ermittelt, um der Fragestellung im Betrieb nachgehen zu können, wo mit wenig Aufwand größtmöglicher Nutzen im Anwenden der 5S-Methode erlangt werden kann.

Durch die Potenzialsuche werden Ansatzpunkte sichtbar, welche in den 5S-Workshops durch die Systemanalyse aus dem Beschreiben der 7 Systemelemente: Arbeitsaufgabe, Arbeitsablauf, Eingabe, Ausgabe, Mensch, Betriebsmittel, Umwelteinflüsse, heute mit dem 8. Element, der „Arbeitsplatz", nach REFA vertieft, bewertet und somit noch zielgerichteter angegangen werden können.

Die Erkenntnis daraus: „5S ist mehr als Putzen und Sauber machen!"

Denn schnell wird die Ebene „Putzen" und „Sauber machen" verlassen und ehe man sich versieht, optimiert eine Abteilung auf einmal die Ablauforganisation und führt auch hier Verbesserungen, nicht selten mit erheblicher Einsparung, herbei. Dies jedoch nur, wenn der „Chef" das will, die Führungskräfte dahinter stehen und den Nutzen erkennen, der Projektleiter darf und Beschäftigte entsprechend geschult sind und motiviert werden!

30.4   Fazit

Die 5S-Methode bietet den Unternehmen mannigfaltige Möglichkeiten Potenziale zu erschließen:

- Kundenorientierung
  - Systematisches Suchen nach Verbesserung, nicht stehen bleiben,
  - zeigen was erreicht wurde, immer wieder verdeutlichen, was möglich ist.
- Prozessorientierung
  - Standards systematisch, methodisch entwickeln ➜ Baukastensystem
  - Prozesse in Betrieb und Verwaltung unter Berücksichtigung der Sichtweise des „Kunden"
  - Weniger ist mehr, Nachhaltigkeit alles!
  - So gut wie nötig – nicht so gut wie möglich!
- Mitarbeiterorientierung
  - Ungeduldige Auftraggeber einbinden ➜ Vision, Ziele, Werte einfordern!
  - Führungskraft wird Unterstützer, erkennt Nutzen
  - Geschäftsführung, Betriebsrat, Führungskraft, Beauftragte und Beschäftigte sind qualifiziert
  - Für Unternehmung Hilfsmittel, Werkzeuge erarbeiten, anwenden, verbessern
  - Wissen vermitteln auf allen Ebenen, Menschen qualifizieren!
  - „Wollen" auslösen auf allen Ebenen, durch 1. Betroffenheit erreichen und 2. Nutzen verdeutlichen
  - Tun ➜ „Dürfen" wecken ➜ Budget, Zeit, Werte ➜ Mitarbeiter zu Erfolgen kommen lassen!

Ist 5S gewollt, besteht ein Betätigungsfeld ohne Grenzen!

Jedoch braucht ein Unternehmen hierzu eine Vision und eine klare Zielsetzung! Auch sollte klar sein, dass die Umsetzung der 5S-Methode „Arbeit" mit sich bringt. Der Lohn liegt im gehobenen Potenzial, welches über die Produktion hinaus reicht.

Kurz: 5-mal „A" sagen, bringt immer noch 5-mal „B" sagen mit sich!

Die nachhaltige Einführung von 5S im Unternehmen ist eine „beinharte" Führungsaufgabe – jedoch mit hervorragendem Nutzen!